移动开发经典丛书

反应式编程实战

使用 RxJava 2.x 开发 Android 应用

[芬] 蒂莫·图奥米宁(Timo Tuominen) 著

韩义波 译

清华大学出版社

北 京

Timo Tuominen

RxJava for Android Developers

EISBN: 978-1-61729-336-8

Original English language edition published by Manning Publications, USA(c) 2019 by Manning Publications. Simplified Chinese-language edition copyright(c) 2020 by Tsinghua University Press Limited. All rights reserved.

北京市版权局著作权合同登记号 图字：01-2020-4244

图书在版编目(CIP)数据

反应式编程实战：使用 RxJava 2.x 开发 Android 应用 / (芬) 蒂莫·图奥米宁 (Timo Tuominen) 著；韩义波 译. —北京：清华大学出版社，2020.8

(移动开发经典丛书)

书名原文：RxJava for Android Developers

ISBN 978-7-302-56099-9

Ⅰ.①反… Ⅱ.①蒂… ②韩… Ⅲ.①移动电话机—应用程序—程序设计②JAVA 语言—程序设计 Ⅳ.①TN929.53

中国版本图书馆 CIP 数据核字(2020)第 137012 号

责任编辑：王　军
封面设计：孔祥峰
版式设计：思创景点
责任校对：成凤进
责任印制：沈　露

出版发行：清华大学出版社
　　　网　　址：http://www.tup.com.cn，http://www.wqbook.com
　　　地　　址：北京清华大学学研大厦 A 座　　　　　　邮　　编：100084
　　　社 总 机：010-62770175　　　　　　　　　　　　邮　　购：010-62786544
　　　投稿与读者服务：010-62776969，c-service@tup.tsinghua.edu.cn
　　　质 量 反 馈：010-62772015，zhiliang@tup.tsinghua.edu.cn
印 装 者：三河市金元印装有限公司
经　　销：全国新华书店
开　　本：170mm×240mm　　　印　　张：25.5　　　字　　数：499 千字
版　　次：2020 年 9 月第 1 版　　　印　　次：2020 年 9 月第 1 次印刷
定　　价：118.00 元

产品编号：078163-01

译者序

    Android 是 Google 开发的基于 Linux 平台的开源手机操作系统。该平台由操作系统、中间件、用户界面和应用软件组成，采用软件堆栈的方式进行构建，具有开放性、跨平台、多样性等特点。它早期由具有"Android 之父"之称的 Andy Rubin 创办，Google 于 2005 年并购了成立仅 22 个月的高科技企业 Android，扩展了短信、手机检索、定位等业务。Android 以 Java 为编程语言，采用 Eclipse 或 Android Studio 作为开发环境，系统架构分为应用层、应用框架层、程序库、Android 运行库和 Linux 内核五个部分。总体来说，当前手机市场上 Android 占有的份额要大于 iOS，早在 2011 年初就有数据显示 Android 已经跃升为全球最受欢迎的智能手机平台。未来 Android 开发主要集中在动态化、移动端机器学习、AR 和 VR、移动端音视频、移动端区块链、移动基础框架和 Android 工具类应用等方面。

    Rx 是微软.NET 的一个反应式扩展，2012 年 Netflix 为了满足不断增长的业务需求开始将.NET Rx 迁移到 JVM 上面，并于 2013 年 2 月正式对外发布了 RxJava。从语义的角度看，RxJava 就是.NET Rx。从语法的角度看，Netflix 对应于每种 Rx 方法，同时保留了 Java 代码规范和基本的模式。RxJava 是一个库，能够在 Java VM 上使用序列 observable 来构建异步的、基于事件流的程序。它本质上就是一组支持异步编程的 API，基于扩展的 observer 模式，而且是链式调用的，因此使用 RxJava 编写的代码逻辑会非常简洁，并且易于实现。它有两种使用方式：一种是分步实现，主要分为三步：(1)创建 observable 和生产事件；(2)创建 observer 并定义反应事件行为；(3)通过订阅连接 observer 和 observable。另一种方式是基于事件流的链式调用。

    本书内容分为三个部分。第 I 部分介绍如何在 Android 应用中使用 RxJava 处理异步事件和网络请求。第 II 部分以文件资源管理器应用和井字游戏应用为例说明如何使用视图模型优化体系结构，以及如何对 RxJava 代码进行单元测试。第 III 部分首先深入探讨如何使用 WebSocket 协议来构建实时聊天客户端应用，然后介绍如何使用 Rx 和视图模型进行动画 UI 高级开发，最后展示如何在 RxJava 中完整创建可拖动和可缩放的地图客户端应用。另外，本书的所有章节都有完整的在线代码示例，这些源代码是公开的。读者还可以访问相关论坛和在线资源来进行交流并获取必要的帮助。

在本书的翻译过程中得到了清华大学出版社编辑的帮助和支持，他们指出了译文中的一些不当之处，使我能够及时修改，以便更好地表达出原作者的意图，同时带给读者更流畅的阅读体验，他们为本书的出版付出了艰辛的努力，在此表示衷心感谢！在翻译过程中我还参考了一些专业论坛资料，在此一并表示感谢。

尽管我对译稿进行了多次校对和修改，但难免存在疏漏之处，敬请读者批评指正。

韩义波
于南阳理工学院

作者简介

Timo Tuominen 在与 Futurice 合作时，作为三星公司的主要 Android 项目的架构师，他广泛使用了 FRP 和 RxJava。作为一名顾问，他已经在几乎所有相关的平台上开发了几十个敏捷项目，其中也有一些失败的项目。如今，他可以在任何项目中使用 FRP。

致　谢

我要感谢我的父亲和已故的母亲，他们为我买了第一台计算机，并毫不犹豫地支持我想做的每一件事；感谢我的邻居 Jari Nummela 让我阅读他的计算机杂志；感谢我的堂兄 Eero Salminen 下载了 Java 开发工具包并将其刻录到 CD 上；还要感谢 Ulvila 当地的图书馆让我能够学习到更多的编程模式。

在我的职业生涯中，我要衷心感谢软件公司 Futurice 和我有幸共事过的每一个人：感谢我的老板 Mikko Viikari 和 Lenita Syrjänen；感谢 Hannu Nevanlinna 鼓励我在技术上进行探索；感谢 Michael Samarin 教会我要更合理地安排时间；感谢我在企业工作中的第一任导师 Mikko Vihonen 和 Harri Kauhanen；感谢 Sampo Hämäläinen 和 Lauri Eloranta 让我参与到他们的商业活动中；感谢 Tuomas Syrjänen 作为一名足够优秀的 CEO 把我的照片贴在了墙上。

我要对整个三星 Kick 团队表示最诚挚的感谢：感谢 Clement Courdeau 的全程负责；感谢 Olli Jokinen 的全程陪伴；感谢 Antti Poikela 和 Pawel Polanski 对 RxJava 的极限进行了扩展；感谢 Juha Ristolainen 选择了 RxJava；感谢 Lauri Larjo、Lauri Eloranta 和 Sampo Hämäläinen 对整个过程的管理；感谢 Ikhoon Chon 和 Hongkyu Park 保持了后端的完整；感谢 IiroIsotalo、Mark Schlussnuss 和 Chris Houghton 设计的《海扁王》；感谢 Kick Android 团队中每个人坚定不移的支持，他们是 Aniello Del Sorbo、Guillaume Valverde、Johan Paul、Johnny Cullan、Jose Martinez、Lauri Larjo 和 Sunghyun Park。另外，要特别感谢 Guillaume Valverde 和我共同创建了我们的第一个 RxJava 培训。

最后，我要感谢 Kuba Misiorny 和 Antti Poikela 审阅了本书的早期版本，也感谢 Manning 的优秀编辑，如果没有他们，本书根本不会出版。特别感谢 Bert Bates 教会了我如何写书，感谢 Christina Taylor 非常有耐心地与我讨论，还要感谢下面每个评审者的辛勤工作以及对细节的关注：Alain Couniot、Anderson Silva、Barry Kern、Burk Hufnagel、Cody Sand、David Paccoud、Fabrizio Cucci、Jaume Valls、Kariem Ali、Kent R. Spillner、Mark Elston、Michele Mauro、Nick McGinness、Robert Walsh、Steven Oxley、Ursin Stauss 和 William E. Wheeler。

前　言

有趣的是，在介绍反应式编程之前，我们首先了解一种反应性较弱的平台：Adobe Flash。在被 Adobe 收购之前，Macromedia 构建了一个名为 Flex 的成熟框架(后来被称为 Apache Flex)。Flex 中的一个重要概念是每个呈现组件的 setData 函数。setData 函数的作用是接收一个数据对象，它完全包含组件需要呈现的信息。尽管一直没有完全弄清楚如何在原始源和组件预期接收的内容之间转换数据，但我从年轻时就一直致力于编写灵活的 DirectX C++代码，这是一个很好的关注点分离。

六年前，由于有了一些平台，我开始与三星公司合作项目。在这个过程中，我尝试将我在 Futurice 公司工作期间学到的 Flex 相关知识应用到不同的环境中，以获得不同的结果，但最终产生了更多的概念性问题却不知道答案。

这一次的任务是在 Android 上创建一个实时体育应用，其中包含一系列具有不同形式和延迟的数据源。我们经常会收到部分数据，但这些数据只用于更新比赛成绩。使用标准工具构建系统似乎非常重要。和经典故事的剧情一样，我的同事 Juha Ristolainen 曾经读过一篇关于 RxJava 这个新工具的博文。我想我可以试一试。

必须承认的是，掌握 RxJava 并将其应用到数据处理问题领域是我学习新技术期间印象最深刻的一次经历。具有讽刺意味的是，第一次经历是在 20 年前我学 Java 编程时。查看 RxJava 已启用的功能，就像一次又一次地寻找拼图中缺失的那些块，我甚至都没有意识到这些块已经丢失。

四年后，事实证明 RxJava 虽然有明确的概念，但使用起来并不简单。为了掌握其用法，我的同事 Olli Jokinen 和我花费了数晚时间，试图彻底弄明白这种尚未发布的技术。当时 RxJava1 还处于 Beta 测试阶段。最终，我们解决了代码中的问题，代码库也成为我有幸用过的最出色的一种代码库。

你手里拿着的是一本花费数千小时撰写的书，它会告诉你如何使用 RxJava 进行 Android 应用开发。这也是我撰写这本书的初衷。

关于本书

RxJava 是一个非常强大的工具，你将会通过学习《反应式编程实战　使用 RxJava 2.x 开发 Android 应用》来了解如何使用它创建健壮且可持续的代码。与传统的编程方法相比，你将了解思维模式的变化以及这种变化所带来的影响。

本书的读者对象

目前，在几乎所有 Android 应用的某些部分中使用了反应式编程工具，即 RxJava 或另一种反应库。因此，对于每个 Android 开发人员来说，深入了解反应式编程很有必要，以备不时之需。

读者应该对 Android 平台有一定的了解，这样才能从本书中获益，读者也可从示例中学习该平台的基础知识。请记住，使用 RxJava 可以实现一些普通 Android 应用中并不具备的功能，而这正是本书的要点所在！

本书的组织方式：路线图

本书分为三个部分。第 I 部分介绍了 RxJava，并让你了解如何在 Android 平台上使用它。

- 第 1 章介绍 RxJava 如何使用 debounce 操作符处理异步事件。
- 第 2 章探讨如何使用 RxJava 满足 Android 应用的基本网络需求。
- 第 3 章概述事件和变化状态之间的区别，并介绍了数据处理链。
- 第 4 章展示如何运用已学到的知识构建一个 Flickr 客户端。
- 第 5 章深入讨论自定义的 observable，以及如何使用 RxJava 构建一个功能完整的文件资源管理器应用来高效地处理多线程。

第 II 部分主要讨论视图模型以及如何使用它们优化数据流。

- 第 6 章扩展文件资源管理器应用，并通过将部分业务逻辑分离到视图模型中来改进体系结构。

- 第 7 章进一步开发文件资源管理器应用，添加一个模型作为单一数据源。
- 第 8 章以一款井字游戏的示例应用为例说明视图和视图模型之间的联系。
- 第 9 章在井字游戏应用中添加一个持久化模型。
- 第 10 章展示如何对 RxJava 代码进行单元测试，并将某些测试作为示例添加到井字游戏应用中。

第Ⅲ部分深入探讨如何使用 RxJava 构建应用的更高级示例。

- 第 11 章使用 WebSocket 和 RxJava 构建一个实时聊天客户端应用。
- 第 12 章向聊天客户端应用添加一个模型，以加载现有消息并支持尚未发布的消息。
- 第 13 章使用 RxJava 创建动态动画，并快速反应用户的交互。
- 作为本书的结尾，第 14 章介绍一个应用，它使用开源地图图块在 RxJava 中完整创建一个可拖动和可缩放的地图。

关于代码

本书包含了许多与普通文本对应的源代码示例。

在多数情况下，源代码已经被重新格式化；我们已经添加了换行符，并修改了缩进，以适应书中可用的页面空间。此外，当在文本中描述代码时，通常会在代码清单中删除源代码中的注释。很多代码清单中都会出现代码注释，强调了重要概念。

本书的所有章节都有完整的在线 Android 代码示例。这些示例从简单的演示到更全面的应用，应有尽有。

可以扫描封底二维码下载本书代码。

关于封面插图

本书封面插图的标题是《1581 年阿拉伯妇女的习惯》。这幅插图取自 Thomas Jefferys 于 1757—1772 年在伦敦出版的《古代与现代不同民族的服饰合集》(四卷)。扉页上注明这些图画是手工着色的铜版版画，用阿拉伯树胶增加其色彩和透明度。

Thomas Jefferys(1719—1771)被称为“国王乔治三世的地理学家”。他是一位英国制图师，是当时主要的地图供应商。他为政府和其他官方机构绘制和印刷地图，并制作了各种各样的商业地图和地图册，特别是北美地区的地图册。作为一名地图绘制师，他对每个地方的调查和绘制激发了人们对当地服饰习俗的兴趣，这些服饰在该系列作品中展示得淋漓尽致。18 世纪后期，人们对其他国家和旅行的迷恋是一种相对较新的现象，像这样的作品很受欢迎，它使其他国家的居民能够了解游客和扶手椅上的旅行者。

Jefferys 作品中插图的多样性生动地说明了 200 多年前世界各国的独特性和个性。从那时起，着装规范已经发生了变化，并且各个地区和国家丰富的着装多样性也逐渐消失了。现在很难区分不同大陆之间的居民。也许，为了乐观地看待这一问题，我们已经用文化和视觉的多样性换取了更丰富多彩的个人生活，或者是更多样化、更有趣的智力和技术生活。

在计算机类书籍不断涌现的今天，Manning 出版社以两个世纪前丰富多样的地域生活为基础来制作图书封面，借此颂扬计算机行业的创造性和首创精神，而封面中 Jefferys 的插图也使读者对两个世纪前人们的生活产生了无尽的遐想。

目　录

第 I 部分 | 反应式核心编程

本部分内容

本书首先介绍如何使用新工具——RxJava 和一些支持它的库。

第 1 章从一个具体的示例开始，该示例可以让你快速掌握反应式编程的风格。

第 2 章探讨了使用 RxJava 和 Retrofit 处理网络请求的典型案例。我们将开始了解各种类型的数据处理方法。在第 3 章中，将探讨具有数据处理链的信用卡示例。在第 4 章中，将根据现有的公共 API 构建一个功能完备的 Flickr 客户端。

在第 I 部分的最后一章，即第 5 章中，将使用 Android 文件浏览器。该章中的代码将作为本书第 II 部分的基础。

"生活中的 10%是你所经历的事，而其余的 90%是你应对它时的心态。"

—— Charles R. Swindoll

第1章 | 反应式编程简介

本章内容
- 本书的适用范围
- 如何使用本书
- 为什么选择 RxJava 2 进行 Android 应用开发
- 深入研究 Android 平台中的 RxJava 2

1.1 你阅读本书的原因

1. 每个人都在使用 RxJava，而你却不知道原因

没有一家大型公司只发布原生 Android 系统，而不使用像 RxJava 2 这样的反应式编程库。在本书中，你将了解 RxJava 2 为什么如此热门，以及可以用它做什么。

{你可能还听说过与 Rx 相关的函数反应式编程(Functional Reactive Programming, FRP)。我们将在本书中学习这两个概念。}

2. 你已经在 Android 系统中使用了 RxJava，并希望了解更多信息

现在经常可以看到用来解决特定异步问题的 RxJava 代码段。但这个有时看起来很简单的实用程序却蕴含了 RxJava 的全部知识。

{Rx 中使用的编程语法似乎很重要，但它只是一个不错的附加组件。本书将教你如何使用 Rx 解决问题。}

3. 你曾用过 RxJava，但非常讨厌它

如果使用不当，RxJava 会使传统的意大利面条式代码更糟糕。任何权利都伴随着责任。我们将学习如何正确地使用 RxJava。

{我们将学习如何以一种合理和可扩展的方式设计应用。可以放心的是，有一种方法能够维护你的 Rx 代码。}

不管什么理由，我都希望你……

- 通过大量的插图和示例来学习。
- 从另一个角度理解应用的工作方式。
- 确定 Rx 在日常编程中的适用之处。

1.2　不要阅读本书的情形

你是编程新手。

Rx 仍然是一个新范例，它的发展并不总是一帆风顺。在未来，希望这种情况会改变，每个人都将开启他们的 Rx 编程之旅。

或者

"我只是需要完成它。"

反应式编程的学习曲线比一般情况略陡。与传统的应用编写方式相比，走捷径并非易事。从根本上讲，这是一把双刃剑，但你需要有好奇心并保持足够的耐心。

但是

如果你想学习如何在五行代码内正确地创建一个延迟自动搜索字段，请继续阅读。

以下是我们将在第 1 章中学习的示例代码。我不期望你现在就能理解，但是你可以提前了解 RxJava 的强大功能，如图 1-1 所示。

```
RxTextView.textChanges(textInput)                     我们将在本章中构建这段代码。
    .filter(text -> text.length() >= 3)
    .debounce(150, TimeUnit.MILLISECONDS)
    .observeOn(AndroidSchedulers.mainThread())
    .subscribe(this::updateSearchResults);
```

用户写入值，在他写完最后一个字母之后的150毫秒内，触发了搜索。

图 1-1　自动搜索示例

1.3　OOP、Rx、FP 和 FRP

RxJava 是反应式编程库的成员(http://reactivex.io/)，它们都以 Rx 开头，因此有时一起被称为 Rx 编程。为了理解这一点，让我们回顾一下流行的范例。

1.3.1　OOP，面向对象编程

OOP 的思想是，任何事物都是一个对象，并且可以与其他对象交互。通常情况下，对象封装其状态，并允许外部参与者通过成员函数进行修改。

1.3.2　FP，函数式编程

函数式编程是一种古老的编程风格，在描述程序时注重近乎数学的精确性。结果表明，虽然 FP 的思维模式似乎比 OOP 更复杂，但是当所需状态的复杂性增加时，可以更好地对它进行扩展。

1.3.3　FRP，函数反应式编程

FRP 的概念于 1997 年提出，但直到最近几年才流行起来。它有点类似于在 FP 之上的扩展，使构建的应用能够以一种无缝的方式对输入做出反应。FRP 通过声明值之间的关系实现该功能。

1.3.4　Rx，反应式编程

反应式编程，有时称为反应式扩展的 Rx，是所有使用数据流构建应用的范例的总称。RxJava 是我们在实践中实现数据流的首选工具。术语 FRP 也可以被认为是反应式编程，但反过来并不成立。

FacebookReact 库

React 是基于 HTML5 创建的 Facebook UI 库的名称。尽管与 React 有关的编程概念和本书介绍的概念类似，但按照我们的定义，它并不被认为是反应式的。

1.4　Rx 的特征

包括 RxJava 在内的 Rx 并不是一种用来替代其他低级技术的典型技术。Rx 介绍一种使数据流可视化的方法，而不是一种机械的解决方案。

我们将花费大量时间介绍基础知识，但核心内容是 RxJava 实现了发布-订阅模式(见图 1-2)。一个 observable(publisher)发送一个值，subscriber 使用该值。诀窍在于，可以在该过程中修改这些值。

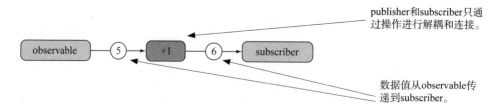

图 1-2　发布-订阅模式示意图

处理异步操作

异步编程几乎总是被认为是 Rx 的首要特征，当然也是主要特征。传统的编程方法使处理后台操作成为一种特殊情况，这通常是一个棘手的问题。

另一方面，在 Rx 中，每个操作都可能是异步的。异步操作并不是特殊情况，但可以和往常一样很自然地进行处理。同步执行则并非如此。

之所以能够这样做，是因为这些操作是解耦的，即下一个操作不知道上一个操作应该何时完成。

可以使用任意一种操作来替换图 1-2 中的+1，该操作可能需要很长时间，并返回一个符合需求的类型(见图 1-3)。

你很快就会学会如何实现这些功能！

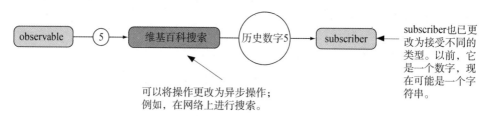

图 1-3　异步操作示意图

1.5　编写的代码就是所实现的功能

在 Rx 中，我们实现了所需要的功能，而没有实现其他功能！Rx 自身采用增量式的编写方法。要理解它的含义，请参照软件开发的一般流程(见图 1-4)。

简而言之，我们编写了一组初始代码，大部分时间大多数人的机器中都会运行这些代码。在图 1-4 中，较深颜色代表的区域是真正需要实现的功能，而颜色较浅的区域则表示许多边界情况和错误情况。

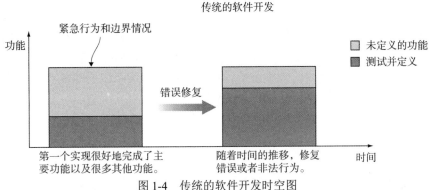

图1-4　传统的软件开发时空图

1.5.1　灰色代码

可以在适当的位置进行自动化测试和质量保证，以减轻灰色功能(图1-4中颜色较浅的区域)的影响，但影响仍然存在。这是有效代码的一部分，但我们不太确定如何实现。

这与开发人员无关，而是因为工具不够精确。

但是所有功能都是在代码中定义的，不是吗?

在这里，我所说的功能是指可以细化的功能。在错误报告出现之前，很少明确定义诸如服务器响应失败或者用户多次快速单击按钮之类的场景。

从长远来看，在那些要求高质量标准的项目中，通常会花费大量时间解决那些由潜在模糊的边界情况引发的问题。

1.5.2　反应式编程开发

在反应式编程(见图1-5)中，通常会有少量的"自由"功能，并且需要在早期就开始提出问题，例如，"如果第二个服务器反应与第一个服务器响应不匹配，会发生什么?"

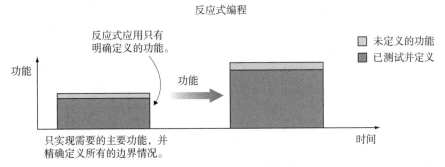

图1-5　反应式编程时空图

如果你没有考虑到某个场景，那么在编写代码时而不是用户遇到该场景时，问题就会显而易见。

　　似乎一开始你会得不偿失，但随着时间的推移，你会发现规模的扩大和技术债务带来的影响会越来越小。与传统方式相比，反应式编程受规模和复杂性的影响较小(见图 1-6)。然而，这并不是一种理想的解决方案，它最终必须处理规模和复杂性带来的影响，而不是回避这一问题。

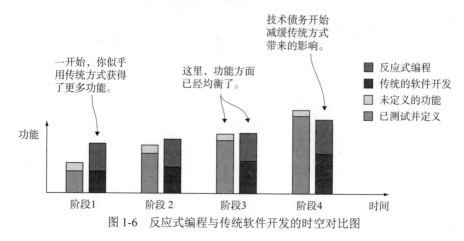

图 1-6　反应式编程与传统软件开发的时空对比图

1.6　反应式总览

　　本书主要关注 Android 和 RxJava，但它们并不是 Rx 编程的全部内容。这里只是一个简单的概述。

1.6.1　移动开发

　　Rx 最早在 Windows Phone 系统中使用，但在 Android 和 iOS 系统中也逐渐开始出现(见图 1-7)。过去最大的问题是缺乏在线资源，但现在情况已经有了很大改善。

1. Android
　　尽管已经出现了其他选项，但 RxJava 实际上是 Android 系统中使用的反应库。Google 发布了一个名为 Agera 的内部框架，还有一些其他软件库，如 Sodium。
　　在 Android 系统上，所面临的挑战来自从平台组件中(例如活动和片段)构建应用时采用的严格定义的方法，不过在此限制范围内采用的方法仍然产生了良好的效果。

2. iOS
　　传统的 iOS 应用结构并不适用于反应式编程，但现在有一些众所周知的方法可以解决该问题。ReactiveCocoa 曾经是 iOS 系统中唯一一个真正的反应库，但它的语法与最新的解决方案大不相同。另一方面，RxSwift 更类似于 RxJava，并且越来越受欢迎。

3. Windows Phone

尽管 Windows Phone 作为移动平台的使用频率越来越低，但特别值得一提的是，它是对 Rx 支持最好的移动平台。事实上，Rx 是它的标准部分。C#的反应式扩展被认为是现代 Rx 的第一个实现。

图 1-7　反应式编程概览

1.6.2　Web 和 HTML5

JavaScript 和 Web 已经成为反应式编程最具创新性的领域。Web 的最大好处是浏览器不会参与创建 UI，因此可以创建完全自定义的方法。

这里我们没有涵盖整个 Web 场景，因为很难进行客观评价。有很多成熟的框架和库可供参考，它们都提供了关于 Rx 是什么和它应该是什么(或者是否应该是 Rx，但这是另一种讨论)的不同观点。

本书所介绍的原则同样适用于 Web。

1.6.3　后端系统和 Rx

最著名的后端系统是 Netflix 流媒体系统，它有部分内容是用反应式编程编写的。然而，似乎可以使用标准技术创建大多数服务，因此对 Rx 的需求并不迫切。

另一方面，函数式编程变得越来越流行，特别是在重载系统中。像 Haskell 和 Go 这样的语言已经被许多程序员广泛使用。

虽然本书更多的是介绍 UI 编程知识，而不是专门的函数式语言，但它们的思维模式存在相似之处。

1.7 在开始学习之前你需要知道什么

有了合适的库，几乎可以在任何平台和语言中使用 Rx 概念。但我们选择 Java 作为开发语言，Android 作为开发平台。RxJava 2 是 Rx 库(通常简称为 RxJava)。如果你想了解其中的原因，我们很快就会讲到。

但这不是一本关于学习 Android 开发的书，所以我们不会在这里讨论过多细节。如果你对 Android 还不熟悉，建议参考本书附录 A "Android 开发教程" 以快速了解 Android 开发。

希望你能掌握一些基本的编程技能。

1.7.1 你需要具备的条件

- 对 UI 开发及其通常面临的挑战有一个基本的了解。
- 能够阅读 Java 代码，包括在 Java 8 中引入的 lambda。

1.7.2 你不需要具备的条件

- 精通反应式或面向对象编程模式。
- 具备函数式编程的经验(它有助于理解概念)。
- 了解 Git，它有助于在线查看示例代码。

Java 8 流

尽管我们将广泛使用 Java 8 lambda，但并没有讨论引入的其他功能。具体来说，Java 8 流与本书中讨论的流没有任何关系。

1.8 关于本书

本书分为三个部分。第Ⅰ部分介绍 RxJava 及其功能的基础知识，将深入研究它在较低级别的应用中可能具有的不同角色。

第Ⅱ部分着重介绍反应式架构——更多的是关于如何生成健壮和可维护的代码。第Ⅱ部分包含反应式编程的核心概念。

第Ⅲ部分包含几个较大的示例项目，使用我们已经获得的技能进行构建。可将这些项目用作学习参考，以了解如何在实际项目中应用反应式编程。

1.8.1 在线代码示例

你可扫描封底二维码获取本书示例代码。

1.8.2　茶歇

每当你看到咖啡杯时，就意味着该做小练习了。端起
杯子，品着咖啡，看看如何应用你所学到的知识。

大多数茶歇都有在线定义的编码起点以及解决方案。

阅读完本章，你不必做练习，但我建议至少完成给定
的解决方案。

> **灰色方框代表什么？**
>
> 这些灰色方框通常会回答你可能已经在思考的问题。我用它们澄清误解，并
> 提供可能会稍微偏离主题的额外信息。

1.9　RxJava 2 和 Android

如前所述，本书中我们将使用 RxJava。它是 ReactiveX 家族的一部分，或多
或少具有标准化的语法。RxJava 自身最初是由 Netflix 的开发团队在 Java 上进行
反应式扩展的一个端口。

RxJava 已经能够在后端编程中使用 Java(包括 Android)构建 UI 应用。出于教
学目的，本书所有示例在 Android 系统中选择使用 Java。

1.9.1　为什么选择 Java

- Java 是一种通用语言，几乎每个人在开发过程中都用过这门语言。
- Java 是强类型和显式类型，更容易进行数据类型转换。
- 一些纯粹的函数式语言已经接近于函数反应式编程，因此 Java 更适合。
  但这些语言仍然不常用，特别是在 UI 编程方面。

1.9.2　为什么选择 RxJava

- Rx，即反应式扩展，已经被证明可用于大规模的生产环境中。对于解决
  现实问题来说，这是一种安全的选择。
- 如果要学习一种语言的 Rx 语法，将你学到的知识应用到任何其他语言中
  并不难。几乎所有语言或平台都对 Rx 进行过移植。

> **RxJava 1 还是 2？**
>
> 本书使用的是 RxJava 2.x 版本，这个版本在 API 中进行了一些更改。
>
> 最值得注意的是，它不再允许 null 值，出现了一些新的 observable 类型，并
> 且订阅的内部管理方式也发生了变化。即使你使用的是 RxJava1，本书中的原则
> 也同样适用。

1.10　设置 Android 环境

可以在 Windows、macOS 或者 Linux 上开发 Android。尽管 iOS/Android 平板设备或 Chromebooks 不支持开发 Android，但任何现代计算机都提供支持。

1.10.1　Google Android Studio

我们的所有开发都是在 Android Studio 中进行的。从 https://developer.android.com/studio/ 下载安装程序并按照说明进行操作。Android Studio 附带了 Android SDK，不过它可能需要安装额外的组件。

1.10.2　Git

可以从位于 https://github.com/tehmou/RxJava-for-Android-Developers 的在线存储库下载示例，不过我建议你也可以使用 Git 管理自己的代码。但是使用 Git 并不是必要的，我们在本书中也没有介绍它的用法。如果你是 Git 新手，建议你使用在线资源熟悉它。

1.10.3　RxJava 2 依赖项

除了 RxJava 2 库外，Android Studio 还提供了所有设置。我们所有的示例代码都将其包含在内，但如果你要启动一个新项目，可以将它添加到 app/build.gradle 文件中。

app/build.gradle

```
dependencies {
  ...
  // RxJava
  compile 'io.reactivex.rxjava2:rxjava:2.1.7'
  compile 'io.reactivex.rxjava2:rxandroid:2.0.1'

  // RxBinding wrappers for UI
  compile 'com.jakewharton.rxbinding2:rxbinding:2.0.0'
```

记住，可以在位于 https://github.com/tehmou/RxJava-for-Android-Developers 的在线网站上找到本书中介绍的大部分代码。

1.11　Java 8 lambda

即使你熟悉 Java，也仍然可能不太了解 lambda。lambda 是一种只需要稍作配置就能够使用的附加功能。

app/build.gradle

```
defaultConfig {
    ...
    compileOptions {
        sourceCompatibility JavaVersion.VERSION_1_8
        targetCompatibility JavaVersion.VERSION_1_8
    }
    ...
```

◄── 这是需要添加到配置中的部分内容。

每次都需要进行这一配置吗?

对于新项目来说, 是的, 不过我们所有的示例项目都已经启用了这些设置。

1.11.1　什么是 lambda 函数

简言之, lambda 是一个未命名的内联函数。以 sum 函数为例, 就可以理解它的含义。

```
int sum(int x, int y) {
    return x + y;
}
```

这只是一个标准的 Java 函数(方法)。如果你用 lambda 形式编写同样的代码, 则可以完全省略这些类型。

```
(x, y) -> {
    return x + y;
}
```

类型是根据输入和输出的内容推断出来的。

1.11.2　剖析 lambda 函数

与普通函数一样, lambda 函数声明它可以接收的参数并包含可能的返回值的函数体(见图 1-8)。

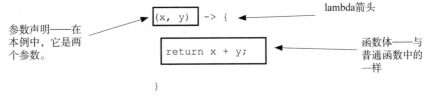

参数声明——在本例中, 它是两个参数。

lambda箭头

函数体——与普通函数中的一样

图 1-8　lambda 函数示例

如果 lambda 只是一条 return 语句, 可以写得更简洁。

```
(x, y) -> x + y
```

这与你之前看到的形式完全相同, 包括返回值。但如果想要出现多条语句, 则需要使用代码块。前面的示例是简单 lambda 的简短标记。

1.11.3　lambda 函数有什么优点

那么，重点是什么呢？例如，如果你想定义一个事件处理程序函数，可以用一种更短的语句。

```
setOnClickListener(event -> { ... });
```

这样就不必为 click 事件定义一个单独的命名方法。

还可将函数引用保存到变量中。sum 函数接收两个参数并返回一个整数。可将其作为 BiFunction 保存(Bi 代表双重)。

在 BiFunction 之后是 Function 3 和 Function 4。

```
BiFunction<Integer, Integer, Integer> sum = (x, y) -> x + y;
```

第一个参数类型　　第二个参数类型　　　　返回类型　　　lambda参数　　　lambda函数体

如果这样看起来有点陌生，不必担心。我们总是会检查代码以确保其正确性。

1.12　深入研究 Rx: 实时搜索

为快速了解 Rx 的功能，让我们看一个示例：基于文本框中用户的输入进行实时搜索。用户开始在文本框中输入，而 Google 不需要用户按下搜索按钮就能显示有用的建议(见图 1-9)。

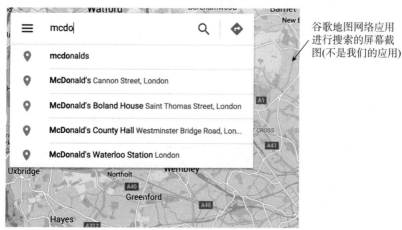

谷歌地图网络应用进行搜索的屏幕截图(不是我们的应用)

图 1-9　谷歌地图搜索示例

你希望通过网络 API 触发搜索，并根据用户迄今为止编写的文本显示结果。但是，只有当用户至少输入了三个字符并且暂停输入时，才能执行该操作。

触发搜索的条件如下：

(1) 忽略少于三个字符的输入。

(2) 只有当用户在 150 毫秒内没有输入数据时，才可以进行搜索。

1.13　项目设置

这里不会构建一个完整的地图客户端，因此将使用一个具有虚拟实现的简单项目。可以在在线代码示例中找到它。

1.13.1　一种快速实现

我们的第一个任务是在可编辑的文本输入和呈现搜索结果的列表之间建立基本连接。假设已经有了一个 updateSearchResults 函数，那么流程将从文本更改转换到 UI 中的更新列表。

文本更改→检查文本是否足够长→调用函数 updateSearchResults→请求更新⋯→更新 UI

如果开始时没有使用 RxJava，那么可以为 EditText 组件设置一个监听器。在 Android 系统中，这是通过 editText.setOnChangeListener 完成的。它允许你声明一个在文本更改(用户正在输入)时执行的函数。为简单起见，在此将使用有效的 lambda。

```
editText.setOnChangeListener(text -> {
    if (text.length() >= 3) {        每次更改 EditText 中的文本
        updateSearchResults(text);   后执行其中的所有函数。
    }
});
```

这里有一个处理程序，它检查输入的长度是否超过三个字符。如果没有，则处理程序忽略更改事件。

1.13.2　基于时间筛选文本更改

事件处理程序中的代码立即执行，或者换句话说，同步执行。但是，在第二个条件中，执行搜索之前等待 150 毫秒取决于调用它之后经过的时间。如何处理中间经过的时间？线程？

这就是问题的复杂之处：用传统的 Java 构建这样一个系统绝非易事。幸运的是，处理基于时间的事件是 Rx 擅长的一种技术问题。

1.14　作为数据的 emitter 的文本输入

在 Rx 实现中，请先后退一步，重新定义你看待问题的方式。这包含两个方面：发送文本值的文本输入，以及使用调用这些值的函数来实现某些功能。

如何"发送"数据？

在本例中，当文本输入更改时，它向所有监听器发送一个事件，通知它们状态发生变化。从单个监听器的角度来看，文本输入只是产生了一个 String 类型的新值，我们应该对此进行处理。

这听起来可能有点奇怪，但它只是第一步的想法，使你能够使用 Rx。

updateSearchResults 函数是数据的使用者。每当有新值出现时，函数都会对数据进行处理(见图 1-10)。

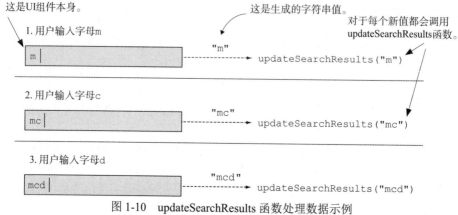

图 1-10   updateSearchResults 函数处理数据示例

在前面的代码中，文本输入向事件监听器提供新的字符串值 text，而事件监听器又将该值提供给 updateSearchResults 函数。

因为用户输入文本的速度有限，所以这些值会在不同的时间出现。这就是文本输入的工作方式——无论你是否使用 RxJava。

1.15   发布-订阅模式

如前所述，RxJava 的核心部分是一种模式，在这种模式中，可以使用事件源和函数进行监听。一个示例是 EditText 在更改时发送(发布)新值。接下来，你将会看到如何以 RxJava 的方式编写该函数，但是请记住，实际上我们仍会始终在 EditText 上附加一个 onChange 监听器(见图 1-11)。

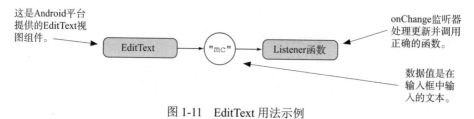

图 1-11   EditText 用法示例

在 Rx 术语中，EditText 发布或者发送更新，并订阅 Listener 函数。这使得 Listener 函数成为 subscriber(见图 1-12)。

注意，代码仍然使用相同的 EditText 和一个 change 事件监听器；我们只是用了一种不同的方式来进行解释。

图 1-12　发布-订阅模式示意图

应该发送整个值还是只发送更改的值?

如果从更改事件的角度考虑，难道不能只发送最新的字符而不是整个字符串吗?

确实可以这样做，但会给 subscriber 带来很大压力，那就是随着时间的推移聚合整个字符串。在反应式编程中，我们通常希望将整个数据值发送给 subscriber。

1.16　作为 observable 的文本输入

现在你知道了，随着时间的推移，EditText 可以看作字符串值的发送器。在 Rx 术语中，这样的生产者称为 observable，因为它发送的值可以被观测到。

将 UI 视图转换为 observable

现在，我们将使用 RxBindings 库在 EditText 中创建一个适当的 observable(见图 1-13)。你需要做的是将文本输入封装到一个 observable 中——实际上是隐藏实现并使其成为纯粹的数据生成器。

如你所见，与 observable 对应的是 subscriber，它可以是一个函数。

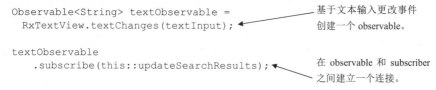

updateSearchResults 与之前一样被调用，但是没有三个字符的最小限制。

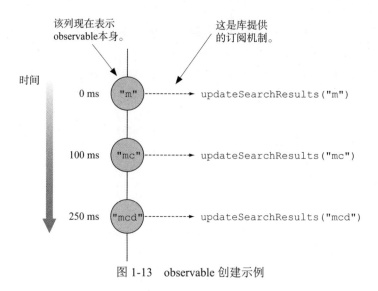

图 1-13　observable 创建示例

1.17　筛选 observable

一切都准备好了，可以从真正的 Rx 开始。你要做的每个操作都是基于我所描述的发布-订阅模式。数据的 emitter 和 subscriber 之间的操作是 Rx 逻辑。

通过解耦 observable 和 subscriber，我们已经创建了清晰的逻辑。subscriber 不知道数据来自何处、何时出现或者出现的次数(见图 1-14)。

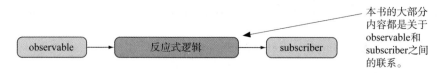

图 1-14　observable 和 subscriber 关系图

我们可以在数据发送到 subscriber 的过程中对它进行操作。例如，可以根据某些条件删除数据项，比如字符串是否至少有三个字符的长度(见图 1-15)。

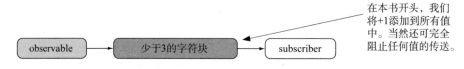

图 1-15　数据操作示例

从技术上讲，还可以在之前的基础上创建一个新 observable，但是其中不包含太短的字符串(见图 1-16)。

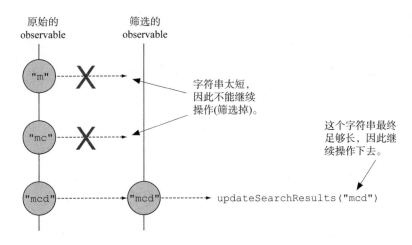

图 1-16　筛选 observable 示例

现在的结果与我们在快速实现中使用的 if 从句相同。在后面可以找到代码。

1.17.1　.filter 操作符

与大多数 Rx 库一样，RxJava 有一种执行筛选的方法，这很方便。它通过在一个 observable 上调用.filter，并提供一个 filter 函数来逐个验证这些值。

每个传递的值都会调用 filter 函数。需要注意的是，不要保存函数之外的状态。

将传输流中的每个数据项作为参数并调用 filter 函数，然后函数计算数据项的值，传递该值(返回 true)或者将其筛选掉(返回 false)。筛选后的值将会消失，并且永远不会到达 subscriber(在我们的示例中，是 updateSearchResults 函数)。

下面回到我们之前介绍的最初实现：

```
textInput.setOnChangeListener(text -> {
   if (text.length() >= 3) {
     updateSearchResults(text);
   }
});
```

现在可以在 RxJava 中编写相同的代码，首先使用 RxTextView 实用程序将 TextView 转换为一个 observable。注意，这段代码调用了 updateSearchResults，就像前面的代码一样。

```
RxTextView.textChanges(textInput)
    .filter(text -> text.length() >= 3)
    .subscribe(this::updateSearchResults);
```

filter 操作符位于 TextView 和 listener 函数之间，封装在 RxJava 的方法中。

完成了！太棒了！它和之前实现的功能一样。你可能会问，为什么要这样做？这是我们要讨论的下一个话题。

1.17.2　observable 和 subscriber 的时间解耦

我们终于体会到了 Rx 的用处。你会了解到如何根据数据项发送时的时间点来处理筛选操作的第二个条件。

前面的代码基于 TextView observable 发送的数据项和 listener 函数(subscriber)接收的数据项。使用 filter 函数,你会知道它们不一定是相同的数据项。subscriber 不知道接下来的操作,因此可以删除其中一些数据。

不太明显的一点是,因为 subscriber 不知道数据来自何处,所以数据项不需要在发送的同时到达。

subscriber 只是一个函数,可以在任何时候调用新的可用数据项。

1.18　时间延迟

事实证明,使用 Rx 库,可以轻松地控制发送数据和使用数据所花费的时间。例如,可以将所有数据项延迟 50 毫秒。在我们的示例中,这意味着搜索查询总是在 50 毫秒之后进行(见图 1-17)。

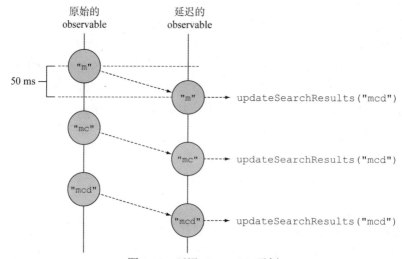

图 1-17　延迟 observable 示例

例如,第一个弹珠可以描述如下。

(1) 用户在文本输入框中输入 m。

(2) 文本输入 observable 将字符串 m 发送到流中。

(3) 由于延迟操作,Rx 系统使弹珠等待 50 毫秒。

(4) 50 毫秒后,弹珠可以继续传送,这种情况下,最终被 updateSearchResults 函数使用。

使用库中的工具编写 RxJava 代码非常简单。你需要告诉 Rx 系统将源端发出的所有数据项延迟 50 毫秒，从而有效地创建一个姗姗来迟的新 observable。

```
RxTextView.textChanges(textInput)
    .delay(50, TimeUnit.MILLISECONDS)    ◀──────    这是一个延迟所有
    .subscribe(this::updateSearchResults);              操作的操作符。
```

可用负数表示延迟吗？

如果你希望如此，那么很遗憾，delay 操作符不能处理负值，因此无法接收未知的数据项。有一些关于时间旅行的理论，目前被认为是可能的，但前提是在未来"第一时间"建立另一个门户。这好像还没有发生过。

1.19　延迟时间的优势

拖延通常并不是人们所期望的行为，但是解决方案的初衷就是这样。让我们再来看看第二个条件，即不要太频繁地触发更新。

只有当用户在 150 毫秒内没有输入数据时，才可以进行搜索。

因为向 subscriber 发送数据项会触发搜索，这个条件似乎意味着必须经过 150 毫秒的延迟之后才能发送最后一个数据项——但前提是在该数据项等待期间没有发送其他数据项。

如果你之后收到了另一个数据项，则意味着用户仍在输入，我们希望尽快结束。

公共汽车站

实际上，这一过程类似于公共汽车站。只有在所有人都上车并且司机确定关上车门后，汽车才会离开。只要还有人上车，门就关不上，车也不会开走。

从最后一个人上车到车门关闭之间经过的时间是 150 毫秒。只要用户没有足够长的时间停止输入，那么 updateSearchResults 函数就必须等待。

1.20　debounce 操作符

在本节中，我们将进行简短的解释，稍后再讨论关于操作符的更精确细节。总而言之，我在前一页中描述的是反应式编程中一个相当常见的问题，并且已经有了一个操作符，它被称为 debounce 操作符。

"debounce：只有在经过了特定时间段而没有发送其他数据项时，才能从 observable 中发送一个数据项。"

——ReactiveX Wiki

这听起来可能有点抽象，但 wiki 中就是这样写的。如果来看一个关于如何使

用操作符的示例，就可以更清楚地知道它的用法。但是每个操作符都有多种用途，这就是 wiki 处于较高级别的原因。

在该案例中，已经有了一个示例，接下来让我们从用户的角度了解它的工作原理。

1. 用户开始在搜索框中输入 m

用户按下 M 键，就会在 observable 中接收到该数据项。debounce 将 m 作为一个潜在的候选数据项放入存储中，但要等待 150 毫秒后才能确认该字符串确实应该被允许继续传送(见图 1-18)。

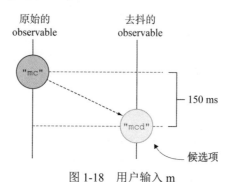

图 1-18　用户输入 m

2. 用户随后立即键入 c

用户在 150 毫秒之内继续输入，这使得之前的候选数据项无效。相反，debounce 将 mc 存储为新的候选数据项并重置 150 毫秒的计时器。注意，在这里，observable 总是在字段中发送完整的文本。这就是 RxBindings 库的工作原理(见图 1-19)。

3. 用户停止输入

最后，用户停止输入足够长的时间来触发 150 毫秒的计时器。现在可以发送候选数据项——这次是 mc(见图 1-20)。

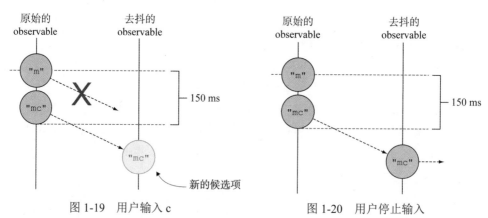

图 1-19　用户输入 c　　　　　　　　图 1-20　用户停止输入

后续数据项不会对该字符串有任何影响，因为它已经存在了。

代码

如果将 debounce 函数应用到之前的代码，就会得到最终解决方案。

```
RxTextView.textChanges(textInput)
    .filter(text -> text.length() >= 3)
    .debounce(150, TimeUnit.MILLISECONDS)
    .subscribe(this::updateSearchResults);
```

这确实满足了最初的限定条件：代码筛选掉少于三个字符的搜索，然后等待用户在 150 毫秒之内没有输入数据时才发送搜索请求。

整个流程如图 1-21 所示。

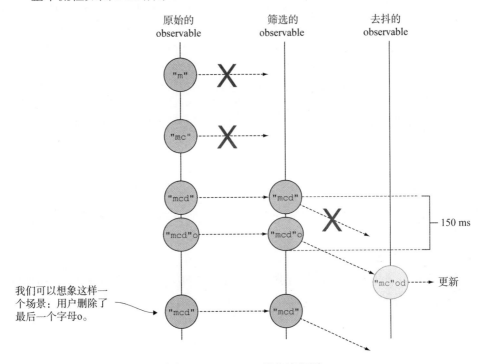

图 1-21 debounce 操作流程图

1.21 将代码放入 Android 系统中

到目前为止，我们已经看到了一些代码，但还没有明确指定它在传统 Android 应用中的具体位置。如果你对细节不感兴趣，请跳过这一部分。对于所编写的代码如何在 Android 应用中运行，有以下几点要求。

1. 代码在 UI 创建之后运行

2. 代码只运行一次

显然，最明显的位置似乎是 onCreate 活动或者 onViewCreated 片段。两者都可以——在本例中，我们使用活动，因为这个 UI 并不复杂。

```java
public class MainActivity extends AppCompatActivity {
    @Override
    protected void onCreate(Bundle savedInstanceState) {
        super.onCreate(savedInstanceState);
        setContentView(R.layout.activity_main);

        final EditText textInput =
            (EditText) findViewById(R.id.text_input);

        RxTextView.textChanges(textInput)
            .filter(text -> text.length() >= 3)
            .debounce(150, TimeUnit.MILLISECONDS)
            .observeOn(AndroidSchedulers.mainThread())
            .subscribe(this::updateSearchResults);
    }

    private void updateSearchResults(String search) {
        ...
    }
}
```

我们已经在中间部分添加了一个线程更改，因为需要确保主线程中执行管理 UI 的任何操作。这种情况下，debounce 操作符会自动将线程切换到后台线程，以便在等待更多输入时不阻塞执行过程。大多数操作符不会切换线程，但是 delay 操作符会进行切换。

后面章节会更详细地讨论线程更改，但通常在下一步(或者 subscriber)执行 UI 操作之前调用.observeOn(AndroidSchedulers.mainThread())就足够了。这种调用改变了任何下游的线程，意味着所定义的线程中包含了后续步骤。

茶歇

现在开始创建你自己的应用吧！以在线示例中的茶歇为依据，或者按照附录中的说明来设置依赖项。

尝试使用 RxBinding 库中包含的其他类型的输入组件。例如，它们都以 Rx 开头：

- RxCompoundButton.checkedChanges
- RxRadioGroup.checkedChanges

这两个函数返回的是布尔值而不是字符串。

```
RxCompoundButton.checkedChanges(compoundButton)
    .subscribe(isChecked -> {
        myLabel.setText(
            isChecked ? "box checked!" : ":("
        );
    });
```

在这种特殊情况下，不需要使用 observeOn。要知道这里的 observable 位于主线程上，因为它来源于 UI。

在查看 RxTextView 提供的函数时，你还会了解到有些函数并不返回 observable。可以在 TextView 上调用这些函数，如下所示：

```
Action1<CharSequence> text(TextView)
```

如果需要，可以使用它们代替 lambda 语法。由你来决定选择使用的类型，但是为了简洁起见，我们将继续使用 lambda。

练习

创建一个 EditText 和 TextView。在用户输入超过 7 个字符后，让 TextView 显示"文本太长"。你可以在在线代码示例中看到解决方案。

1.22 反应式编程的原理

我们现在已经了解了反应式编程的一些实际应用。这只是冰山一角，但你已经开始看到这里的模式。

- 程序被看成一个数据处理系统——既有输入，也有输出。数据可能以文本更改或者屏幕动画的形式出现。
- 数据处理是通过一些小函数完成的，这些函数接收输入并产生输出(或者效应，例如去抖)。Rx 库是这些函数之间的黏合剂，将上一个函数的数据传递给下一个函数。
- 每个函数都被认为是异步的。运行函数需要时间，也许只有一两毫秒，但不存在所谓的"瞬间"。因此，我们只需要声明函数运行后应该执行的操作，而不是一直等待。

应用变成了一个由不同输入和输出点组成的大管道。两者之间的操作是单独的 Rx 逻辑。它模拟了根据输入计算输出的方法(见图 1-22)。

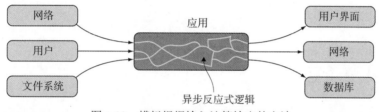

图 1-22 模拟根据输入计算输出的方法

在我们的示例中，输入是用户在 EditText 中输入的内容。然后将输入封装为一个 observable，并将生成的数据放入异步 Rx 逻辑中。本例中的输出显示在 updateSearchResults 中。

1.23　事件和弹珠图

RxJava 擅长处理在特定时间点发生的事件。事实上，一种表示事件的新方法已经成为它的标准：弹珠图。

弹珠图

你已经看到了基于时间的示意图，其中的圆圈表示在特定时间点出现的数据片段。然而，标准是将圆圈水平放置。通常还会忽略"弹珠"所表示的数据(见图 1-23)。

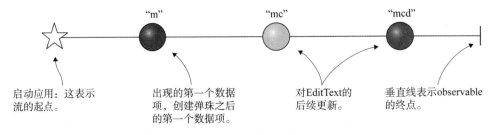

启动应用：这表示　　　　出现的第一个数据　　　　对EditText的　　　　垂直线表示observable
流的起点。　　　　　　　项，创建弹珠之后　　　　后续更新。　　　　　的终点。
　　　　　　　　　　　　的第一个数据项。

图 1-23　弹珠示意图

稍后我们将看到不同类型的示意图，但是对于 Rx 可以解决的基于事件的问题来说，仍会优先选择使用弹珠。在本书的第Ⅰ部分中，你会看到很多这样的例子。

这个示意图是不是错了？

如果考虑传统的堆栈，将会首先发送右边的数据项。但是弹珠图更多的是对时间线上发生的事件的"历史"描述。在这种时间线上，时间从左向右流动(见图 1-24)。

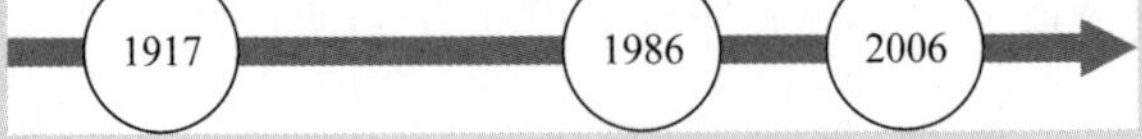

```
   1917        1986    2006
```

图 1-24　时间轴示意图

1.24　本章小结

哇！写五行代码几乎要用 30 页纸。你可能想知道这是否真的有必要。我的意思是，我们不能检查堆栈溢出并复制代码段吗？

答案是"是"和"否"。如果你知道要找的内容，可以在网上搜索并复制该代码段。很多问题用正确的方法解决后，就变得微不足道了。在该例中，我们花费了很长时间才很好地表示了输入流。

学习如何提问

在反应式编程中，问题的措辞有时占到 90%。通常情况下，提出的问题并不像最初看起来那样独特，而且 Rx 的某种功能可能已经解决了该问题。

本书的重点是介绍一种思维模式，使你能以一种合理方式制定需求。

通常，我们首先将输入转换为流，然后确定如何将它们组合起来。有时候，要想知道如何编写程序，需要绘制弹珠图并检查 Rx wiki 中是否存在类似的关系(reactivex.io)。

将输入转换为流→期望的输出是什么？→检查已知的解决方案→尝试实现

起初这一过程可能看起来有点混乱，但是在掌握了一些更实用的示例之后，它就变得有意义了。

此外，在一个典型的应用中也不需要太多的模式。读完本书中的示例之后，你应该能够应对实际应用中的大多数场景。

第 **2** 章 | 连接 **observable**

本章内容

- 用 RxJava 实现网络层
- 深入了解 RxJava 库
- 使用 observable 和 subscriber
- 基本的错误处理
- 引入不变性

2.1 RxJava 和事件流

第 1 章简要介绍了如何使用 RxJava 和 RxBindings 实用程序来处理源自 UI 的事件，即用户在 EditText 中输入的文本。

在这种情况下，流程很简单：对发生的事件进行一些处理，然后显示结果(见图 2-1)。

图 2-1　事件处理流程图

在本章中，你将看到一个常见的示例：网络请求。

RxJava 和网络

开始时，RxJava 似乎是一种更方便的声明回调的方法，但在本章的后面部分，我们会介绍一些使用传统方法实现的情况。

当需要组合来自多个 API 的数据时，就会产生"回调地狱"的结果，而 RxJava
则经常被用来解决这种问题。我们将看到如何使用 observable 恰当地处理该问题
(见图 2-2)。

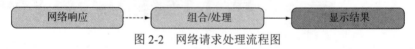

图 2-2　网络请求处理流程图

Android 上的网络请求库

在本书中，我们将使用一个名为 Retrofit from Square 的库进行连接。它是一
种标准化的库，并且具有功能强大的语法来声明接口。它还可以很好地与 RxJava
配合使用，而你将会受益匪浅。

你可以像下面这样在 Gradle 文件中添加依赖项(在 http://square.github.io/retrofit/
上查看最新版本)。

```
dependencies {
    ...
    compile 'com.squareup.retrofit2:retrofit:2.0.0-beta4'
    ...
}
```

2.2　subscriber

当想要对某个 observable 状态的变化做出反应时(一种排序的信号)，就会定
义一个使用该值作为参数来调用的函数。该函数被称为 subscriber 或 observer。在
一个简单的 observable 的上下文中，它很像一个回调函数，每当有新值时就会被
调用。

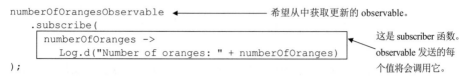

subscriber 有时也被称为 observer，不过我们不使用这一术语，因为很容易将
它与 observable 混淆。

subscriber 和弹珠

可以创建一个弹珠图，其中每个弹珠表示在某一时刻篮子中橘子的数量。在
这里，还可以看到将橘子放入篮子时执行的 log 命令(见图 2-3)。

从某种角度看，observable 是面向未来的窗口。我们声明了该 observable 中所
有值会发生的情况。

```
numberOfOrangeObservable.subscribe(number -> Log.d(number));
```

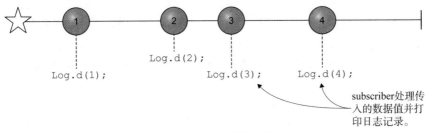

图 2-3 subscriber 处理数据弹珠图

数据源解耦

subscriber 本身不知道值来自何处；它只是一个简单的函数。它们可能来自 UI、网络，甚至来自触发的计时器。subscriber 只关心如何处理到达后的值。

2.3 RxJava 2 observable 的类型

RxJava 2 中最大的一种变化是引入了更多的 observable 类型，以及 Subscriber 和 Observable 类之间的分离。

2.3.1 Observable

observable 最常用的默认类型是 Observable。到目前为止我们唯一使用的类是 Observable。它可以发送任意数量的值，然后要么完成，要么产生错误。

2.3.2 Single

该类型适用于希望只发送一个值的特殊情况。Single 要么发送一个值并完成，要么产生一个错误。如果不发送值，Single 就无法完成。该类型适用于以下情况：

- 网络响应
- 复杂计算的结果
- toList 操作符，它将一个 observable 转换为一个列表(稍后会看到该操作)

2.3.3 Maybe

Maybe 类似于 Single，但不能保证获得该值。Maybe 可以发送某个数据项并完成，或者只是完成。它也可以产生错误。

2.3.4 Completable

Completable 不发送任何值，而只是完成或者未完成。该类型也会产生错误。这基本上是一个"事件"，表示某事发生或结束。它也可以用来指示状态变化，例如当某个代码段被破坏时(这种情况只会发生一次)。

2.3.5　Flowable

在 RxJava 1 的后续版本中，引入了一个背压的概念，用来管理当某个
observable 产生了过多的数据项导致 subscriber 无法处理的情况。但由于在许多应
用中这种情况并不常见，因此在 RxJava 2 中，特殊的背压技术被转移到 Flowable
类型中。在 Flowable 中，必须定义如果源对象产生太多的数据项时会发生的情况。

对于 Android UI 来说，Flowable 绝对是画蛇添足，而且在本书中我们一般不
会用到它。例如，如果你正在构建一个应用来处理从物联网传感器发出的数千条
消息，那么可能需要使用 Flowable 管理流，但是在大多数情况下，我们只需要使
用默认的 observable 就可以，它使用了一种简化的机制，能够将所有数据项按照
顺序放入一个缓冲区中。

2.4　订阅并转换不同的 observable

只有 Flowable 类型使用一个名为 subscriber 的类来监听发出的数据项，这有点
让人难以理解。其他类型则使用 observer。这是因为 ReactiveX 标准是在 RxJava 1
已经实现后开发的，而 RxJava 2 被追溯性地开发以符合该标准。

然而，在本书使用的术语中，我们只讨论 observable 和 subscriber，而不考虑
具体的类(见图 2-4)。

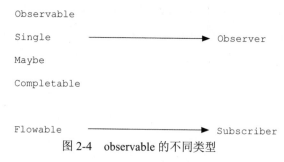

图 2-4　observable 的不同类型

将一个简单的 observable 转换为另一个对象是很简单的。例如，Single 有一
个函数 toObservable()，它返回一个具有较少限制的基本 Observable 类的实例。

2.5　当发出正常的网络请求时会发生什么

要了解网络请求在 observable 模式中的作用，你需要后退一步，看看在该模
式的生命周期中会出现什么情况。以下是典型网络请求的步骤：

1a. 启动网络请求

为了简单起见，我们调用 retrieveData 函数来启动请求。该函数执行所有必

要的操作，包括在后台线程中运行请求。

1b. 将回调传递给函数

等待响应时代码不会停止。相反，我们将把请求放在后台，并在完成请求后声明一个重入点。这个点也称为回调。后台操作准备好后，它会告知 runback 在何处继续运行。

使用 lambda 符号，可按如下方式定义函数。

```
retrieveData(this:processData);
```
←——— 这里再次使用 lambda 符号，假设 this 能够处理这一过程。

> **this:processData?**
>
> this:processData 指的是 this 的 processData。它不会调用方法；只是返回对它的引用，稍后再进行调用。

2. 等待响应

当请求正在发出时，可以继续执行其他代码，并允许用户像往常一样与应用交互。你可能希望在某处显示一个微调器，用来指示进程。

3. 在回调中接收数据并执行操作

当一切准备就绪时，将使用网络中的最新数据触发回调。通常，通过执行代码显示刚接收到的数据。

例如，processData 方法可只记录结果。

```
public void processData(String string) {
    Log.d("New data: " + string);
}
```

2.6　当 observable 发出网络请求时会发生什么

使用 RxJava，网络流将是类似的，但是可以定义 retrieveData，这样它就会返回一个稍后可以订阅的 observable。在这里你可以看到如何在 RxJava 中实现 2.5 节中的流程。

1. 创建一个网络 observable

你可以将任务分成两部分，而不是使用回调函数来启动请求。第一步是创建一个 observable 并启动请求。此时，我们还不知道如何处理结果数据。

```
public Observable<String> retrieveData() {
    ...
}
```

2. 订阅网络 observable

现在有了一个 observable，它将在数据可用时提供数据。还可以通过订阅 observable 来设置 handling 函数，该函数替换 2.5 节中的回调。

```
retrieveData()
    .subscribe(this::processData);
```
目前不需要声明回调。该函数不知道如何处理结果。

3. 等待响应

4. 接收 subscriber 中的数据并执行操作

当一切准备就绪时，将使用网络中的最新数据来触发回调。subscriber 函数与你在 2.5 节中看到的完全相同，它将正确的数据类型作为参数。

2.7　网络请求作为 observable

回到弹珠图，可以将网络请求描述为只有一个弹珠和一个完成的请求(见图 2-5)。

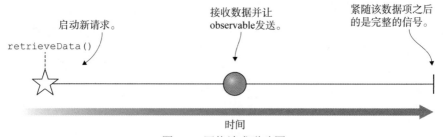

图 2-5　网络请求弹珠图

这里的弹珠表示 String 类型的数据，尽管它与该抽象级别无关。星号表示创建了 observable，在本例中，它是在请求开始时创建的(见图 2-6)。

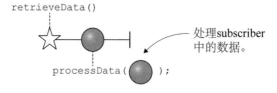

图 2-6　observable 处理数据弹珠图

用于处理数据的函数在数据到达(弹珠)时被触发，然后开始执行 subscriber 函数。processData 函数可能在另一个线程上被触发，因此我们必须记住要在 subscriber 出现之前指定线程。如果需要一个特定的线程，请始终指定它。可以使

用 observeOn 操作符将以下所有操作和 subscriber 切换到指定的线程中，如图 2-7
所示。

```
retrieveData()
    .observeOn(AndroidSchedulers.mainThread())
    .subscribe(this::processData);
```

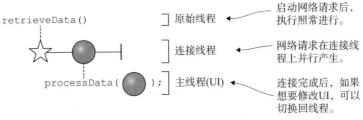

图 2-7　网络请求线程切换

但是，如何轻而易举地将网络请求转换为 observable？让我们看一个示例来
找到答案。

2.8　示例：RSS 提要聚合器

为了更具体化，我们创建一个小应用，它可以加载多个 RSS 提要，并按日期
排序显示在一个列表中。我们将从简单的两个提要开始，然后进行扩展(见图 2-8)。

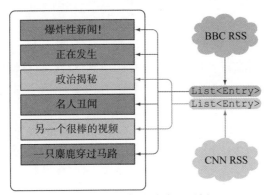

图 2-8　RSS 提要聚合器示例

这里有两个 API 端点，但只有一个混合内容列表。需要进行两次调用，然后
把结果合并起来。

在测试中，你可以使用这两个提要(实际上，我们选择的是 Atom 而不是 RSS，
但事实上是一样的)。

```
Google News
https://news.google.com/?output=atom
```

```
The Register Software Headlines
http://www.theregister.co.uk/software/headlines.atom
```

这两个提要采用的是标准格式,我们将使用在线代码示例中包含的解析器。这个标准的 XML 解析器最初是 Google 示例的一部分,不过后来被 Google 删除了。

2.9　提要结构

解析器生成一个 Entry 类型的数据项列表,并对它进行定义,如下所示。

```
public static class Entry {
    public final String id;
    public final String title;       提要事项的标题。我们会
    public final String link;        把它显示在列表中。
    public final long updated;       链接到提要包含的实际文
                                     章。这是一个 URL。
    Entry(String id,
        String title,                用于排序的时间戳。
        String link,
        long updated) {
        this.id = id;
        this.title = title;
        this.link = link;
        this.updated = updated;
    }                                为了方便,可以定义 toString
    public String toString () {      方法。最初会在列表上使用它。
        return new Date(updated).toString() + "\n" + title;
    }
}
```

实际上,我们还有一个小包装器,它可将 HTTP 响应转换为 List<Entry>类型的 observable。通常情况下,不需要这样做,但是 XML 有点特殊,因为现在大多数 API 都是 JSON。你可在在线示例中看到这些代码,不过它不属于本章的讨论范围。

使用这些实用程序,可以声明 Observable<List<Entry>> getFeed(String url)函数,该函数获取提要 URL 并在网络请求准备就绪后返回它所具有的事项列表(见图 2-9)。

图 2-9　获取提要 URL

注意,observable 仍然在连接线程中,因此任何操作或 subscriber 都将在该线程中被调用。通常情况下,这并不重要,但是需要记住在更改 UI 之前切换回主线程。

2.10　获取数据

要获取数据，需要进行两次调用——或者更确切地说，需要两个 observable。为了便于说明，我们将其命名为 purple 和 yellow。此处省略了解析操作；有关详细信息，请参阅在线代码示例。

```
Observable<List<Entry>> purpleFeedObservable =
    getFeed("https://news.google.com/?output=atom");

Observable<List<Entry>> yellowFeedObservable =
  getFeed(
"http://www.theregister.co.uk/software/headlines.atom");
```

接下来我们要做的是想办法将这两个 observable 合并成一个输入，然后画出列表。我们选择等两者都出现后再显示结果，而不是在它们刚出现时就进行绘制。

除了这两个数据 retrieve 函数外，还需要有人使用数据并绘制列表项。我们将创建一个 drawList(List<Entry>)函数。下面是在 RxJava 中获取数据的顺序。

(1) 启动两个提要的请求。

(2) 等待请求完成。

(3) 调用合并结果中的 drawList。

如果将其绘制在弹珠图中，则可以将这两个请求表示为 observable，一个对应于新闻文章，另一个对应于视频(见图 2-10)。

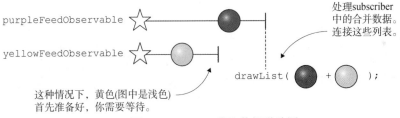

图 2-10　RxJava 获取数据弹珠图

这看起来很有趣。现在我们已经有了所需要的一切：两个 observable，即输入项和输出结果的函数。该函数是 Rx 图的输出。

2.11　combineLatest 操作符

当需要将多个 observable 合并为一个输入时，可以使用 FRP 操作符 combineLatest。更具体地说，当需要从每个 observable 中选择某一事项时，就使用它。

combineLatest 是一个常见的操作符，我们会经常用到它。在使用 Pair 的情况下，弹珠图如图 2-11 所示。

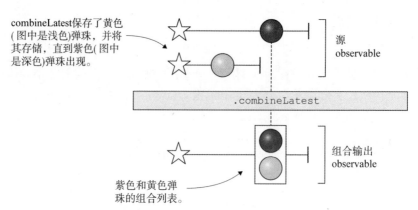

combineLatest保存了黄色(图中是浅色)弹珠，并将其存储，直到紫色(图中是深色)弹珠出现。

源 observable

.combineLatest

组合输出 observable

紫色和黄色弹珠的组合列表。

图 2-11   FRP 操作符 combineLatest 弹珠图

可以看到，这里将两个 observable 合并为一个输入。现在可以把它作为一个单独的 observable！

代码甚至比图片还要短，唯一不明显的是告诉了操作人员如何组合这两个数据项。在本例中，有两个 List<Entry>类型的列表。

```
Observable<List<Entry>> combinedObservable =
  Observable.combineLatest(
    purpleFeedObservable, yellowFeedObservable,
    (purpleList, yellowList) -> {
      final List<Entry> list = new ArrayList<>();
      list.addAll(purpleList);
      list.addAll(yellowList);
      return list;
    }
);
```

我们合并的 observable 发送类型为List<Entry>的数据值。

这是 combine 函数，它告诉 combineLatest 如何合并来自源 observable 的值。

2.12   到目前为止的 Rx 代码

和以前一样，我们现在可以将所有代码都放入 MainActivity 中。这里只是增加了订阅 combinedObservable 并最终绘制列表。

因为我们基于新数据创建了一个新的列表适配器，所以这幅图现在是一次性的。稍后我们将给出更合理的解决方案，但就目前而言，这已经足够了。

```
public class MainActivity extends Activity {
    private static final String TAG =

        MainActivity.class.getSimpleName();

    @Override
    protected void onCreate(Bundle savedInstanceState) {
        super.onCreate(savedInstanceState);
        setContentView(R.layout.activity_main);
```

你已经看到了 Rx 逻辑的开头，但这里是在 Activity 上下文中。

```
Observable<List<Entry>> purpleFeedObservable =
        FeedObservable.getFeed(
                "https://news.google.com/?output=atom");

Observable<List<Entry>> yellowFeedObservable =
        FeedObservable.getFeed(
                "http://www.theregister.co.uk/software/
                headlines.atom");

Observable<List<Entry>> combinedObservable =
        Observable.combineLatest(
                purpleFeedObservable, yellowFeedObservable,
                (purpleList, yellowList) -> {
                    final List<Entry> list = new ArrayList<>();
                    list.addAll(purpleList);
                    list.addAll(yellowList);
                    return list;
                }
        );

combinedObservable
    .observeOn(AndroidSchedulers.mainThread())
    .subscribe(this::drawList);
}

private void drawList(List<Entry> listItems) {
    final ListView list = (ListView) findViewById(R.id.list);
    final ArrayAdapter<Entry> itemsAdapter =
            new ArrayAdapter<>(this,
                android.R.layout.simple_list_item_1,
                listItems);
    list.setAdapter(itemsAdapter);
}
}
```

在这个版本中，提要只检索一次，并且没有更新。稍后可以增加一次检索！

将线程切换到主线程，并将聚合列表传递给 drawing 函数。

创建一个新的 ArrayAdapter，并使用检索到的数据项填充列表。

茶歇

我们已经了解了如何将两个 observable 流合并为一个输入。这是一种将输入转换为输出的最重要的方法。

每当输入多于输出时，就需要在某个时间点将它们合并。combineLatest 是执行该操作的最简单的方法。

练习

通过将 combineLatest 与我们在第 1 章中使用的用户输入相结合进行实验。创建能够显示两个可编辑文本字段内容组合的文本字段。可以使用之前用过的 RxTextView.textChanges。

解决方案

这次的解决方案不需要太多代码，但关键是识别输入和输出。这里我们假设有两个输入字段 editText1 和 editText2，以及一个用于输出的 TextView，称为 outputTextView。

```
Observable<String> input1 =
    RxTextView.textChanges(editText1);
Observable<String> input2 =
    RxTextView.textChanges(editText2);


Observable<String> combinedString =
    Observable.combineLatest(input1, input2,
        (a, b) -> a + " " + b
    );


combinedString.subscribe(outputTextView::setText);
```

> combine 函数看起来很抽象，但它只是将两个字符串连接成一个字符串，中间有一个空格。

2.13　异步数据处理链

现在，将主要介绍处理链(也可称为管道)的概念，它可以从一端获取输入并将数据转换为最终产品。这个链实际上逐个放入了多种操作。

处理链有点像一串多米诺骨牌，在每个步骤中，输入的数据都会触发下一个操作(见图 2-12)。

图 2-12　多米诺骨牌

多米诺骨牌并不是一种坏的思维模式，因为它们还支持更丰富的配置。例如，这里有一个输入，系统会通过两个在不同时间响起的铃声做出反应(见图 2-13)。

该场景可以用一个 observable 事件来表示，将输出提供给两个 subscriber(见图 2-14)。

图 2-13　数据处理链示例

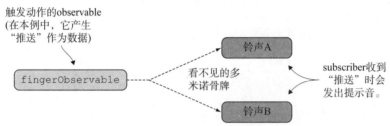

图 2-14　数据处理链的 observable 事件表示

箭头图和弹珠图

刚才看到的箭头图可以很好地显示关系或者指示数据的流向。另一方面，弹珠图有助于显示箭头图中某个特定步骤所执行的操作。弹珠图就像是对链中每个步骤的详细检查(见图 2-15)。

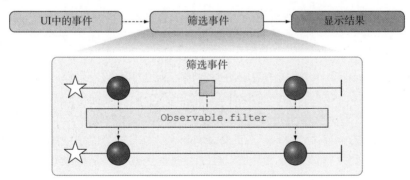

图 2-15　箭头图和弹珠图

箭头图中的弹珠

根据需要，还可以描述箭头图(反应链)中各部分的弹珠(数据)。在本例中，我们将在某个时间点捕获操作的行为(见图 2-16)。

中间的操作仍然会像这样筛选弹珠。从弹珠图中可以看出具体行为。

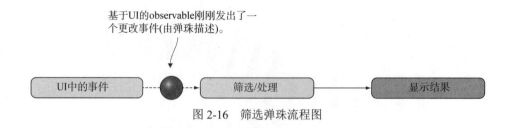

图 2-16　筛选弹珠流程图

2.14　按顺序排列列表

回到我们的示例中，现在列表是什么样子呢(见图 2-17)？

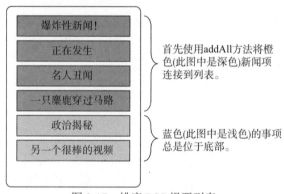

图 2-17　排序 RSS 提要列表

因为我们只是将两个列表连接起来，所以它们没有按日期排序。而且，已经有了一个为我们提供列表的 observable，它就是 Observable<List<Item>>、listObservable。你要做的是在将它提供给 drawList(在本例中是 subscriber)之前应用排序算法。

还可以在 combine 函数中对它进行排序，但是 Rx 的一个原则是使步骤尽可能保持简单，即一次只执行一个操作。幸运的是，有一种简单的方法可以在某个 observable 输出的所有值中进行转换。

我们称之为.map 操作符。它在 observable 输出的每个值中使用函数。只要接收到值，它就会执行该操作，因此不会发生线程更改。只是要小心，因为在执行大规模的计算时它可能会阻塞线程。

2.15　.map 操作符

举一个抽象的例子，.map 会把圆形变成正方形，如图 2-18 所示。

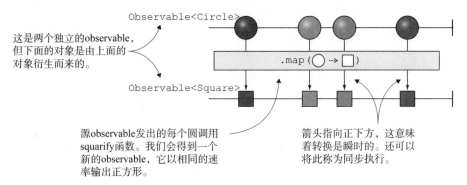

这是两个独立的observable，但下面的对象是由上面的对象衍生而来的。

源observable发出的每个圆调用squarify函数。我们会得到一个新的observable，它以相同的速率输出正方形。

箭头指向正下方，这意味着转换是瞬时的。还可以将此称为同步执行。

图 2-18　.map 操作符示例

这里所有数据项都可以使用签名 Square squarify(Circle circle)。它使用圆圈作为参数并返回一个正方形。我们不知道它的具体功能，但如果只是为了使用它，就没有必要知道。

.map 是最常用的操作符，因为它是一个简单的转换。它接收一个数据项并发送另一个数据项。

2.15.1　操作符的有效期

操作符基于旧的 observable 创建一个新 observable。它是一个小逻辑电路，可以决定如何处理输入和输出的数据项。对于数据源来说，没有任何规则规定它必须要做什么，只要在外界看来它像正常的 observable。

2.15.2　使用.map 对列表进行排序

在本例中，我们会获得一个未排序的列表，然后发送一个已排序的列表。为了进行排序，向 Entry 类添加一个简单的可比较接口。

```
public class Entry implements Comparable<Entry> {

    ...

    @Override
    public int compareTo(@NonNull Entry another) {
        if (this.updated > another.updated) {
            return -1;
        } else if (this.updated < another.updated) {
            return 1;
        }
        return 0;
    }
}
```

现在，我们可以创建一个函数，它接收某个列表，然后返回另一个已排序的列表(见图 2-19)。

```
List<Entry> sortList(List<Entry> list) {
    List<Entry> sortedList = new ArrayList<>();
    sortedList.addAll(list);
    Collections.sort(sortedList);
    return sortedList;
}
```

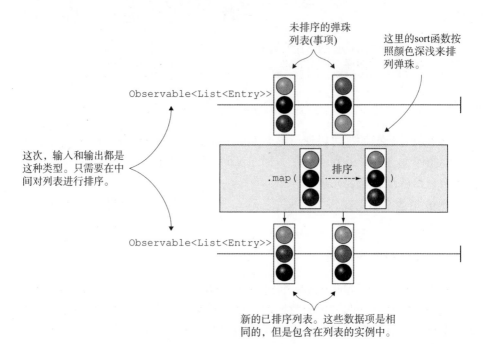

图 2-19　列表排序弹珠图

你可能想知道为什么要创建副本，只要位于 Rx 链中，就必须这样做。一个实例用于输入，另一个实例用于输出。在 2.16 节中，我们将会简单介绍不变性的概念以及为什么 Rx 逻辑中需要使用它。

记住这一点，现在可以在代码中使用 sortList 函数和.map 操作符。

```
Observable<List<Entry>> sortedListObservable =
    listObservable.map(this::sortList);
```

对 observable 进行排序后，可切换 subscriber 来使用排序列表。毕竟，subscriber 不需要知道数据来自何处。

```
sortedListObservable
    .observeOn(AndroidSchedulers.mainThread())
    .subscribe(this:drawList);
```

排序后的列表已经准备就绪，我们终于可以看到聚合的新闻提要了！现在我们先不关注这个，先讨论一些还没有涉及的相关话题。

> **什么是 Rx 链?**
>
> 当我们逐个放入多种操作时，有时称之为操作链。在 Rx 中，数据始终沿着链的某一个方向进行传送。
>
> Rx 链的同义词是 Rx 管道。根据所讨论的内容，我们会选择从管道这种角度理解这一概念。

2.16　不变性简介

你可能想知道为什么不仅仅只对列表进行排序并返回相同的实例。这样会更有效率，对吧？

```
List<Item> sortList(List<Item> list) {
    List<Item> sortedList = new ArrayList<>();
    sortedList.addAll(list);
    Collections.sort(sortedList);
    return sortedList;
}
```

这是一个很好的问题，不修改原始数组并不意外。与创建并更改副本相比，修改更有效，但我们不会这样做。接下来你就会知道原因。

原因很简单，其他人可能正在使用相同值，因为一个 observable 可以有多个 subscriber。我们必须尊重这些事实，如果有机会进行修改，请始终生成一个副本。

这就是我们所说的数据的不变性。因为你不知道(或者不关心)还有谁在使用所接收到的数据，所以永远不要修改它。这样做可能会导致完全不可预测的结果。

例如，让我们定义两个函数，它们的排序方式与之前的函数不同。

```
List<Item> sortListByTitle(List<Item> list) {
    Collections.sort(list, titleComparator);
    return list;
}
```

哎呀！修改你的原始列表是错误的！

```
List<Item> sortListByDate(List<Item> list) {
    Collections.sort(list, dateComparator);
    return list;
}
```

现在，可以使用刚刚定义的两个不完善的函数来创建两个单独的 observable，它们基于同一个排序列表。这是完全允许的，实际上也是常见的。

```
Observable<List<Item>> sortedByTitleObservable =
    listObservable.map(this::sortListByTitle);

Observable<List<Item>> sortedByDateObservable =
    listObservable.map(this::sortListByDate);
```

当新列表到达时，这两个函数将同时得到相同的新值(理论上)。它们不会同时对同一个实例进行排序。不提倡这样做！

2.16.1   不具有不变性的链

这里有一个 Rx 链的示例，它没有使用不变性。如果只有一个数据流，这样可能会有效，但不能这样假设。修改流中的数据会产生难以理解的结果(见图 2-20)。

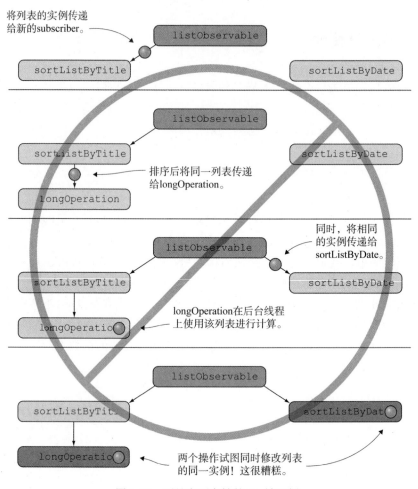

图 2-20   不具有不变性的 Rx 链示例

2.16.2   具有不可变数据的链

在正确的 Rx 链中，如果希望更改数据，则总是要传递新的引用。有些技术可以做到这一点，例如 builder 构造函数(见图 2-21)。

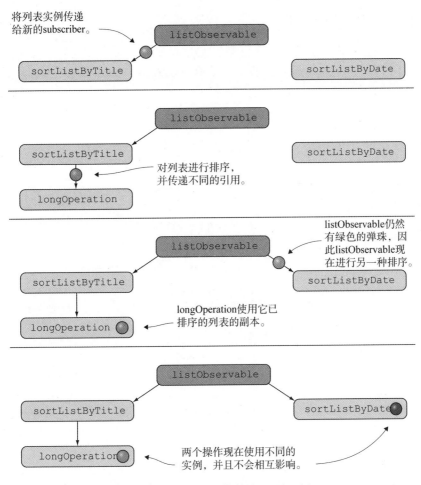

图 2-21　具有不可变数据的 Rx 链示例

2.16.3　使用不变性解决问题

数据的不变性似乎是一种苛刻的限制，而且在 Java 这样的语言中有时确实有点不方便。但是，我们无须猜测在没有注意的情况下数据值何时会更改，这种情况永远不会发生。每次数据值更改时，你都将收到一个全新的数据实例。

总是创建新对象不是更慢吗？你可能会问。答案是肯定的，它稍微慢一点。尽管如此，在现代平台上的性能影响很小，因为一旦有新的数据值出现，就可对丢弃的数据值进行垃圾收集。在大多数平台上，通常会认为这不是一种问题。

2.16.4　Java 中的 builder

如果只想更改复杂类中的某个字段，然后将其传递给 FRP 链中的下一个成员，你会怎么做？Java 的答案是 builder。它们的工作原理如下所示。

```
Customer increaseCustomerVisitCount(Customer customer) {
    Customer.Builder builder =
        new Customer.Builder(customer);
    builder.setVisitCount(customer.getVisitCount() + 1);
    return builder.build();
}
```

基于 Customer 实例创建一个 builder。

将 builder 的访问计数设置为 visitCount + 1。

告诉 builder 根据它的值创建一个新实例。

builder 类通常被声明为一个内部类：

```
public class Customer {
    private final int visitCount;

    private Customer(Builder builder) {
        this.visitCount = builder.visitCount;
    }

    public static class Builder {
        private int visitCount;

        public Builder() { }
        public Builder(Customer customer) {
            this.visitCount = customer.visitCount;
        }

        public Builder setVisitCount(int visitCount) {
            this.visitCount = visitCount;
        }

        public Customer build() {
            return new Customer(this);
        }
    }
}
```

Private 构造函数：只允许 builder 创建实例。

builder 是一个可变的"原型实例"，其中的所有内容都可以更改。但是请注意，这里没有 getter。

build() 方法总是创建一个新的 Customer 实例。实例是不可变的。

2.17 错误处理

除了正常结束之外，observable 还可以通过发出错误来完成设置。这对于处理意外情况(或者合理的预期情况，如网络错误)来说非常有用(见图 2-22)。

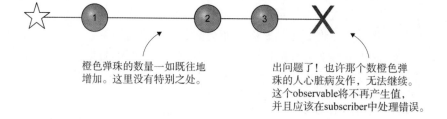

橙色弹珠的数量一如既往地增加。这里没有特别之处。

出问题了！也许那个数橙色弹珠的人心脏病发作，无法继续。这个observable将不再产生值，并且应该在subscriber中处理错误。

图 2-22　错误处理弹珠图

错误用来指示发生了意外情况，无法继续该流程。

RxJava 中的错误不会停止程序本身的执行，但会产生一个 error 类型的通知，然后就可以像处理正常值那样处理错误。

什么是通知？

通知是 observable 发出的消息。它有三种类型：

- 数据值(包含数据本身)
- 完成(没有其他信息)
- 错误(包含有关错误的信息)

RxJava 独立地处理这些通知——例如，错误将会在 subscriber 的错误处理程序中结束。重要的是要明白，错误只是 observable 发出的另一种通知。

到底什么是错误，这是个值得讨论的问题。

在某些情况下，一个 observable 发出错误根本毫无意义。当 observable 持续连接了应用的两个部分时，可能会出现这种情况。

另一方面，我们可以在预期的情况下自由地使用异常，但需要以不同于正常程序逻辑的方式来处理。网络错误就是这样的例子。

2.17.1　网络错误及其处理

在这种情况下，用错误来暗示由于某种原因请求失败。可以用一种简单方法处理该问题，即记录出错的位置。

```
combinedObservable
    .subscribe(
        pair -> drawList(pair.first, pair.second),
        error -> Log.e("Error occurred", error) ◀—— subscribe 的第二个参数是
    );                                                在错误发出时调用的函数。
```

当然，这种处理错误的方法并不理想，因为它只是意味着如果网络请求失败，就不再进行响应。

Rx 的优点是可以以任何方式管理异步数据流。在这种情况下，可以使用名为.retry 的操作符。

ReactiveX wiki 提供了一个定义：

.retry 操作符响应来自源 Observable 的 onError 通知，但不会将调用传递给它的 observer，而是重新订阅源 Observable，使其正确无误地完成序列。

还记得如何通过订阅网络请求 observable 来获得响应的吗？事实证明订阅本身启动了请求。retry 操作所做的只是简单地再试一次，并祈祷这次不会出现错误。

但由于有两个请求，因此需要分别对这两个请求执行 retry 操作。

```
Observable<List<Entry>> combinedObservable =
    Observable.combineLatest(
        purpleFeedObservable.retry(3), ◀—— 定义这两个操作执行 retry 的次数
        yellowFeedObservable.retry(3),      为三次，然后错误不再出现。
```

```
    ...
  );
```

在实际中，创建 retry 逻辑的代码最好放入创建了 observable 的函数中，因为
retry 逻辑的初始化应当透明。

2.17.2　当真正的错误出现时，该怎么办

如果 retry 操作不起作用，怎么办？RxJava 中的错误与许多传统语言中的函数
调用堆栈的异常非常相似。错误直接通过链传递到 subscriber，当错误在 subscriber
中出现时，整个链会终止。触发错误后，数据流结束。

在本例中，这不是我们想要的结果，因为即使其中一个提要无法加载，也不
意味着你不想显示其他提要。在这种情况下，目前最有用的选择似乎是忽略错误，
但至少显示已有的提要。

RxJava 提供了一种简单的实现方法：可以声明一个策略，用于在提要网络
observable 发出错误时返回空的列表。这个操作符称为 onErrorReturn，它使用一
个能够将错误转换为数据项的函数(见图 2-23)。

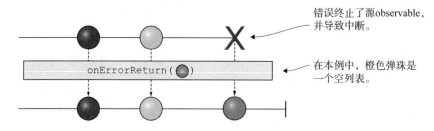

图 2-23　onErrorReturn 操作符弹珠图

网络请求 observable 只发出弹珠或者错误，因此它们是 onErrorReturn 的特殊
情况。不过，它们的工作原理是一样的。

应该把该函数放在何处？因为我们希望显示没有错误的提要，所以必须针对
每个提要 observable 分别调用该函数。可以处理合并的 observable 中的错误，但
即使其中一个提要出错，也不会出现任何提示。

最自然的插入位置是在.retry 之后。如果在.retry 之前调用该函数，那么将永
远无法使用 retry 处理错误。超过重试次数之后，retry 会允许错误通过，然后可
以捕获该错误。

```
purpleFeedObservable
  .retry(3)
  .onErrorReturn(e -> new ArrayList<>())
```

同样，这里并不完美，因为还需要将它复制到黄色的弹珠，但是稍后我们会
构建更坚固的网络层。

2.18　向客户端添加更多提要

我们所看到的 combineLatest 只接收两个参数,那么将它扩展有什么用呢? 事实证明,它可以使用任意数量的参数,甚至是一个列表。

在我们的案例中,刚好有一个提要列表。所有这些提要都要返回 List<Entry> 类型的数据项。combineLatest 成为任意数量提要的聚合器。

2.18.1　提要 observable 列表

首先,需要收集所需的所有提要 observable 列表。创建一个 URL 列表,然后为每个 URL 调用 getFeed 函数。

```
List<String> feedUrls = Arrays.asList(
    "https://news.google.com/?output=atom",
    "http://www.theregister.co.uk/software/headlines.atom",
    "http://www.linux.com/news/software?format=feed&type=atom"
);

List<Observable<List<Entry>>> observableList =
    new ArrayList<>();

for (String feedUrl : feedUrls) {
    observableList.add(
        getFeed(feedUrl)          ←────────────
            .retry(3)
            .onErrorReturn(e -> new ArrayList<>()));
}
```

为每个 URL 单独创建一个 observable。还可在这里添加错误处理。

接下来,需要更改 combine 函数来处理一系列列表。因为列表是泛型 Object 类型,所以在迭代时还需要对其进行强制转换。

```
Observable<List<Entry>> combinedObservable =
    Observable.combineLatest(observableList,
        (listOfLists) -> {
            final List<Entry> combinedList = new ArrayList<>();
            for (Object list : listOfLists) {
                combinedList.addAll((List<Entry>) list);  ←──────
            }
            return combinedList;
        }
    );
```

转换为正确的类型并添加到组合列表中。

例如,现在可以从另一个位置加载 URL 列表,或者让用户配置它。

2.18.2　细说 combineLatest

修改后的弹珠图看起来仍然很相似,但不同的是数据源没有限制(见图 2-24)。

这里的输入被定义为一个列表,因此在编写代码时,我们甚至不需要知道 observable 的数量。

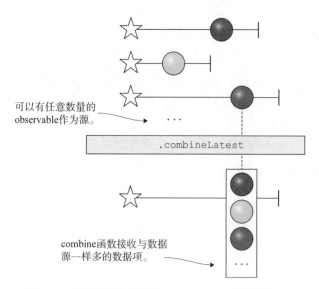

可以有任意数量的
observable作为源。

.combineLatest

combine函数接收与数据
源一样多的数据项。

图 2-24　无数据源限制的 combineLatest 弹珠图

2.18.3　有多个弹珠的 combineLatest

在本例中，我们只使用了发送单个数据项(提要列表)然后完成设置的源
observable。但如果你做了之前的茶歇练习，就会知道如何处理更多数据项。图 2-25
是我们的弹珠图，它扩展到包含更复杂数据源的情况。

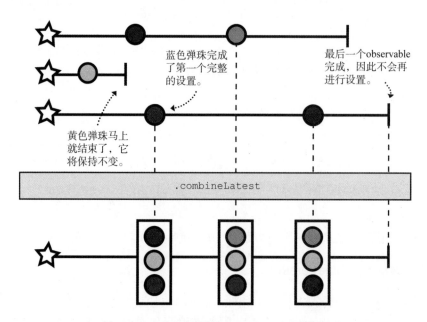

蓝色弹珠完成
了第一个完整
的设置。

最后一个observable
完成，因此不会再
进行设置。

黄色弹珠马上
就结束了，它
将保持不变。

.combineLatest

图 2-25　多个数据源的 combineLatest 弹珠图

2.19　本章小结

在本章中，我们介绍了如何将多个提要合并为一个提要并进行单独的错误处理。这是对 Rx 流进行建模的一个关键因素，在这里，反应式方法和 RxJava 的优势开始显现出来。有了不变性，就不再需要 Java 中通常使用的同步块，并且可以轻松地对任何数据进行异步处理。

在这一点上，你应该对 observable 的工作原理以及使用方法有一个合理的认识。稍后我们将介绍如何创建自定义的 observable，不过通常会通过其他源(例如 Rx 库)进行创建。

2.19.1　未来展望

我们的新闻阅读器应用还有很多功能有待实现。可以添加错误处理(UI 中只能使用 retry 而没有提示)或者诸如刷新和提要选择的功能。

尽管有些方法你还不能完全理解，但在 RxJava 中它们都很简单。可以在代码示例中找到该应用的改进版本，但是理解这些代码可能需要阅读更多的章节。

如果想深入学习，这里有一些建议：

- 显示部分结果，即使所有提要都没有提供响应。
- 允许在另一个活动中打开单独的新闻文章。
- 通过在检索后立即标记来显示每条新闻的来源。

2.19.2　从事件到反应式状态

第 3 章从概念上更改了 observable 所表示的含义。RxJava 专注于事件，但反应式编程本身不仅仅是管理状态。你会明白它们之间的关系。

第3章 | 建立数据处理链

本章内容
- 理解 observable 的不同角色
- 在 observable 之间建立逻辑关系
- 分解一个复杂问题并使用已经学过的 Rx 工具解决它

3.1 observable 的不同角色

我们在第 2 章中已经了解到，RxJava 实际上是由 observable 组成的。

在技术上很容易实现：只要有一个新值，observable 就会将其输出。它还可以完成或者抛出错误(见图 3-1)。

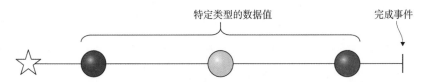

图 3-1 observable 工作方式示意图

这就是所有 observable 的工作方式。如何使用它们由我们来决定。实际上，observable 类有两种用途：observable 事件和反应变量。

3.1.1 observable 事件

observable 被用作事件源，例如 UIclick 事件或者到达的网络请求事件。这是事件处理。RxJava 擅长事件处理。

下面是普通事件源的典型 observable：

- 发送的事件是基于时间的，可以根据时间进行筛选。
- 事件包含很少数据，甚至没有数据。
- observable 的 click 事件是 observable 事件的一个很好示例。

3.1.2 反应变量

observable 还有另外一种用途。它可以作为一个反应变量，每当发生变化时就告诉所有人，如下所示：

- 将它可能的先前状态立即发送给新 subscriber。
- 当更新时，总是将完整状态发送给所有 subscriber。

让我们看一个反应变量的例子，它表示篮子中橘子的数量。

3.1.3 篮子中橘子的数量

举一个反应变量的例子，假设有一篮橘子。我们使用 observable 跟踪它们数量的变化。

```
//表示篮子里有多少橘子的 observable
Observable<Integer> numberOfOrangeObservable = ...;
```

无论何时，只要有人放入或取出橘子，observable 就会立即输出新值(见图 3-2)。

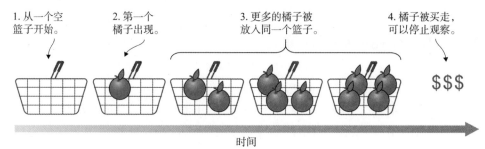

图 3-2　橘子数量的 observable 示例

使用整数表示给定时刻的橘子数量，可以使图 3-2 更简洁。在对应的弹珠图中，每当橘子数量变化时，你都会看到一个新弹珠(见图 3-3)。

```
Observable<Integer> numberOfOrangeObservable
```

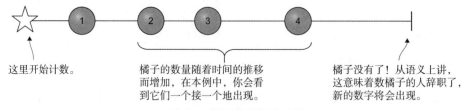

图 3-3　橘子数量的弹珠图

随着时间的推移，你会看到不同的数字，有人甚至开始从篮子里拿出橘子。observable 能表示实体随时间的变化；在本例中是篮子里的橘子数量。

3.2　事件与反应状态

observable 既可以表示一个变量，也可以表示一个简单的即发即弃的事件 emitter，为了更好理解它的含义，让我们看一个同时具有这两种特征的示例。

3.2.1　observable 的 click 事件

让我们从 observable 事件开始，它产生对 UI 特定部分的 click 事件。注意，click 只是一种时间事件；甚至不需要像素坐标(见图 3-4)。

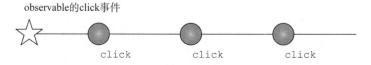

图 3-4　observable 的 click 事件示意图

这是一个纯粹的 observable 事件的例子。当不需要传输任何数据时，可以使用 Observable<Object>类型。

observable 事件

从现在开始，我们将使用术语"observable 事件"来具体表示某个仅被用作事件源的 observable。它不代表任何一种状态。

3.2.2　开关按钮

除了时间外，事件并没有太多信息，但是可以添加处理事件的逻辑。我们将事件解释为状态。在本例中，以开关按钮为例：单击它可以打开和关闭(见图 3-5)。

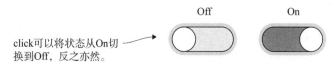

图 3-5　开关按钮示例

3.2.3　将事件转换为状态

如果之前的 click 事件在开关按钮上发生，那么可建立一个层来解释这些 click 事件并相应地更改按钮状态。

在传统的应用中，可以将状态表示为变量。例如，可以是 Boolean isSwitchOn。

但因为我们现在使用的是反应式编程，所以应该使用 observable，而不是 isSwitchOn 变量(见图 3-6)。

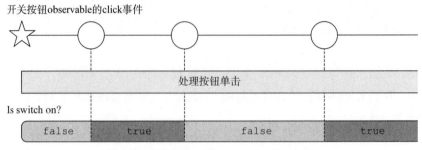

图 3-6   开关按钮 observable 的 click 事件

3.2.4   作为反应变量的 observable

现在将执行最后一步，创建一个 Observable<Boolean>类型的 observable 来表示开关按钮是否处于打开状态(见图 3-7)。

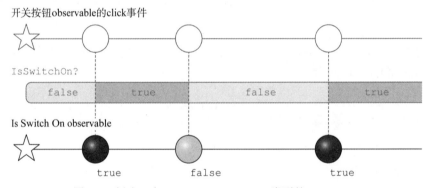

图 3-7   创建一个 Observable<Boolean>类型的 observable

3.3   observable 的内部状态

你所看到的是一个真实的 observable：每当发生变化时，就会输出完整的状态。变化的是 observable 所代表的变量，有时作为 observable 的内部状态(见图 3-8)。

与 observable 的 click 事件相比，最大的区别在于每当它发生变化时，都会输出完整状态(一个布尔值)。但如果换成事件，就不会有任何数据。

你能看到 observable 的内部值吗?

对于某些 observable 来说，确实无须订阅即可访问它的内部(最新)值。最典型的是 BehaviorSubject，稍后会讲到。

但是，在实际的反应式应用中，不订阅的话就不需要访问值。

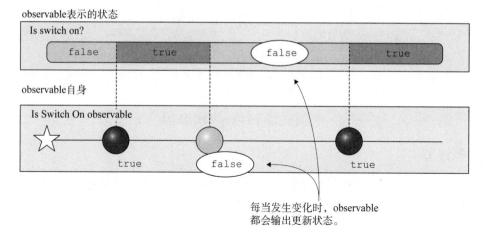

图 3-8　observable 表示的状态

observable 的二象性

在 Rx 编程中，有时会遇到一些 observable，它们要么是事件，要么是状态。在这些情况下，我们通常会尽快完成事件处理，最终得到表示状态的 observable。

当我们谈论 observable 时，通常指的是那些表示状态的对象。没有表示状态的 observable 称为 observable 事件。

3.4　箭头图和不同的 observable 类型

最后需要注意绘制图表时事件和状态更新之间的区别。

图 3-9 所示的箭头图描述了之前的场景。它只是用一种不同方式呈现了我们之前看到的弹珠图；但正如你所看到的，它并没有显示转换之间的内部逻辑。

图 3-9　事件与状态转换示意图

你只不过知道了 observable 事件以及表示状态的 observable。后者是"正常"出现的，因此选择用实线箭头描述它(见图 3-10)。

这些 observable 仍然是相同的类型，但它们所发出的数据在概念上代表了不同的操作，因此有了这样的含义。

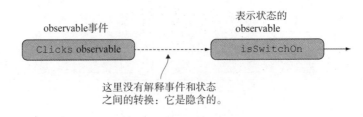

图 3-10   隐含的事件与状态转换

命名约定

我们并不总是密切关注 observable 的性质，但有时会选择在 observable 事件名称之后添加后缀 EventObservable。它很长，但同时也提示我们尽快将事件转换为状态。

```
Observable<Void> clicksEventObservable = ...;
```

如果你感到困惑，请不要担心；通常需要做什么操作是显而易见的。如果不清楚，请回到本节内容，试着去理解 observable 隐藏的含义。

3.5   示例：信用卡验证表单

现在，我们将深入研究如何处理表示状态的 observable。在本例中，根本不存在 observable 事件。

3.5.1   信用卡验证器

通常，反应式编程归根结底就是生成精确的关系图。为了理解它的实际含义，我们将创建一个信用卡验证表单。它不支持所有卡片类型，但可以添加更多类型。我不建议在生产环境中使用该表单，但它是一个有趣的案例研究——验证无疑是UI 中的常见问题。

信用卡尤其具有特殊的验证规则，我们将在验证之前详细讨论这些规则。使用 Rx 实现表单并不容易，但如果不使用它就会更困难。因此，请耐心等待，因为我们会利用目前为止所学的知识来实现。

3.5.2   布局

我创建了一个简单布局，其中包含一些文本输入和一个按钮，用于在验证时发送表单。由于验证可能会多次失败，因此还有一个用于调试的小错误文本，用来显示验证失败的列表。在线检查起点；它包含了样板代码(见图 3-11)。

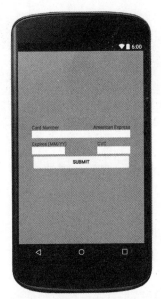

图 3-11　信用卡验证器布局图

3.5.3　信用卡卡号的工作原理

要建立通用的域词汇表，让我们首先看看信用卡上不同数字表示的含义，并理解它们的作用。

1. 信用卡号 creditCardNumber

信用卡号是卡上的 16 位数字。

根据卡的类型，使用系统来表明信用卡号的结构。例如，Visa 卡号以数字 4 开头，可以有 13、16 或者 19 位数字。另一方面，MasterCard 以 5 开头，始终为 16 位数字。你可以在维基百科上看到完整的列表，网址是 https://en.wikipedia.org/wiki/Bank_card_number。

除了这些条件外，所有卡号还必须通过 Luhn 算法验证，这是一种特殊的 checksum 函数。幸运的是，你可以在线找到一个很好的实现，而不必自己编写。

2. 有效期 expirationDate

有效期相当简单。这是该卡最后可以使用的月份和年份。通常采用 MM/YY 的格式；月份和年份均为两位数。

3. CVC 码 cvcCode

CVC 校验码可以是三位数，也可以是四位数，具体取决于卡的类型。对于本例支持的卡类型，该码始终为 3 位数，但万事达卡(MasterCard)除外，它具有 4 位 CV C 码(见图 3-12)。

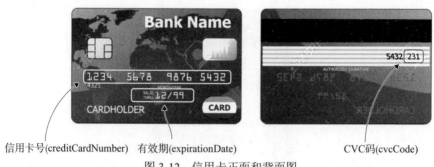

信用卡号(creditCardNumber)   有效期(expirationDate)   CVC码(cvcCode)

图 3-12   信用卡正面和背面图

3.5.4   按步骤验证数字

听起来是个挑战！如果你没有完全理解前面所述的条件，请不用担心。以下是开始构建验证时需要知道的步骤：

(1) creditCardNumber 符合其中一种卡类型。

(2) creditCardNumber 通过 checksum 函数验证。

(3) cvcCode 的长度正确(取决于卡的类型)。

(4) expirationDate 的格式正确(MM/YY)。

这样可以确保文本字段中的值与真实信用卡中的值匹配。正如在第 1 章中所见，可以使用 RxBindings 库根据已有的文本输入生成 observable。创建的 observable 总是在发生变化时输出所包含的整个文本。

你不必担心如何实现算法或者正则表达式本身，因为有大量的资源可用。

3.5.5   输入

有三个表示用户输入的 observable，如图 3-13 所示。

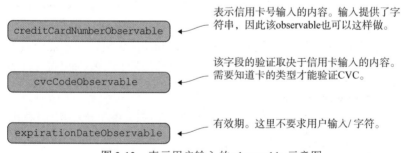

图 3-13   表示用户输入的 observable 示意图

3.5.6   输出

最终，我们只有一个目标——了解整个表单是否有效并且是否可以提交。将此目标定义为 isFormValidObservable。

所有内容都匹配后，可以启用 Submit 按钮(见图 3-14)。

这就是我们最后想要得到的结果。
可以根据表单是否有效来更改
Submit按钮的状态。

图 3-14　isFormValidObservable 示意图

3.5.7　解方程式

就 Rx 方法而言，我们已经定义了问题：知道已有的输入，并且清楚要从管道中获取何种输出。可以从两方面着手——看看如何开始组合输入或者需要什么条件来获得满意的输出。

在本例中，后者更为简单。所有字段都必须有效，因此开始自底向上构建反应图。只要全部条件都为 true，isFormValid 输出就会变为 true。在 RxJava 术语中，observable 输出布尔值 true。

在此，底部的 observable 表明了它们所代表的字段是否有效。它们是 Boolean 类型。图 3-15 的中间部分关于如何推断给定字段是否有效，这里没有讨论。

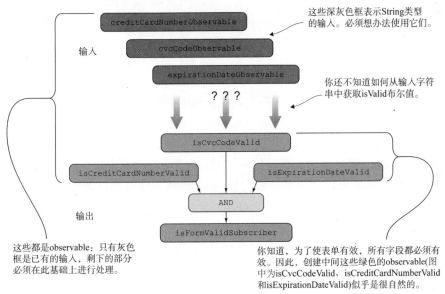

图 3-15　构建反应图

3.6　第一步：有效期

首先，将问题分成几个小部分。现在，我们需要使用图 3-15 中的三个绿色框(该图中显示为深色)，分别是 isCreditCardNumberValid、isCvcCodeValid 和 isExpirationDateValid。

它们共同定义了整个表单是否有效。可以逐个处理这三个 observable。让我们从看起来最简单的一个开始——有效期(见图 3-16)。

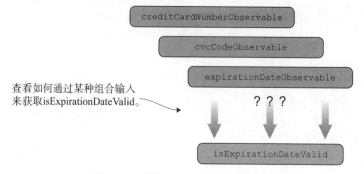

图 3-16　获取 isExpirationDateValid

因为你知道 MM/YY 模式，所以可以对此进行验证。创建一个函数，它获取一个字符串，并根据该字符串返回 true 或 false。现在可以使用该函数：

> 最好将 processing 函数声明为 static，因为它们的唯一作用就是转换数据。

```java
class ValidationUtils {
  static boolean checkExpirationDate(String candidate) {
    return candidate.matches("\d\d\/\d\d");
  }
}
```

> 检查模式数字、数字、斜杠、数字、数字

无论它是不是反应式的，这都是我们需要的函数。

其思想是将来自 expirationDateObservable 的所有值推送到该 validation 函数中。该操作会创建一种包装器，其本身可以作为 observable。

如何在 observable 的每个输出值中应用函数？你已经看到了，它是 map 函数。

可以使用 map 函数创建可转换的新 observable。请注意，新的 observable 类型是 Observable<Boolean>，而不是 Observable<String>。我们使用了一个将字符串转换为布尔值的函数。

```java
protected void onCreate(Bundle savedInstanceState) {

  ...

  EditText expirationDateInput =
    (EditText) findViewById(R.id.expiration_date_input);

  Observable<String> expirationDateObservable =
    RxTextView.textChanges(expirationDateInput);

  Observable<Boolean> isExpirationDateValid =
    expirationDateObservable
      .map(ValidationUtils::checkExpirationDate);

  ...
```

这填补了图 3-16 中的空白。与多米诺骨牌和铃铛一样，当 expirationDate-
Observable 中有新值时，该值将会转到 checkExpirationDate 函数，并由 isExpirationValid
observable 进一步输出。

在整个系统中，它会继续使用 AND 操作符，如你之前所见，但稍后我们会
介绍。先按部就班地进行(见图 3-17)。

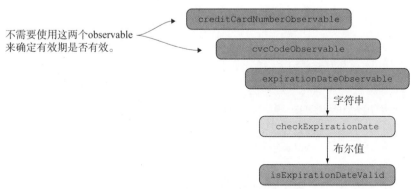

图 3-17　验证有效期是否有效

3.7　信用卡卡号类型和校验和

信用卡卡号的验证比有效期的验证要复杂一些。这是需要满足的条件：

(1) creditCardNumber 符合其中一种卡类型(见图 3-18)。

(2) creditCardNumber 通过 checksum 函数验证。

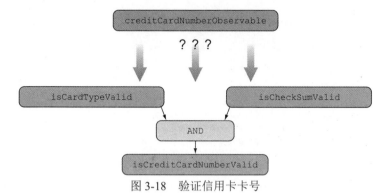

图 3-18　验证信用卡卡号

3.7.1　卡类型

首先，你需要知道卡类型，以查看该类型是否与所支持的任何类型匹配。因
为你已经知道了一组可能值，因此可以创建枚举。在我们的示例中，仅支持以下
类型：Visa、MasterCard 和 American Express。

可以在网上找到这三种类型的正则表达式；这不是一本关于编写正则表达式的书。

```
Pattern regVisa =
  Pattern.compile("^4[0-9]{12}(?:[0-9]{3})?$");
Pattern regMasterCard =
  Pattern.compile("^5[1-5][0-9]{14}$");
Pattern regAmericanExpress =
  Pattern.compile("^3[47][0-9]{13}$");
    public enum CardType {
        UNKNOWN(-1),
        VISA(3),
        MASTER_CARD(3),
        AMERICA_EXPRESS(4);

        private final int cvcLength;

        CardType(int cvcLength) {
            this.cvcLength = cvcLength;
        }

        public int getCvcLength() {
            return cvcLength;
        }

        public static CardType fromString(String number) {    ◄── 可以将 String 转换为
            if (regVisa                                             CardType 的函数
                    .matcher(number).matches()) {
              return VISA;
            } else if (regMasterCard
                    .matcher(number).matches()) {
              return MASTER_CARD;
            } else if (regAmericanExpress
                    .matcher(number).matches()) {
              return AMERICA_EXPRESS;
            }
            return UNKNOWN;
        }

        private static Pattern regVisa =
                Pattern.compile("^4[0-9]{12}(?:[0-9]{3})?$");
        private static Pattern regMasterCard =
                Pattern.compile("^5[1-5][0-9]{14}$");    ◄── 你之前已经看到
        private static Pattern regAmericanExpress =            的正则表达式
                Pattern.compile("^3[47][0-9]{13}$");
}
```

如果使用 Google 提供的一些示例数字对此进行测试，就可以了解它的工作原理。

```
CardType visaType =
    CardType.fromString("4111111111111111");    ◄── Visa 卡号示例，
// visaType == CardType.VISA  ◄───────────────────        总是以 4 开头。

CardType masterCardType =                        转换产生的是枚
                                                 举类型。
```

```
        CardType.fromString("5555555555554444");
// masterCardType == CardType.MASTER_CARD

CardType unknownType =
        CardType.fromString("1234");
// unknownType == CardType.UNKNOWN
```

对于无法识别的类型，
则为 UNKNOWN。

这就是我们需要的：一个将字符串转换为 **CardType** 枚举的函数。有了这个工具，我们将重新开始反应式编程。

3.7.2　检查已知的 CardType

接下来，需要检查 **CardType** 是否未知(未知的卡无效)。为此，可以转换用户的文本输入并确认它不是枚举类型 UNKNOWN。

```
protected void onCreate(Bundle savedInstanceState) {

    ...

    EditText creditCardNumberInput =
        (EditText) findViewById(R.id.credit_card_number_input);

    Observable<String> creditCardNumberbservable =
        RxTextView.textChanges(creditCardNumberInput);

    Observable<CardType> cardTypeObservable =
        creditCardNumberbservable
            .map(CardType::fromString);

    Observable<Boolean> isCardTypeValid =
        cardTypeObservable
            .map(cardType -> cardType != CardType.UNKNOWN);

    ...
```

开头的代码是你已经
见过的样板代码。

这里可以从 String 的数字中
获取 CardType observable。

确认数字不是 UNKNOWN。
一 旦 出 现 有 效 数 字，该
observable 就会输出 true。

3.7.3　计算校验和

卡号的下一个条件是校验和。

以特定方式对信用卡卡号的位数进行计数来计算校验和。如果你想知道这一过程，可以使用函数。如果数字通过验证，则返回 true，反之返回 false。可以将其视为对信用卡卡号的完整性检查。

```
public static boolean checkCardChecksum(int[] digits) {
    int sum = 0;
    int length = digits.length;
    for (int i = 0; i < length; i++) {

        // Get digits in reverse order
        int digit = digits[length - i - 1];

        // Every 2nd number multiply with 2
        if (i % 2 == 1) {
            digit *= 2;
```

对于该算法，需要以相反的
顺序读取数字。

每隔一个数字乘以 2。

```
        }
        sum += digit > 9 ? digit - 9 : digit;    ◄─── 用特殊的逻辑对数字求和。
    }
    return sum % 10 == 0;    ◄─── 检查计算出的总和是否能被 10 整除。如果不能，
}                                   则返回 false。
```

要使用校验和，首先需要将字符串转换为数字数组。这相当简单，并且与 Rx 无关，因此在此不做介绍；你可以查看在线示例中的代码。

...

```
Observable<String> creditCardNumberbservable =
  RxTextView.textChanges(creditCardNumberInput);

Observable<Boolean> isCheckSumValid =
  creditCardNumberbservable                          将字符串转换为
    .map(ValidationUtils::convertFromStringToIntArray)  ◄─── 整数数组。
    .map(ValidationUtils::checkCardCheckSum);    ◄───
                                                       应用 checksum 函数，
Observable<Boolean> isCreditCardNumberValid =          并返回布尔值。
  ValidationUtils.and(isCardTypeValid, isCheckSumValid);
```

3.7.4　信用卡卡号输入验证的大图

有了校验和之后，就可以画出验证信用卡卡号的流程图(见图 3-19)。

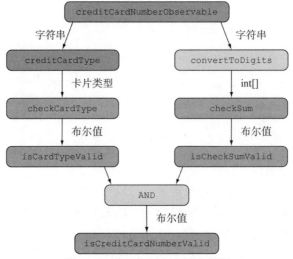

图 3-19　验证信用卡卡号流程图

3.8　CVC 代码验证

已经完成了 2/3！剩下的唯一输入字段是 CVC。再等待一下。验证条件如下所示：

cvcCode 的长度正确(取决于卡片类型)

因此，你需要知道两件事：卡片的长度和类型。我们已经在前面得到了卡片类型，可以重用其中的 observable(见图 3-20)。

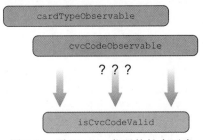

图 3-20　验证 CVC 代码的长度正确

到目前为止，你基本上已经知道该怎么做了。将 CardType 转换为 CVC 中所需的数字位数，并将它与实际的 CVC 长度进行比较。

```
Observable<Integer> requiredCvcLength =
  cardTypeObservable
    .map(CardType::getCvcLength);

Observable<String> cvcCodebservable =
    RxTextView.textChanges(cvcCodeInput);

 Observable<Integer> cvcInputLength =
  cvcCodeObservable
    .map(String::length);

 Observable<Boolean> isCvcCodeValid =
  ValidationUtils.equals(
    requiredCvcLength, cvcInputLength);
```

图 3-21 和图 3-20 类似。唯一的区别是使用 cardTypeObservable 作为源。它不是原始源，却是 Rx 的一种很好的特性，即一旦有了 observable，就可以将其重用于其他计算。

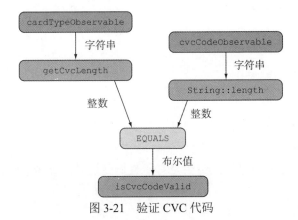

图 3-21　验证 CVC 代码

AND 与 EQUALS 背后的故事

你已经在多处看到了验证实用程序中的 AND 和 EQUALS 操作符。它们是什么，为什么不属于 RxJava 库？

可以使用 combineLatest 查看实现，以了解它们只是临时的助手。你还会发现它们是 combineLatest combine 函数的简单包装器。

```java
class ValidationUtils {
  public static Observable<Boolean> and(
    Observable<Boolean> a, Observable<Boolean> b) {
      return Observable.combineLatest(a, b,
          (valueA, valueB) -> valueA && valueB);
  }

  public static Observable<Boolean> equals(
    Observable<Object> a, Observable<Object> b) {
      return Observable.combineLatest(a, b,
          (valueA, valueB) -> valueA.equals(valueB));

  }

  // Overloads with more arguments etc.
}
```

某种操作的 combine 函数。它检查布尔值是否匹配。

用于检查对象是否相等的 combine 函数。在生产代码中，也应该执行空检查。

3.9　融会贯通

现在，我们已经有了图 3-15 中的所有绿色/阴影块。接下来，可以编写最后几行代码来连接它们，并正确设置 Submit 按钮的状态。

```java
...

Observable<Boolean> isFormValidObservable =
  ValidationUtils.and(
    isCreditCardNumberValid,
    isCheckSumValid,
    isCvcCodeValid);

Button submitFormButton =
    (Button) findViewById(R.id.submit_form_button);

isFormValidObservable.
  .observeOn(AndroidSchedulers.mainThread())
  .subscribe(submitFormButton.setEnabled);
```

只有满足了这三个条件，表单才有效。

根据表单是否有效，订阅将 Submit 按钮设置为 enabled 的函数。

当代码执行时，运行时会遍历已有的条件并在内存中构造一个动态图。我们已声明了当某个输入文本出现变化时应该发生的情况，但不会等待该情况出现。相反，我们会在便签条上说明当有新数据到达时应该做的操作。

3.9.1　登录 FRP 链

为了方便起见，你可能想要知道程序执行过程中发生的情况。为此，可以使用简单的透明操作符 doOnNext。处理链中的这一步旨在产生副作用，意味着某些操作与数据处理本身无关。一种副作用可能是写日志记录。对每个传递的数据项执行已定义的副作用，并且数据保持不变。

doOnNext 操作符有两个称为 doOnError 和 doOnComplete 的操作，分别用于表示错误和完整的通知。

```
Observable<Boolean> isFormValidObservable =
  ValidationUtils.and(
    isCreditCardNumberValid
      .doOnNext(value ->
        Log.d(TAG, "isCreditCardNumberValid: " + value),
    isCheckSumValid,
    isCvcCodeValid);
```

可以在链中的任何位置添加这些日志记录。每次发生变化时，都需要在此处写入 isCreditCard-NumberValid 的值。

3.9.2　完整图

此时，我们可以弥补之前的不足。但是请注意，它并不是 Rx 代码，而仅仅是对不同输入如何影响输出的逻辑描述(最终是 isFormValidObservable)。代码是对这张图片的解释(见图 3-22)。

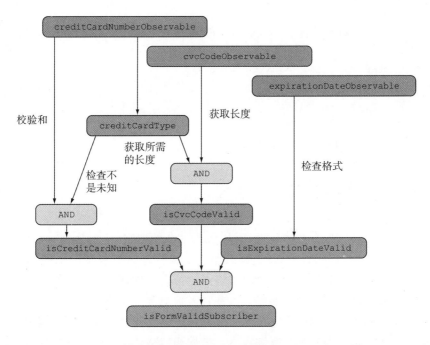

图 3-22　验证信用卡的完整流程图

茶歇

你可能已经注意到,我们根本没有进行有效期验证。现在可以尝试自己添加:使用由斜杠分隔的两对数字组成的正则表达式创建简单的验证。

```
Pattern pattern = Pattern.compile(/^\d\d/\d\d$/);
```

然后,需要将该验证与其他信息结合起来,以确定卡片的完整有效性(见图 3-23)。

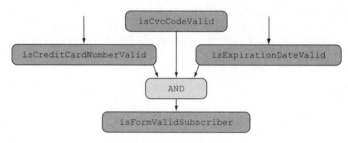

图 3-23   验证信用卡有效期

解决方案

创建 observable 以表示字段有效性的代码位是具有以下正则表达式的映射:

```
Pattern expirationDatePattern =
  Pattern.compile("^\\d\\d/\\d\\d$");
final Observable<Boolean> isValidExpirationDate =
  creditCardExpirationDate
    .map(text ->
      expirationDatePattern.matcher(text).find());
```

你可以在线找到完整的解决方案。

3.10   反应式编程的抽象层次

让我们回过头来看看什么是 Rx 以及为什么使用它。

你可能体验过(或者听说过)过去使用汇编程序或者类似的低级语言进行编程。我们每天运行的程序中都使用了这些语言。即使在浏览器中运行 JavaScript,最终它也会一直延伸到处理器单元,并且多数情况下是不可读的。

这让我们明白了 Rx 的局限性;毕竟,它只能在技术许可的范围内使用。关键是程序变得越来越异步,有许多后台进程和网络请求。除了文本控制台,触摸屏还提供了一种与程序交互的全新方式。

Rx 不支持任何新操作，但允许我们构建更大更复杂的程序，这些程序仍然是可读的。从根本上讲，你可以执行纯粹的处理器指令，但这是不切实际的。正如在现代世界中，已经不再使用同步编程范例，我们需要以一种全新的视角来看待程序，而不是仅仅局限于老式的死板的表达方式(见图 3-24)。

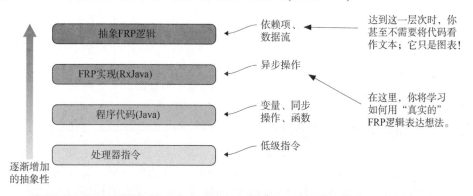

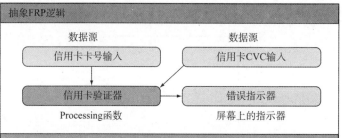

```java
Observable.combineLatest(
        isValidNumber,
        isValidCvc,
        (isValidNumberValue, isValidCvcValue) ->
                isValidNumberValue && isValidCvcValue)
    .observeOn(AndroidSchedulers.mainThread())
    .subscribe(submitButton::setEnabled);

Observable.combineLatest(
        Arrays.asList(
...
```

这里可以使用 RxJava 来帮助编写 FRP 逻辑。大部分逻辑将在稍后 observable 产生值时被执行。

程序代码(Java)

```java
boolean checkCardChecksum(int[] digits) {
    int sum = 0;
    int length = digits.length;
    for (int i = 0; i < length; i++) {

        // get digits in reverse order
        int digit = digits[length - i - 1];

        // every 2nd number multiply with 2
        if (i % 2 == 1) {
...
```

以逐行方式自上面下运行的"正常"代码。没有跳转和异步回调。

图 3-24　反应式编程的抽象层次

```
不需要修改这一行下面的代码。

处理器指令

106
107 00000030 B9FFFFFFFF
108
109
110 00000035 41
111 00000036 803C0800
112
113
114 0000003A 75F9
```

确切地说，Java
首先使用JVM字
节码，但从我们
的角度来看，它
们都是相同的。
在抽象层次上，
你几乎不需要
关注这些。

图 3-24　反应式编程的抽象层次(续)

3.11　RxJava 的工作原理

我们已经了解了如何在代码行中使用 RxJava 描述反应图。首先执行指令，然后在内存中创建动态图。将 RxJava 代码视为反应式逻辑的构建指令，最好将其描述为有向图(见图 3-25)。

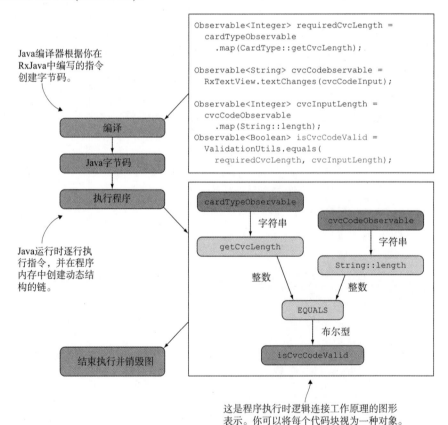

图 3-25　RxJava 的工作原理

3.12　本章小结

本章可能不像前几章那样有趣，因为在 Rx 中可以更容易或者更快地完成任务。这一次，我们重点讨论如何解决当前面临的问题并构造其 Rx 表示。该表示成为实际的程序。

3.12.1　反应图的优点

定义了图形之后，很少有奇怪的 bug 出现，并且在这些 bug 中，验证最终会以无人能够解释的状态而结束。每个处理步骤都是完全可追溯的。

如果仍然存在问题，那么只有两种可能：

- 设计的图形实现有错误。
- 图形本身与试图解决的问题不匹配。

通常是后一种情况，这意味着你忽略了输入之间彼此关联方式的某个方面或者特定组合。如果没有使用 Rx，这种误解就会一直存在，并产生问题。

3.12.2　表单改进

我们创建的表单并不实用；它甚至在用户尝试输入正确信息之前就会报错。

解决方案与你看到的类似，但必须考虑 EditText 是否处于核心位置。如果用户当前正在输入，你并不希望去打扰他们。这方面的代码并不适用于本章，但是你可以在在线示例中看到解决方案。

不过，你可能希望稍后再回过来学习网上的扩展示例，因为它使用了一些新技术。

第4章 通过网络连接用户界面

本章内容
- 使用事件作为数据检索的触发器
- 深入了解订阅的工作原理
- 生成级联网络请求

4.1 订阅解释

在本章中,我们将进行一系列讨论,首先生成源自 UI 的数据流,然后触发网络请求,并最终显示给用户。不过,在开始之前,首先了解 RxJava 编程中的订阅。

我们已经讨论过订阅,但是没有深入了解。简言之,subscribe 函数返回一个 Disposable 对象,该对象使我们能够管理 observable 和 subscriber 之间所具有的关系。在这种语境中,我们是逻辑的创造者,observable 和 subscriber 只是可以使用的构建块。

要了解订阅的工作原理,需要研究报纸订阅的现实示例。在该示例中,每天早晨邮箱都会收到一份真正的报纸(见图4-1)。

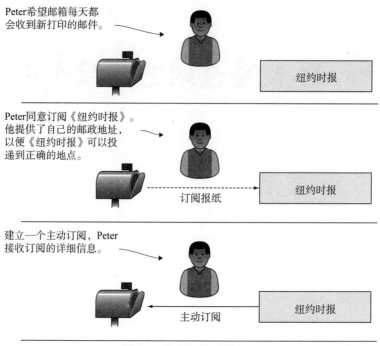

图 4-1 报纸订阅示例

订阅动态

创建订阅(见图 4-2)后，它将定义源和目标(或者 observable 和 subscriber)之间的关系。你之前见过这种情况。

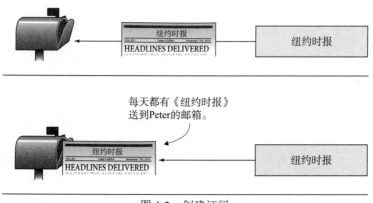

图 4-2 创建订阅

但是，在我们的示例中，Peter 不是 subscriber 吗？

从语言学上说，答案是肯定的，但在 Rx 术语中，Peter 只建立了邮箱和报社之间的关系。他定义了两者的交互方式。

起初这听起来可能有点奇怪。可以这样想：邮箱不能控制所发送的内容；同样，Rx subscriber 不知道数据来自何处。它完全不知道订阅。

那 Peter 是谁？原来 Peter 就是你编写的程序逻辑：图本身。图逻辑包含了用于描述程序应该如何运行的指令(见图 4-3)。

图说明

Subscriber   Observable

图 4-3 图逻辑

在本例中，逻辑可以写成：

```
newYorkTimesObservable.subscribe(petersMailbox);
```

4.2 终止订阅

终止订阅有两种情况：
- observable 信号已经完成。
- Disposable 对象用于取消订阅。

下面介绍这两种情况。

4.2.1 已经完成的 observable 信号

假设 Peter 购买的报纸订阅期限为 12 个月，而他没有续签。12 个月后，《纽约时报》(observable)会单方面认为订阅已经结束并停止投递报纸吗？

Rx 中的机制类似于终止协议。报纸不再投递，按照标准程序，《纽约时报》会给 subscriber 发一封信，告诉他们不要再有任何期待(此时在 RxJava 中，订阅会自动释放)，如图 4-4 所示。

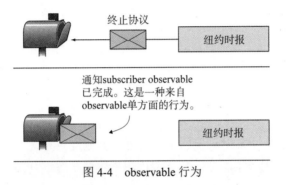

图 4-4 observable 行为

网络请求 observable 是这样处理的：输出了从网络中检索到的数据后，它们发送 onComplete 信号并取消订阅。

4.2.2　Disposable 对象用于取消订阅

可以保存订阅时创建的 Disposable 对象，并使用它终止订阅。这种情况不太常见。通常，当需要强制终止订阅时，是因为出现了一些不相关或者意外的操作。

在我们预期的场景中，可以认为 Peter 已经搬到了另一个国家，不再希望收到报纸。他打电话给报社，提供了自己的订阅信息，并要求他们停止投递报纸。这样，Peter 发起的订阅被终止(见图 4-5)。

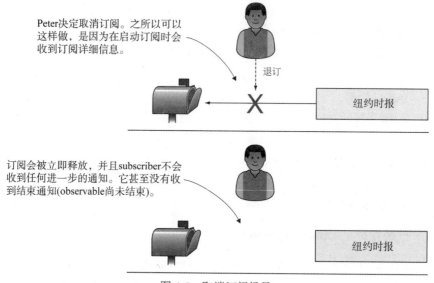

图 4-5　取消订阅场景

在这种情况下，observable 永远不会结束，并且你也不会收到终止通知 (onComplete 通知)。

就代码而言，整个场景如下所示。

```
Disposable subscription =
    newYorkTimesObservable.subscribe(petersMailbox);    ◄──── 订阅并保存订阅对象。

// 时间流逝……

// 如果订阅仍然有效，请取消订阅。
if (!subscription.isDisposed()) {
    subscription.dispose();    ◄────    使用之前保存的订阅
}                                        引用将其取消。
```

这就是 RxJava 中所有订阅的工作原理。其他反应库采用不同的方法，有的甚至不使用订阅，但在本书中，我们假设图形始终是通过订阅建立的。

4.3　RxJava 2 概念和订阅管理

你已经看到 RxJava 2 中的订阅类型是 Disposable。它之前是 RxJava1 中的 Subscription，那么这两者有何不同？

4.3.1　新 subscribe 函数签名

基于 ReactiveX 标准，observable 的 subscribe 函数不会返回任何结果。但是，Observer 对象有一个接收 Disposable 对象的回调，可用于终止新创建的订阅(由 Disposable 对象表示)。

```
public interface Observer<T> {
    void onSubscribe(@NonNull Disposable d);     observer 通过接收 Disposable
    void onNext(@NonNull T t);                   对象来处理订阅。
    void onError(@NonNull Throwable e);
    void onComplete();
}
```

但是，等等，这不是我们经常使用的语法。在我们的代码中，只需要编写以下内容：

```
Disposable subscription =              当 subscribe 函数
    observable.subscribe(observer);    没有返回任何结
                                       果时，如何在这里
                                       保存 Disposable？
```

这怎么可能？另外，如何使 Disposable 对象脱离 observer 本身？

observer 和 subscriber

为了刷新你的认知，只有 Flowable 类型将 Subscribe 类作为 subscriber，但我们从未在本书中使用过它。observer 在概念上是 subscriber。毕竟，它们被用作不同 observable 类型的 subscribe 函数的参数。

4.3.2　subscribe 函数重载

简而言之，尽管使用了 ReactiveX 标准，但在 RxJava 中，每个人都已经按照我之前所说的方式使用了订阅，即 subscribe 函数返回的结果。但是，标准规定你需要有一个不返回任何结果的 subscribe 函数。作为一种折中方案，我们为 subscribe 函数提供了几个重载，所有这些重载都返回一个表示订阅的 Disposable。

具有讽刺意味的是，这导致我们永远无法使用原始的 subscribe 方法，而总是使用某种重载。

4.3.3　作为 subscriber 的基本 consumer 接口

observable 都具有简单 consumer 函数接口的重载，用来决定如何处理所发送的值。

最简单的一个函数是 onNext。

```
public final Disposable subscribe(
  Consumer<? super T> onNext
)
```

还可以按以下顺序提供函数来处理 onError 和 onComplete 处理程序。

4.3.4　LambdaObserver

如果要将 observer 创建为单个对象，而不是多个 consumer，则可以使用 LambdaObserver。它与原始的 observer 完全相同，但是没有使用 onSubscribe 函数。

> **为什么 Disposable 不称为订阅？**
>
> 到目前为止，你可能会认为 RxJava 2 术语有点混乱，我同意！最后一个疑问是关于创建 Disposable 类，因为在 Flowable 类型的内部实现中保留了 Subscription 类名。不过，我们在本书中并没有使用 Flowable，所以从我们的角度来看，Disposable 对象与订阅是一样的。可以把它看成处理订阅的一种方式。

4.4　高级 Rx 链示例：Flickr 搜索客户端

在本章中，你将学习如何构建支持搜索图片的 Flickr 客户端。我们会使用 Flickr JSON API，它们提供了必要的信息。

对于大多数应用，API 都有速率限制，因此不能像在第 1 章中那样自动触发它。在本例中，我们有一个独特的 Search 按钮来触发搜索。

这是一个简单的应用，不过你会发现 Flickr 提供的 API 与我们期望的用例并不完全匹配。需要结合多个 API 才能呈现所需的列表，这就是 RxJava 的用武之地(见图 4-6)。

> **API 限制和 GraphQL**
>
> 最近有一些解决方案取消了 API 限制。GraphQL 是最著名的一种，它可以对后端执行复杂的查询，而不需要在客户端中组合多个查询。
>
> 这可能是未来的趋势，但要成为主流还需要一段时间。因此毫无疑问，你会发现网络技术至少在未来几年是有用的。

用户可以在其中写入字符串的搜索字段。单击该按钮将启动搜索。

搜索结果列表,其中包含已找到的条目的缩略图预览。

图 4-6　Flickr 搜索客户端示例

4.5　设置 Flickr 客户端项目

遗憾的是,公开开放 API 的时代已经过去,如今 Flickr 要求你有自己的免费 API 密钥来向后端生成请求。虽然我很愿意分享我的密钥,但它限制了每个密钥的使用量,因此你需要自己申请。

你也可以按照这个示例操作,而不必自己运行,不过我建议你通过几个步骤获取 API 密钥。

4.5.1　申请 API 密钥

在撰写本书时,你可以在 www.flickr.com/services/apps/create/apply/ 上申请,选择其中的非商业许可来获得免费密钥。需要登录才能进行该操作(见图 4-7)。

Flickr App Garden 应用

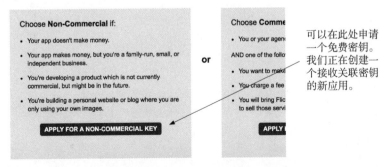

可以在此处申请一个免费密钥。我们正在创建一个接收关联密钥的新应用。

图 4-7　申请免费密钥

你可以在应用的描述中注明它是一个测试应用。只要按照本书中的示例使用 API，那么免费的 API 就足够了。

4.5.2　将 API 放到 gradle.properties 中

在授予 API 密钥后，你就可以在 Flickr 网站的 Apps By You 部分看到它。在 Web 浏览器的 App Garden 部分找到它。

有了密钥后，将其放置在本地计算机的某个位置，而不提交给代码存储库。通常，不建议在代码中保留任何 API 密钥(见图 4-8)。

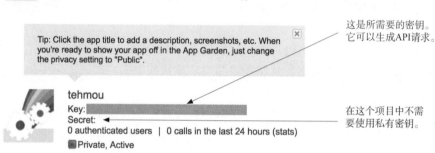

图 4-8　授予 API 密钥

本地设置的 Gradle 属性

我们的示例项目已设置为尝试读取 Gradle 属性（称为 FlickrAPIKey）。 在计算机上打开或创建包含 global Gradle 设置的文件。

```
~/.gradle/gradle.properties
```

然后在它的末尾添加一行，定义密钥。

```
FlickrAPIKey=<Your API Key>
```

将你在上一步中找到的密钥放在此处，无须使用引号。可以尝试运行完成的示例，看看它是否有效：应该会出现搜索结果和图片。如果发出了很多搜索请求，则可能会暂时受到限制。

4.6　搜索链概述

在这个简化版的 Flickr 客户端中，只有一个用户请求，即搜索发布在 Flickr 上的公共图片(见图 4-9)。

API

我们将使用三个 API 来获取所需的全部信息。第一个 API 是所有照片的列表，另外两个 API 分别获取每张照片的详细信息(见图 4-10)。

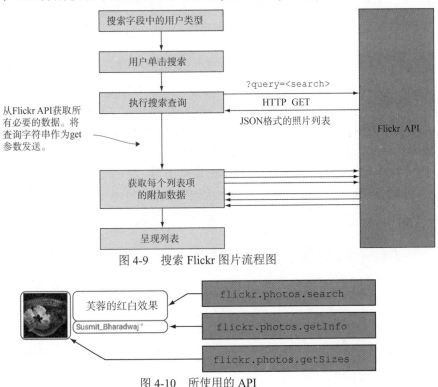

图 4-9　搜索 Flickr 图片流程图

图 4-10　所使用的 API

4.7　步骤 1：简单的硬编码搜索

首先，我们将会了解搜索 API 的工作原理，并通过在启动时调用它进行测试。这一步花费的时间最长，所以请耐心等待。

你可以在 www.flickr.com/services/api/ 上找到 Flickr API 的文档，其中包含了如何设置 API 密钥。我们将使用标签进行搜索，需要使用的 API 名为 flickr.photos.search。

我们的示例将 Retrofit 与 RxJava 适配器结合起来使用，因此创建 JSON API 客户端很简单。你可以在在线示例中找到详细信息。API 的签名如下所示：

```
Observable<List<SimplePhoto>> searchPhotos(String apiKey,
                                           String search,
                                           int limit);
```

它需要 Flickr API 密钥、搜索字符串以及你希望看到的搜索结果数量限制。

我们对客户端进行了设置，使其可以自动执行网络线程中的网络请求。这是通过 subscribeOn 完成的，我们将在第 5 章中详细介绍。如果你尝试直接从主线程调用 Retrofit API，则会提示错误。

4.7.1　搜索 API 返回的数据类型

搜索 API 的作用是返回所找到照片的最少信息，因此需要进行处理(伪代码)。

```
public class SimplePhoto {
    String id;
    String owner;
    String title;
}
```

在实际的 Java 类中，这些字段被声明为 final，并且只有 getter。这是为了增强不变性。

这里只有照片、照片所有者的 ID 和照片标题。在这些值中，只有标题最终显示给用户。API 中还有一些其他属性，但是目前对我们来说没有用。

API 返回照片列表。因为我们使用的是 SimplePhoto 类，所以类型为 List<SimplePhoto>。现在可将它们呈现到 RecyclerView 列表中。

4.7.2　搜索并呈现

呈现的代码并不复杂，根据记录，是这样的：

```
protected void onCreate(Bundle savedInstanceState) {
    ...

    searchPhotos(apiKey, "flower", 3)
    .observeOn(AndroidSchedulers.mainThread());
    .subscribe(this::updateList);
```

在更新 UI 之前，将执行切换到主线程。

updateList 函数使用接收到的数据处理列表更新。

updateList 函数只是将 RecyclerView 的内容替换为刚刚收到的数据项。假设每次搜索时搜索结果都会有明显不同，因此没有必要使用任何智能更新策略。

```
private void updateList(List<SimplePhoto> photos) {
    //粗略地替换整个适配器
    PhotoAdapter photoAdapter =
        new PhotoAdapter(this, photos);
    recyclerView.setAdapter(photoAdapter);
}
```

注意，updateList 函数将新数据集作为参数。它作为 subscriber。

4.7.3　到目前为止已实现的功能

现在，可以在图 4-11 所示的屏幕截图中看到标题的基本列表。

请注意，预览和用户名被替换为占位符，因为从该 API 中只能获取图片标题和 ID。

之所以在搜索中出现了奇怪的文件名，应该是有人直接从相机中上传了照片。大多数情况下，标题不会那么晦涩难懂。

此时，尽管可以在客户端中看到所有搜索结果，但我们认为它并不理想。

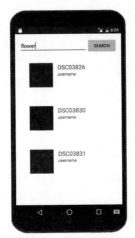

图 4-11　搜索结果

4.8　click 事件

硬编码搜索不像用户体验那样让人身临其境。为了尽快创建可用的应用，下一步是添加文本字段和搜索按钮。

首先需要使用事件处理程序以传统方式进行输入，然后将其简化为适当的反应链。我们将大量使用订阅，并了解如何在链中透明地管理订阅。

4.8.1　使用 onClickListener 触发搜索

要快速简单地实现搜索，可以执行以下操作：

标准的 Android setOnClickListener 用于对 click 事件做出反应。这也是使用 Rx 时所执行的操作。

```
protected void onCreate(Bundle savedInstanceState) {
  ...

  searchButton.setOnClickListener(e -> {
    String search = searchTextView.getText().toString();
    searchPhotos(apiKey, search, 3)
      .observeOn(AndroidSchedulers.mainThread());
      .subscribe(this::updateList);
  });
```

作为事件处理程序中的 observable 启动搜索。

生成这样的网络请求并不容易，但至少在最常见的情况下是有效的。如果搜索持续的时间太长，而用户又进行了另一次搜索，就会出现问题！理想情况下，无论何时开始新的搜索，我们都希望停止任何现有的搜索。

4.8.2 使用订阅

无论何时调用 observable 的 subscribe 方法，它都会返回 Subscription 类型的对象。有两种方法：

```
public interface Subscription {
    void unsubscribe();
    boolean isUnsubscribed();
}
```

第一种方法是释放订阅，第二种方法是检查订阅是否已经释放(不想释放两次，因为这没有意义，还可能导致错误)。

4.8.3 管理订阅

因为已经有了 Activity，所以可以将最后一个订阅保存到字段中，并在连续的按钮单击时检查它是否存在。

```
private Subscription searchSubscription;          在连续的按钮单
                                                  击之间保存订阅
protected void onCreate(Bundle savedInstanceState) {   的成员变量。
  ...

    searchButton.setOnClickListener(e -> {        检查是否已经有
        if (searchSubscription != null &&         实时订阅(正在
            !searchSubscription.isUnsubscribed()) {  进行的搜索)。如
            // 在创建新的订阅之前释放现有的订阅       果是，请取消订
            searchSubscription.unsubscribe();     阅(取消搜索)。
    }
    String search = searchTextView.getText().toString();
    searchSubscription = searchPhotos(apiKey, search, 3)  保存调用 subscribe
        .observeOn(AndroidSchedulers.mainThread());  时获得的订阅。
        .subscribe(this::updateList);
    });
```

4.8.4 流式方法

上面的示例代码可以运行，但是扩展性不是很好。如果有多个 UI 事件源，怎么办？你会为每个事件源保存订阅吗？如果它们互相影响，有没有可能呢？

幸运的是，我们只需要知道它确实很复杂，并且有一种简单方法可以自动管理中间件订阅。

有多少订阅才是合理的?

经验法则是，仅当希望显示结果时才显式订阅，并且在 Android Activity(或者 Rx 逻辑的任何容器)的生命周期中只订阅一次。通常，如果最终在事件处理程序中调用 subscribe，就会出现问题。

将订阅全部保存在一个位置可以更容易地对错误做出反应，然后自动释放订阅。每当最终需要保存订阅时，请扪心自问："我能否将其附加到另一个订阅链？"

茶歇

在采用不同方式处理订阅之前，让我们先看两个实用程序：SerialDisposable 和 CompositeDisposable。

SerialDisposable

如果想用一个新的订阅(取代之前的订阅)替换现有订阅，可以使用 SerialDisposable。它非常类似 switchMap 的手动版本。它具有.set(Disposable)方法，可以自动处理先前设置的订阅。

CompositeDisposable

如果有多个相关的订阅，则可以使用 CompositeDisposable 将它们捆绑在一起，并视为一个订阅。例如，当使用它们的组件缺失时，这样处理是有用的。

订阅管理练习

本练习分为两个部分。首先需要创建一个新应用。

(1) 创建三个 TextView(见图 4-12)。使用 Observable.interval 创建每秒输出一个数字的 observable。当用户单击标签时，该标签将成为活动标签并显示一个不断变化的数字。使用 SerialDisposable 确保一次只有一个 TextView 处于活动状态(不要担心订阅重置后间隔总是从零开始。在第 5 章中，你将会了解新 subscriber 如何触发 observable 中的数字)。

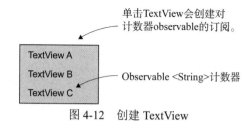

图 4-12　创建 TextView

(2) 更改逻辑，以便用户每次单击标签时，标签都会被激活，但不会重置任何之前的标签。将订阅收集到 CompositeDisposable 中，并添加一个按钮来同时释放这些订阅。

解决方案

这次的练习似乎有点抽象。如果你还没有完全理解，不要担心，解决方案会帮助你理解整个过程。

(1) 这里的诀窍是首先在 subscriber click 事件之外创建 SerialDisposable 和 Observable.interval。然后，可以在每次单击 TextView 时处理主动订阅。

```
Observable<Long> obs =
    Observable.interval(1, TimeUnit.SECONDS)
        .map(Long::toString)
        .observeOn(AndroidSchedulers.mainThread());

SerialDisposable s = new SerialDisposable();

RxView.clicks(textViewA).subscribe(ev -> {
    s.set(obs.subscribe(textViewA::setText));
});

RxView.clicks(textViewB).subscribe(ev -> {
    s.set(obs.subscribe(textViewB::setText));
});

...
```

此 observable 每秒输出一个新数字。由于实现细节不同，对于每个新订阅来说，都从零开始。稍后你将学习如何使其保持跟踪进度。

(2) 解决方案是类似的，但是不必调用 SerialDisposable 的.set，而是调用 CompositeDisposable 的.add。其中一个细节是，在释放订阅后，必须重新创建整个 CompositeDisposable(根据其文档)。

```
CompositeDisposable s = new CompositeDisposable();

RxView.clicks(textViewA).subscribe(ev ->
    s.add(obs.subscribe(textViewA::setText));
);

RxView.clicks(textViewB).subscribe(ev ->
    s.add(obs.subscribe(textViewB::setText));
);

...

RxView.clicks(resetButton).subscribe(ev -> {
    // 取消订阅并重新创建复合订阅
    s.unsubscribe();
    s = new CompositeDisposable();
});
```

与之前相同,但使用复合订阅

这里的 unsubscribe 会释放到目前为止所累积的所有订阅。通常，可以重新创建复合订阅或将其设置为 null。

4.9　实现反应链

回到 Flickr 示例，现在你将看到如何进行完全反应，并最终在 click 处理程序中隐藏手动订阅处理。剩下的唯一订阅是为呈现结果而创建的，并且当活动取消时会将其释放。

我们已经将文本字段视为数据源，并在它发生变化时输出文本。对于按钮来

说，会有所不同，因为你感兴趣的是它自下而上的状态变化，换句话说，就是 click
事件。这里不需要详细的数据，因此 RxBindings 库将 click 事件视为 Observable
类型(之前是 Void 类型，但不再允许使用 null 值)。

```
Button searchButton =
    (Button) findViewById(R.id.search_button);
Observable<Object> buttonClickObservable =
    RxView.clicks(searchButton);
```

第一步，可以使用该 observable 而不是事件处理程序：

```
buttonClickObservable
    .subscribe(e -> {
        // 处理按钮 click 事件并忽略 e
        ...
    });
```

subscribe 会创建一个
订阅，但此时无法对
其进行管理。

可以更进一步，将文本也包含在链中。

```
buttonClickObservable
    .map(e -> searchTextView.getText().toString())
    .subscribe(searchText -> {
        // 处理文本搜索
        ...

        searchSubscription =
            searchPhotos(apiKey, search, 3)
                .observeOn(AndroidSchedulers.mainThread());
                subscribe(this::updateList);
    });
```

将匿名事件映射到
用户单击时字段中
的任何文本。

这仍然和之前一样。
在 subscribe 内部进
行订阅。

这种方法的问题在于订阅创建后无法连接：如果再次单击该按钮时正在使用
searchPhotos，则会启动一个新的重叠操作。

4.9.1　连通数据图

为了将嵌套的订阅连接到某个专属流中，让我们从宏观上了解数据链。它的
绘制方式与第 3 章相同，只不过这次还需要进行异步网络 API 调用(见图 4-13)。

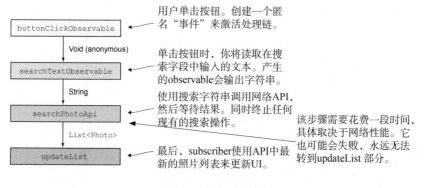

图 4-13　数据链流程图

4.9.2　启动链中的异步操作

你已经了解了一些异步操作,例如 debounce,它在给定的时间内保存值,但是这次我们需要另一种操作,即 switchMap。它有点像地图,但能够根据第一个 observable 输出的数据项返回一个新的 observable。然后将这个新的 observable 附加到原始链的订阅中。

这听起来比实际要难得多,因此让我们看看它最终是什么样子,然后再进行更深入的研究。

```
buttonClickObservable
    .map(e -> searchTextView.getText().toString())
    .switchMap(searchText ->
        searchPhotos(apiKey, searchText, 3))
    .observeOn(AndroidSchedulers.mainThread());
    .subscribe(this::updateList);
```

只有一个 subscribe! switchMap 操作执行所有订阅处理,并在创建新请求时取消订阅现有的请求。单击按钮将启动新的 searchText 操作并自动连接到流。

4.10　switchMap 的工作原理

switchMap 会执行之前的手动处理操作。它确保一旦出现新 observable,就能够订阅它,并取消订阅之前的 observable。

下面是一个示例序列,显示了 switchMap 在具有连续网络请求的上下文中的工作原理。

1. 用户单击 Search 按钮,触发对 Flickr API 的请求

到目前为止,你已经了解了 switchMap 的工作原理。当用户单击按钮时,只是启动了一个网络请求(创建一个 observable 来表示它)。按钮 observable 的 click 事件被映射为产生了网络请求 observable 的 observable 事件(见图 4-14)。

什么是嵌套的 observable?

嵌套的 observable 听起来要复杂得多。在本例中,我们有对应于单击事件的 observable,并且对于每次单击,还创建了一个网络请求 observable,将其视为一个二维数组。

在本章后面我们会回到这一主题,如果这个概念听起来很复杂,请不要担心。更重要的是理解要实现的功能,而不是立即理解它的概念。

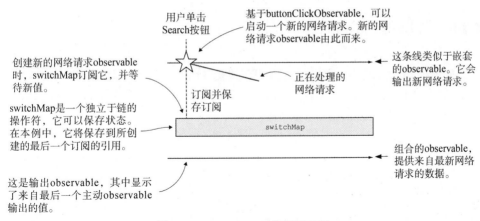

图 4-14　switchMap 工作原理示例

2. 用户在 Flickr API 返回第一个搜索结果之前开始新的搜索(见图 4-15)

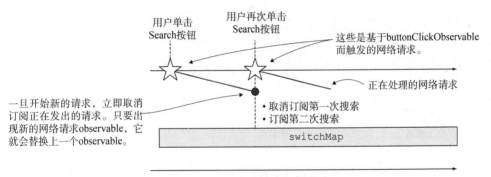

图 4-15　多次搜索示例

3. 网络请求在没有进一步中断的情况下结束(见图 4-16)

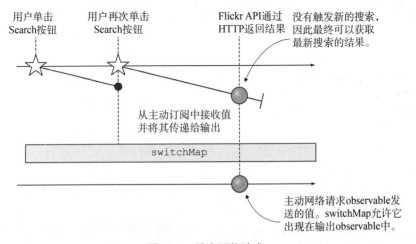

图 4-16　结束网络请求

4.11　获取缩略图信息

　　如前所述，很遗憾，我们没有直接在搜索 API 中获取缩略图 URL。为此，你需要返回 API 文档并找到正确的 API。在本例中，可以使用 flickr.photos.getInfo，我们将其封装到 getThumbnailUrl 函数中。

　　在实际的应用中，你可能希望呈现已经包含部分信息的列表，但在本例中，需要等待所有缩略图出现，然后再向用户显示全部内容(见图 4-17)。

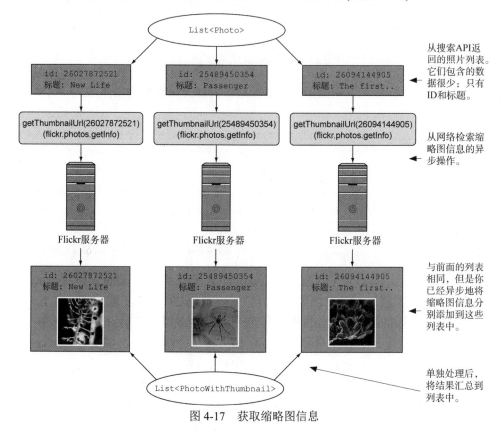

图 4-17　获取缩略图信息

列表转换模式

　　在数据列表中使用异步操作是一个常见的问题。与 OOP 风格相比，这也是 RxJava 的亮点。一般来说，只需要三个步骤：

　　(1) 将普通列表扩展为单独的 observable，它逐个输出列表中的所有数据项 (Photo 类型)。

　　(2) 对"扩展"的 observable 进行必要的操作。每个数据项的处理方式相同。

　　(3) 当所有单独的扩展链结束时，将结果收集回列表中。

4.12　步骤 1: 将列表扩展为一个 observable

每次从搜索 API 获取照片列表时,它都会作为一个块出现。我们希望能够单独处理列表中的每一项。

要这样做,需要获取列表,并从中创建一个 observable,然后以相同顺序输出这些项。使用 Observable.fromIterable 函数。

该函数将简单 List 类型转换为 observable(见图 4-18)。

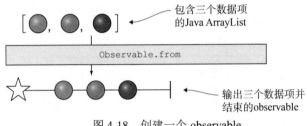

图 4-18　创建一个 observable

4.12.1　flatMap 操作符

要将单个数据项转换为后续的多个项,还需要另一个操作符。我们希望获取一个输出照片列表的 observable,然后将其转换为输出所有数据项的 observable。

你已经知道 switchMap 可以执行类似操作,但这并不是 "转换" 行为。flatMap 的工作原理与 switchMap 类似,但它会合并(展开)所有已启动的 observable。flatMap 允许多个操作同时运行并输出所有结果。如果你有在纯函数式语言中使用 flatMap 的经历,请暂时忽略。

让我们先从 merge 开始,因为它是关联的。

4.12.2　Observable.merge

merge 是一个函数,它获取 observable 并将结果合并,如图 4-19 所示。

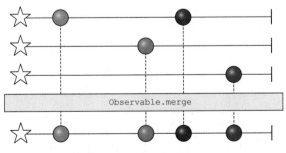

图 4-19　合并 observable

该函数将源 observable 作为可迭代的列表或 observable。在二维空间中难以描述，但如果考虑"嵌套的列表"，它大致相当于"嵌套的 observable"。唯一的区别是 observable 就像异步迭代，下一项是在上一项之后出现的。

4.12.3　在嵌套的 observable 中使用 merge

为了更好地理解嵌套的 observable，让我们暂时忘掉 observable，从简单的列表开始。我们仍按照完全传统的方式使用弹珠来描述数据项(见图 4-20)。

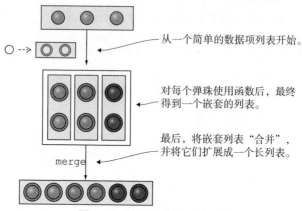

图 4-20　使用弹珠描述数据项

merge 是一个函数，它可以折叠嵌套结构并再次返回一个简单的列表，不过这次返回的是转换后的数据项。

observable 的步骤完全相同，但不同之处在于 observable 具有异步性。你也不必知道列表是否有限。只要有新的数据项，就可以把它们推送到输出端。

对于 observable 来说，列表最大的变化是数据项的顺序可能会有所不同，而嵌套的 observable 会在不同的时间输出数据项。但从概念上讲，它们仍然是一样的(见图 4-21)。

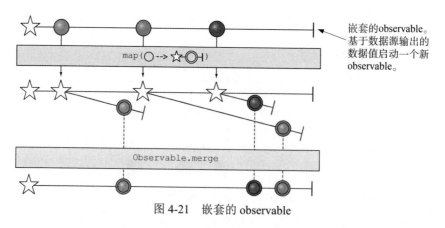

图 4-21　嵌套的 observable

4.12.4　flatMap

所需要的操作符是完全相同的，但可通过抽象 flatMap 中的 map 函数来简化语法(见图 4-22)。

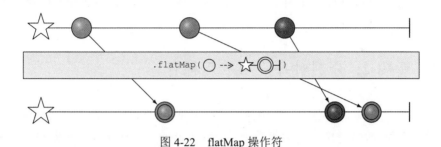

图 4-22　flatMap 操作符

4.12.5　使用 flatMap 扩展列表

使用 flatMap 比描述它要容易得多。我们获取一个 observable 并调用.flatMap，然后提供给每个数据项中使用的函数。

唯一的诀窍是 transformation 函数必须获取一个简单的数据项并返回一个 observable(它将被立即合并到所产生的 observable 中)。返回的 observable 可以产生任意数量的数据项，它们都将被合并到输出中。我们把输出与之前看到的 Observable.fromIterable 结合起来(见图 4-23)。

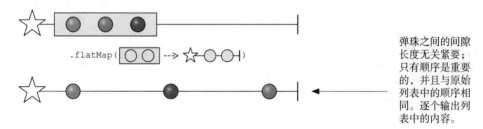

弹珠之间的间隙长度无关紧要；只有顺序是重要的，并且与原始列表中的顺序相同。逐个输出列表中的内容。

图 4-23　flatMap 扩展列表

4.12.6　代码中的内容

我们从 observable 开始，它返回照片列表，然后使用 flatMap 将列表扩展成一系列单项。

```
Observable<Photo> photoObservable =
  photoListObservable
    .flatMap(photos -> {
      return Observable.fromIterable(photos);
    })
```

可以通过 lambda 进一步简化：

```
Observable<Photo> photoObservable =
    photoListObservable
      .flatMap(Observable::from)
```

此代码与之前的例子相同。

稍后需要对链进行一些调整，但目前是有效的，你可以看到如何单独处理每
张照片。

4.13　步骤 2：分别对每一项应用操作

这部分比较简单。在上一步中，假设从 Photo 开始，并期望以 Observable<
PhotoWithThumbnail>结束。结果必须是 observable，因为信息是通过网络异步检
索的。如前所述，observable 将输出一个数据项并结束。

在图 4-24 的左侧，你可以看到链的不同部分，右侧是两个 observable，即
顶部的源和底部的输出。它们之间存在时间间隔，因为网络请求需要一些时间
才能完成。

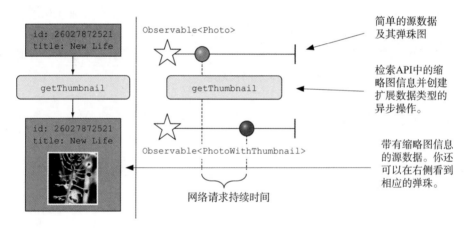

图 4-24　网络异步检索缩略图信息

在完成下一步之后，可以看到相关的代码。不过，了解 flatMap 之后，你大
概可以想象如何实现它。

4.14　步骤 3：收集结果

我们已经知道了如何使用 combineLatest 汇总来自多个源 observable 的数据。
这里的情况类似，如果需要的话，也可以使用 combineLatest。

但是这次我们构造链的方法有所不同，最后可以使用 toList 操作符来收集最

终列表。

Observable.concat + .toList 策略

每张照片都有一个单独的 observable。我们希望以某种方式将它们合并到一个 observable 中，并输出包含所有源 observable 数据的列表。使用 concat 将它们合并在一起，并使用 toList 将合并的 observable 转换为单个输出列表(见图 4-25)。

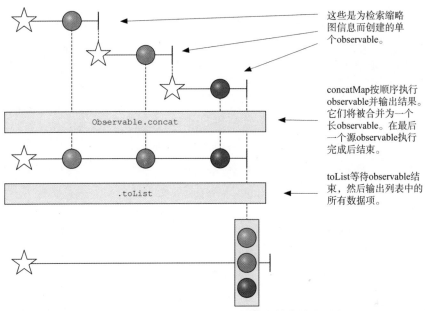

图 4-25　将合并的 observable 转换为单个输出列表

4.15　完整的解决方案

现在你已经了解处理链中的所有部分，可以绘制出完整的图。它从 buttonClickObservable 开始，subscriber 最终会接收 PhotoWithThumbnail 类型的列表。

中间部分是最复杂的，为了简单起见，这里省略了 concatMap(见图 4-26)。我们会在后面的代码中了解它。

这次，我们没有编写太多代码。原因是代码很短，但如果不理解代码背后的含义，就很难阅读。

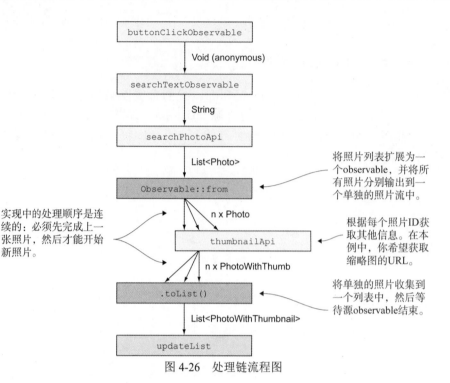

图 4-26   处理链流程图

4.15.1   图中间的关键代码

由于我们尚未介绍，因此首先要列出缩略图处理代码。使用 flatMap 和嵌套的 concatMap 以及 toList。请注意，在 flatMap 内部扩展和处理所有列表。

```
Observable<List<PhotoWithThumbnail>>
  photoWithThumbnailListObservable =
    photoListObservable
      .flatMap(photos -> {
        return Observable.fromIterable(photos)
          .concatMap(photo -> getThumbnail(photo))
          .toList()
          .toObservable()
      });
```

flatMap 内部是处理缩略图列表的所有代码。它在 switchMap 之后出现，因此需要取消订阅前一个操作的 "多次单击" 场景已经处理完毕。

toList 返回单个 observable，需要将其转换为普通的 observable，这样 flatMap 就可以接受它。

4.15.2   组合代码

最后这段代码可以将所有代码组合在一起，并获得一个有效的 observable 链。然后，将线程切换回主线程，并将最终列表传递给 render 函数。

```
Observable<List<Photo>> photoListObservable =
  buttonClickObservable
    .map(e -> searchTextView.getText().toString())
    .switchMap(searchText ->
      searchPhotos(apiKey, searchText));
```

```
Observable<List<PhotoWithThumbnail>>
  photoWithThumbnailListObservable =
    photoListObservable
      .flatMap(photos -> {
        return Observable.fromIterable(photos)
          .concatMap(photo -> getThumbnail(photo))
        .toList()
        .toObservable()
      });

photoWithThumbnailListObservable
  .observeOn(AndroidSchedulers.mainThread())
  .subscribe(updateList);
```

4.16　添加来自其他 API 的用户名

　　最后是提交了照片的用户。我们再次回到文档中，发现名为 photo.info 的 API 提供了该信息。

　　由于已经有了缩略图的处理步骤，因此可以对其扩展以执行更多操作(见图 4-27)。

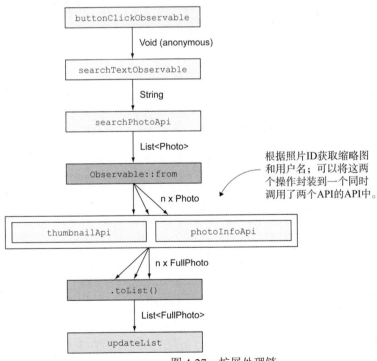

图 4-27　扩展处理链

扩展 processing 函数

　　FRP 的优点是我们只需要使用嵌套的 processing 函数并更改 updateList 输入类

型。与只获取缩略图不同，它可以同时触发对另一个 API 的请求，并返回用户名。

因为每张照片都需要完成两个网络请求，所以可以使用 combineLatest 和正确的 merge 函数。在这里，你可以看到 4.16 节中的扩展处理步骤(见图 4-28)。

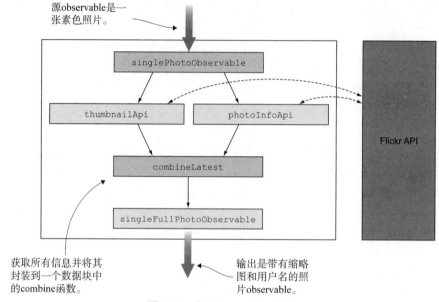

图 4-28　扩展 processing 函数

如果你把它写进代码，并不会太复杂。

```
Observable<List<PhotoWithThumbnail>>
  photoWithThumbnailListObservable =
    photoListObservable
      .flatMap(photos ->
        Observable.fromIterable(photos)
          .concatMap(photo ->
            Observable.combineLatest(
            getThumbnail(photo),
            getPhotoInfo(photo),
            FullPhoto::create
          )
        )
        .toList().toObservable()
      );
```

4.17　本章小结

在本章中，你了解了如何使用 RxJava 有效地处理复杂的网络 API。在现实生活中，由于容量和性能的原因，不允许为每个数据项生成两个额外的请求，但是在许多情况下，这些级联策略是必要的。你永远无法根据自己的需要来更改 API

或者构建专用的中间服务器。

　　无论如何，通过使所有数据操作与 observable 异步，可以使用任意数量的 API(并花费任意时间)来执行链中的步骤。正如你在最后一次添加用户名时看到的那样，这种模块化支持随意更改。你只需要更改用于处理数据项的函数，而链的其余部分保持不变。

链接操作

　　你学会了使用最重要的操作来创建现实世界中的 observable 链。

- switchMap 通常用作链的开始。它确保一次只执行一种操作，通常基于用户交互。
- flatMap 是合并 observable 的最简单方法，但是需要注意，不要期望保留它生成的顺序。
- concatMap 稍微有点特殊，通常作用不大，因为它不支持同步执行。通过使用 flatMap 并在结果准备好后执行特定的排序步骤，可以实现相同的功能。这样，请求就不必相互等待。

第5章 | 高级 RxJava

本章内容
- 创建自己的 observable
- RxJava 中的线程
- 理解 subject 及其优点
- 清理订阅

5.1 深入了解 observable 和 subject

你已经看到了多种形式的 observable，但是在本章中，我们将学习如何创建自己的 observable(见图 5-1)。查看内部结构有助于理解系统的工作原理，但对于要构建的应用来说，通常不需要这样做。

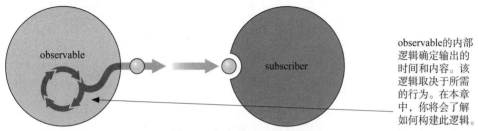

observable的内部逻辑确定输出的时间和内容。该逻辑取决于所需的行为。在本章中，你将会了解如何构建此逻辑。

图 5-1　如何构建 observable

我们将讨论的第二个重要话题是线程。为了更新 UI，将执行切换回主线程，但是你并不了解它的工作原理。这次，你将了解 RxJava 在线程执行过程中所起的作用，首先从 observable 自身的内部逻辑开始。

　　我们还将讨论 subject(见图 5-2)。subject 是 observable 和 subscriber 的融合，考虑了所有极端情况。你需要知道如何使用 subject，不过更有必要理解为什么大多数时候不应该使用它们。

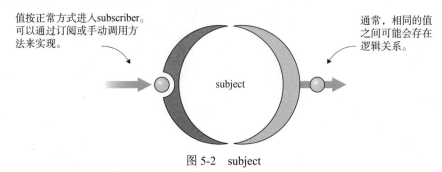

图 5-2　subject

　　图 5-2 是一个简单的摘要，可以帮助你理解我所说的内容，我们将在本章后面详细介绍。你还将看到 subject 的有效用例。

5.2　示例：文件浏览器

　　和前面一样，让我们从一个示例开始。这是一个简单的文件浏览器，允许用户浏览各自设备的外部存储(见图 5-3)。通过单击列表中的目录，用户可以进入下一级目录，并且使用导航按钮，用户还可以返回到上级目录或者根目录。

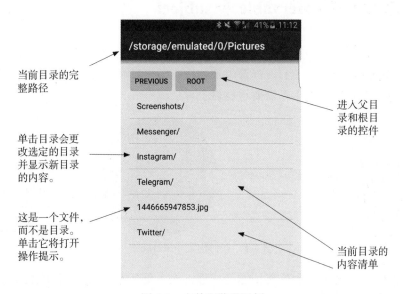

图 5-3　文件浏览器示例

文件操作

文件系统操作尚无 observable 包装器，因此这是一个很好的示例，可以让你知道如何创建自己的包装器。我们将创建一个实用程序，它可以在不阻塞主线程的情况下使用文件操作，并将它们无缝地集成到 observable 链中。

对于这个应用来说，只需要能够列出文件夹的内容。该操作并不复杂，却是一个很好的示例。通过创建 observable 操作符，可以在等待结果的同时轻松地将它们推送到后台线程中。

5.3　文件浏览器应用的用户流

这个应用的高级描述分为两个部分：由平台呈现的 UI 和即将构建的反应逻辑。逻辑只处理数据。两者之间的交互点是经过仔细定义的，因为你希望它们在概念上保持分离。

在图 5-4 中，左侧包含操作系统在屏幕上显示的内容，右侧显示了用于处理数据和输入的纯逻辑。

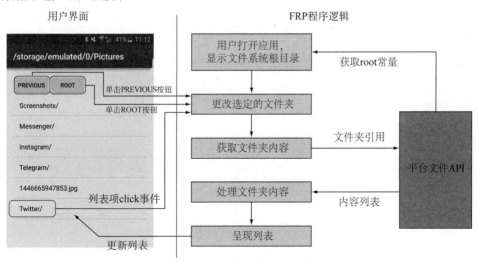

图 5-4　文件浏览器应用 UI 与反应逻辑

可以在这里看到逻辑链的边界。在图 5-4 中，灰色框中的所有操作都在掌控之中，但特定的位置不受控制并等待输入。

首先，需要绘制一个文件列表。然后，等待进一步的输入，当发生变化时再做出反应。

文件浏览器图形分析

可以将图 5-4 划分为不同的区域。在中间部分,你有自己的核心逻辑代码。其他区域要么提供输入,要么是输出的目标(副作用),如图 5-5 所示。

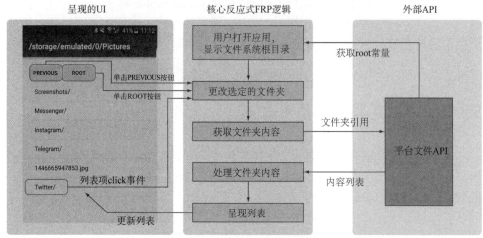

图 5-5　文件浏览器图形分析

如图 5-6 所示是输入和输出的要点。那些启动了预期完成的操作的部分是特例。

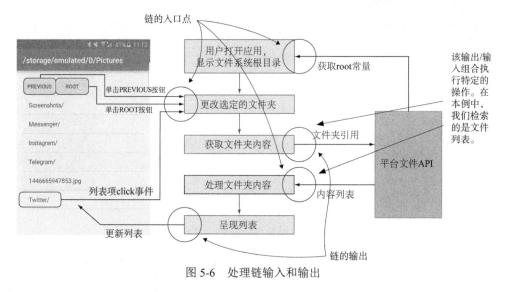

图 5-6　处理链输入和输出

5.4　获取目录的文件列表

最简单的方法是了解如何在 Android 系统中使用目录列表。这是一个实现细节，我们将简要介绍它以设置上下文。

首先只检索文件系统的根目录，并显示其内容，而不必在 UI 中浏览文件。为此，基于目录创建一个自定义的 observable，并输出内容列表(见图 5-7)。

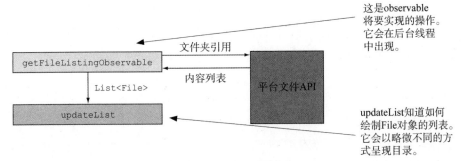

图 5-7　检索文件系统根目录

5.4.1　返回目录内容列表的函数

获取目录内容的代码很简单。下面是所需的全部函数：

```
List<File> getFiles(File file) {
    List<File> fileList = new ArrayList<>();
    File[] files = file.listFiles();

    for (File file : files) {
        if (!file.isHidden() && file.canRead()) {
            fileList.add(file);
        }
    }
    return files;
}
```

这个函数比较复杂。最好把它放到后台线程中。

不要显示隐藏或禁止的文件。

5.4.2　Android 权限

在较新版本的 Android 中，需要在运行时请求文件系统访问的特殊权限。你可以在在线代码存储库中找到一个包含所有内容的模板。

5.4.3　使用 Observable.create 创建自定义 observable

如前所见，observable 遵循以下规则：

- 一个 observable 可以输出任意数量的数据项，或者根本不输出任何数据项。
- 一个 observable 可能结束或出错，但只有一种结果，并且此后不允许它输出任何数据项。

1. emitter

每个 observable 的核心是 emitter。它用于触发 observable 输出的各种事件。基本的 emitter 如下所示：

```
public interface Emitter<T> {
    void onNext(T value);
    void onError(Throwable error);
    void onComplete();
}
```

onNext 可以从 observable 中输出值(弹珠)。

2. Observable.create

我们的目标是创建一个可以接收 emitter 并在定义的规则内调用了适当方法的函数。为 Observable.create 提供该函数，它会创建 emitter 的 observable。

可以这样使用它：

```
Observable o = Observable.create(emitter -> { ... });
```

这里的关注点是我们在函数中定义的操作。该函数具有以下签名：

```
void observableOnSubscribeFunction(Emitter<T> emitter)
```

签名看起来有点不寻常，但是接下来你将看到它的用法，以便更好地理解它。此时，请记住，subscribe 函数是每次进行新订阅时调用的函数。

你负责实现哪部分？

你只需要定义 onSubscribeFunction。该函数完全定义了 Observable 执行操作的种类和时间。接下来你会看到一个示例，如果觉得自己错过了某些内容，请不要担心。

5.4.4　将文件 listing 函数封装到 FileListingObservable 中

现在我们已经了解了 Observable.create 的工作原理，可以将文件 listing 函数封装到一个 observable 中。代码如下：

```
Observable<List<File>> createFilesObservable(File file) {

    // 根据我们在参数中接收到的文件创建一个新的 observable
    return Observable.create(emitter -> {
        try {

            // 检索文件列表
            final List<File> fileList = getFiles(file);

            // 向 subscriber 提供文件
            emitter.onNext(fileList);

            // 通知 subscriber 我们完成了操作
            emitter.onComplete();

        } catch (Exception e) {

            // 抛出了异常，让 subscriber 根据需要处理它
            emitter.onError(e);
        }
    });
}
```

这是可以与新订阅一起使用的新 emitter。现在开始！

使用之前创建的函数。它在这个 subscribe 函数中执

在这里,可以将结果通过 emitter 传递给 subscriber。

任何可能的错误都会通过 onError 插入链中。

需要注意的是，这里输出的结果将传递给下一个 subscriber，而该 subscriber 可能不是最终 subscriber。observable 的图或链基于堆叠的 subscriber 和 emitter，你只能为下一个处理操作提供事件。

值得一提的是，Observable.create 不支持取消操作，这可能是一种预期的行为。即使 subscriber 取消订阅，你也会继续执行，并且忽略产生的通知。可以在网上找到这方面的示例。

5.4.5　文件列表 observable 的生命周期

现在有了一个 observable，让我们看看它在程序执行过程中的表现。

(1) 基于目录创建新 observable(见图 5-8)。

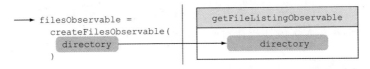

图 5-8　创建新 observable

(2) 订阅新创建的 observable。在本例中，可以现场创建 observable 并立即订阅。subscriber 如图 5-9 所示。

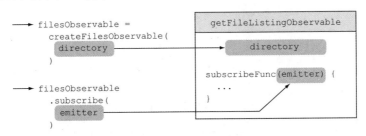

图 5-9　订阅 observable

(3) 执行 observer 的内部逻辑，可能在另一个线程中(见图 5-10)。

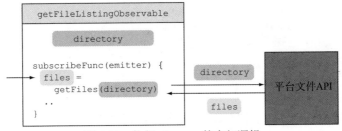

图 5-10　执行 observer 的内部逻辑

(4) 将结果传递给 subscriber，这实际上可能是处理链中的下一步(见图 5-11)。

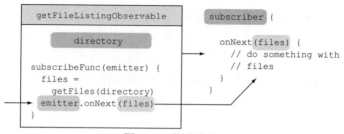

图 5-11　传递结果

5.5　线程基础

接下来，介绍如何将文件操作推送到后台线程中。但是，为了更好地理解线程化，首先需要深入了解线程化在函数式编程上下文中的意义。

5.5.1　什么是线程

计算机(处理器、CPU、内核)只能执行同步指令，就像计算器一样。就代码而言，计算机逐行遍历(见图 5-12)。

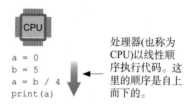

图 5-12　处理器串行执行代码

由于提高单个处理器的速度非常困难，所以聪明人提出了并行计算的概念。这个想法很简单：与其让一个处理器运行一组指令，不如让两个或四个处理器运行，这样可以获得双倍或四倍的速度(见图 5-13)。

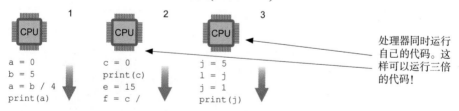

图 5-13　处理器并行执行代码

同时执行

其思想是所有这些处理器都运行同一应用的各个部分。毕竟，用户一次只想使用一个处理器。通常，每个处理器代表一个不同的线程。这就是两个线程在物理层面上可以同时运行的原因：它们运行在不同的 CPU 中(见图 5-14)。

图 5-14　处理器与线程

5.5.2　尚未解决的问题

那有什么问题呢？为什么线程不是性能的圣杯？

简而言之，答案是状态管理。如果两段代码同时在不同的线程上运行，它们仍然需要更新相同的 UI 并使用相同的系统资源。你最终会遇到图 5-15 所示的情况。

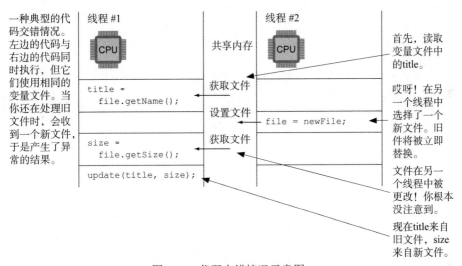

图 5-15　代码交错情况示意图

5.5.3　具有输入和输出功能的函数

我们在前面的示例中看到的情况很糟糕，即使在执行单个代码块时，也不要相信变量会保持不变。这也被称为竞争条件，即两个线程为保留谁的更改而竞争。

解决这一问题的传统方法称为线程锁定。它保护某个变量在使用过程中不被另一个线程访问。这是很好的，但可能会导致性能问题和所谓的死锁。在死锁中，两个线程永远在等待对方完成各自的操作。

在 Java 中，线程面临的挑战也更加严峻：除非将变量声明为 volatile，否则不能保证线程之间的值立即同步。关键词使用的频率是多少？大部分时间其他操作都在线程之间进行。

总之，问题已经够多了。接下来我们看看如何解决它们。

5.6   函数式编程中的线程

函数式编程是一种特殊的编程风格，它的原则是使线程易于执行。FRP 使用其中的一些函数式编程原则。

你已经了解如何使用不可变数据对象进行计算，这样就不会存在另一个线程改变状态或在其他线程中如何更新的问题(见图 5-16)。

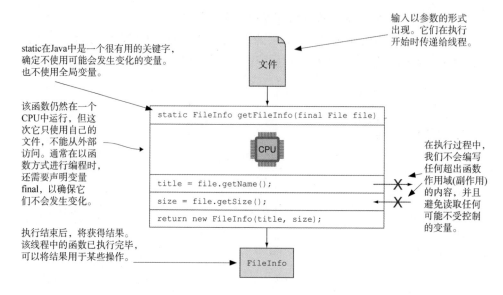

图 5-16   函数式编程中的线程

目的是创建接收输入和产生输出的函数，而不改变其作用域之外的任何变量。

这种函数称为纯函数，有点像数学中的计算。它可以做一些复杂的操作，但关键是要注意，不能影响可能在不同线程中同时运行的其他函数。

纯函数是一个需要理解的重要概念，因为它们是程序中最模块化的构建块。你可以随时随地地调用纯函数，并且知道不会产生不良后果。调用它时也不需要类的实例，在其他场合更容易使用。

5.6.1   反应式函数链

正如你已经看到的，存在一个由这些简单函数组成的链，下一个函数使用上一个函数的输出。CPU(使用线程)成为各个函数的处理行。这些函数只有在完成或开始时才共享信息，因此数据始终保持不变(见图 5-17)。

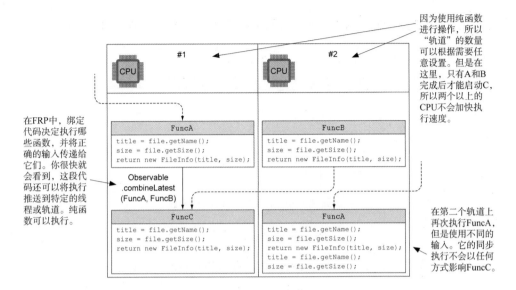

图 5-17　反应式函数链

5.6.2　显示有副作用的结果

但如何处理不可变的数据呢？最后，你希望进行更改吗？

这样就会产生副作用。副作用会导致程序中函数作用域之外的部分发生变化。最常见的副作用是在 UI 中绘图。它也可以是日志记录、网络，甚至是关闭整个应用。

在 RxJava 中，你通常会尝试在 subscriber 中执行所有副作用。也有一些例外，但总的来说最好把副作用推迟到最后。

5.7　使用 getFileListingObservable 更改线程

你之前已经了解过使用 createFileObservable 函数。用一个合适的文件调用它，它会返回一个全新的 observable。

现在，使用文件系统根目录作为硬编码的入口点。

```
final File root = new File(
    Environment.getExternalStorageDirectory().getPath());
```

```
createFilesObservable(root)
    .observeOn(AndroidSchedulers.mainThread());
    .subscribe(this::updateList);
```

5.7.1　线程更改

为了理解线程中执行的代码类型，让我们看一个通用示例。在这里你可以看到自定义函数的列表，它是链的一部分，但不包括 RxJava 样板文件，如图 5-18 所示。

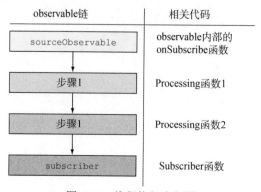

图 5-18   线程执行流程图

你已经见过其他函数，但是 observable 的 onSubscribe 函数是新的。重要的是要注意，它是链的一部分，但是你通常不会自己创建，而是使用一个源，比如按钮 observable 的 click 事件。

使用 RxJava 操作符，可以在任何步骤中随意更改线程。

5.7.2   使用 observeOn 更改线程

你已经看到过 observeOn，但尚未正式介绍。它通常被读取，因为 observeOn 之后的所有操作都位于它定义的线程中。在本例中，确保线程是主线程，如图 5-19 所示。

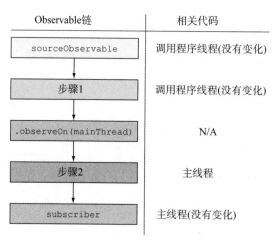

图 5-19   observeOn 更改线程示例 1

图 5-20 所示是 observeOn 的另一个例子，它有两个不同的线程变化：后者覆盖前者。

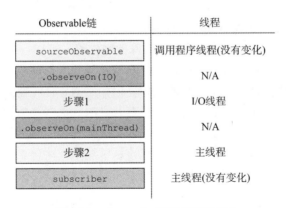

图 5-20　observeOn 更改线程示例 2

5.7.3　使用 subscribeOn 更改线程

但是，如果你想更改 observable 自身的线程，怎么办？在本例中，可以在 I/O 线程上运行文件操作，以避免可能的 UI 阻塞。

答案是 subscribeOn 操作，它定义了这一特定代码的线程。不过，它的工作方式与 observeOn 有所不同：

- observable 的 onSubscribe 函数在 onSubscribe 定义的线程中执行。
- 链中的第一个 subscribeOn 优先。

第二点很重要，尽管有点不直观。你只能定义一次 observable 的线程，所有后续线程都将被忽略。

这里有一个最常见的例子。源 observable 的线程被更改，导致整个链停留在它上面(通常操作不会更改线程)，见图 5-21。

图 5-21　subscribeOn 更改线程示例

最后，返回到主线程，因为无法从 I/O 线程操作 UI。关于线程的一些经验法则如下：

- 在合适的线程(通常是后台线程)中启动链。

- 在 subscriber 之前将线程更改为主线程。

在 RxJava 中，subscribeOn 是一个特殊的操作符，可能会带来一些不便。它在链中没有真正"合适"的位置；它的位置完全取决于应用逻辑。

通常，如果要执行复杂又冗长的操作，例如网络、计时器或者数据查询，那么立即更改源 observable 中的线程有时是有意义的。这些类型的 observable 可以在其他线程中运行，如果需要，消费者可以将线程切换回其他线程。

但是，另一种观点是，所有代码都应该尽可能地模块化，从调用程序的角度支持不同的线程配置。在较低级别的应用中强制执行线程应该只针对开销较大的操作，而不是"防患于未然"。

5.7.4 在代码中使用 subscribeOn

使用新的操作符，我们可以很容易地更改自定义 observable 内部的文件操作线程：

```
createFilesObservable(root)                          ← 确保从 I/O 线程启动链。
  .subscribeOn(Schedulers.io())
  .observeOn(AndroidSchedulers.mainThread());
  .subscribe(this::updateList);
```

注意，只要有一个 subscribeOn，就可以在任何时候定义它。

图 5-22 和图 5-21 类似，不过两者之间没有任何操作。

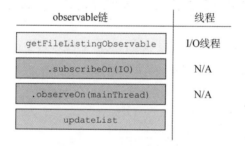

图 5-22　subscribeOn 用法示例

5.8　使文件列表动态化

到目前为止，以硬编码的根目录作为路径对实现没有任何帮助。

```
createFilesObservable(root)      ←                    这里的 root 永远不会改变。
  ...
```

现在就要进行更改，并建立适当的动态链。用户的交互通过反馈到链中来改变所呈现出的选项。

5.8.1 切换到 fileObservable 作为源

因为总是显示单个文件夹中的内容，所以将其用作显示内容的源 observable 似乎是合乎逻辑的。因为当用户单击一个文件时会发生变化，所以它应该是一个 observable。

这里有一个简单的操作流程，首先向用户显示文件系统根目录下的文件和文件夹列表。然后，用户单击文件夹 Instagram，从而更新屏幕上显示的文件列表(见图 5-23)。

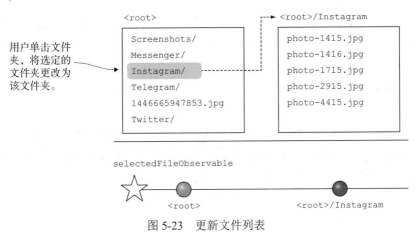

图 5-23 更新文件列表

5.8.2 形成完整的链

最后，链应该如图 5-24 所示。

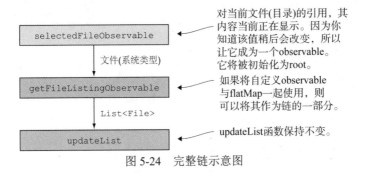

图 5-24 完整链示意图

但是，为了快速开始，可以进行简单的更改：不是将根目录硬编码到函数调用中，而是将其硬编码到一个单独的 observable 中，只输出一个数据项。

5.8.3 Observable.just

在单个数据项中创建 observable 的方法称为 Observable.just。它获取一段数据并返回一个仅输出该数据项的 observable，然后结束。可以用它作为链的起点。

因为要使用源 observable，所以还必须基于新选定的文件夹触发文件操作。使用 switchMap 进行链接，此时，选定的文件夹不会改变，稍后你会了解到。

```
Observable.just(root)
  .switchMap(file ->
    createFilesObservable(file)
      .subscribeOn(Schedulers.io())
  )
  .observeOn(AndroidSchedulers.mainThread())
  .subscribe(this::updateList);
```

还可以在创建 observable 之后立即移动 subscribeOn。它在 switchMap 作用域之外仍然有效，但这样更清楚地表明，你希望将此操作精确地转移到 I/O 线程。

5.9　列表 click 事件

现在来处理列表项的 click 事件以深入研究文件树。因为已经有一个 observable 表示所选的文件，可能还需要在其中插入新对象。该 observable 具有文件系统根目录的初始值，并且在用户单击时发生变化。

在开始实现之前，这里有一个插图(见图 5-25)。

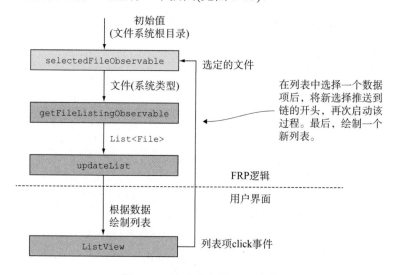

图 5-25　处理列表项 click 事件

我们已经将之前的图形扩展为包含 UI。需要对其中的变化做出反应，并将它们重新插入链中。虚线表示纯程序代码和用户表示之间的边界。从逻辑的角度看，只要获得新选定文件的必要反馈，就不必关注信息的呈现方式。

subject 的第一个实现

像往常一样，我们将首先粗略地实现，以了解必要的条件。然后，进行清理，以使其更健壮，更易于维护。

现在需要的是，在单击列表项时，以某种方式使 selectedFileObservable 输出一个新值。创建的 Observable.just 会输出一个值并结束。

subject

subject 同时是 subscriber 和 observable。这两部分与特定于 subject 的逻辑相关联，确定了当 subscriber 部分接收到通知或者有人订阅了 observable 时会发生什么(见图 5-26)。

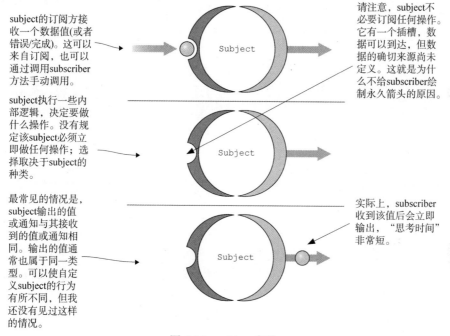

图 5-26　subject 实现

5.10　subject 的不同类型

要了解 subject 实际的工作方式，可以快速浏览一下简化的基类声明。

```
class Subject<T>
    extends Observable<T>        每个 subject 都是具有附加功能的 observable。
    implements Observer<T> {
                                 observer 接口是一个管道，可以在其中抛出通知。
    ,,,
}
```

因为 Subject 类扩展了 Observable，所以可以将其作为一个类使用。另一方面，Observer 接口（与 Subscriber 相同）提供 access 函数。

```
public interface Observer<T> {
  void onNext(T t);
  void onComplete();
  void onError(Throwable e);
}
```

5.10.1　PublishSubject

最简单的 subject 是 PublishSubject。只要输入一个数据项，它就会将该项输出给所有 subscriber。

PublishSubject 有点像事件调度程序：一旦输出事件，它就会消失。新 subscriber 只能看到订阅后出现的通知(通知还包括 onError 和 onComplete)。

`PublishSubject<String> subject =` 　`PublishSubject.create();`	创建一个新 PublishSubject
`subject.onNext("black");`	不向任何人输出值"black"
`subject.subscribe(color ->` 　`log("Color: " + color));`	创建一个订阅，记录 subject 输出的所有值
`subject.onNext("yellow");`	打印"颜色：黄色"
`subject.onNext("green");`	打印"颜色：绿色"
`subject.onComplete();`	完成 observable 并释放订阅

5.10.2　BehaviorSubject

在 FRP 中，行为具有特殊的意义。用我们的术语来说，这是一个 observable，它会在订阅完成后立即为所有新 subscriber 输出最后一个值。有些人认为，在纯粹的 FRP 中，只存在行为。然而，在 Rx 编程中，行为只是一种特殊的 observable，不过非常有用。

BehaviorSubject 类似于一个变量，它保存最后状态并通知新的 subscriber。实际上，还可以使用 getValue()读取它的最后一个状态，但这只应在极端情况下使用，因为它会破坏整个数据流的 observable。

使用初始值初始化

BehaviorSubject 可以像 PublishSubject 一样初始化为空，也可以使用初始值。在以前版本的 RxJava 中，初始值是强制性的，但后来取消了限制(见图 5-27)。

在大多数情况下，最好使用 BehaviorSubject。不使用它的唯一原因是某些事件不会引起状态更改，例如鼠标单击。将最后一次鼠标单击输出给新的 subscriber 是没有意义的。

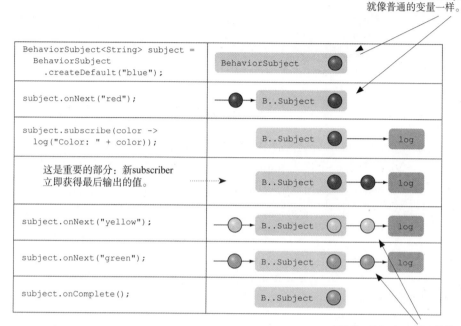

图 5-27 使用 BehaviorSubject 初始化

5.11 使用 subject 作为 FileObservable

在我们看到的两种 subject 中，BehaviorSubject 似乎更适合。总是存在一个选择文件，并且更改它与更改事件不同。

```
BehaviorSubject selectedDir =
    BehaviorSubject.create(root);



selectedDir
  .switchMap(file ->
    createFilesObservable(file)
      .subscribeOn(Schedulers.io())
  )
  .observeOn(AndroidSchedulers.mainThread())
  .subscribe(this::updateList);
```

此时，BehaviorSubject 与 Observable.Just 之前的操作相同。

到目前为止，一切都没有改变。但是接下来，我们将向列表中添加一个监听器，以便捕获对新文件夹的选择。在监听器中，可以将新值推送到 selectedDir subject(见图 5-28)。

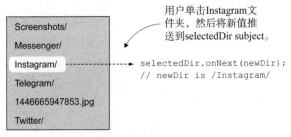

图 5-28　推送新值

　　监听器本身位于自定义适配器中，因此可以跟踪正在显示的 File 值。在 Android 上，View 类有一个名为 tag 的便利属性，包含了所有相关信息。使用它保存对列表项表示的原始数据值的引用。

```
listView.setOnItemClickListener(
    (parent, view, position, id) -> {
        final File file = (File) view.getTag();
        Log.d(TAG, "Selected: " + file);
        if (file.isDirectory()) {
            selectedFile.onNext(file);
        }
    });
```

如果用户单击目录，则更新选定的文件。

　　这就是你现在需要做的。将某个值推送到 subject 时，它会自动触发更新内容的整个链！现在，将之前的更多细节添加到图中，如图 5-29 所示。

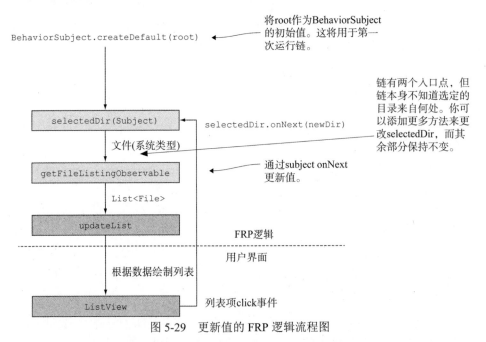

图 5-29　更新值的 FRP 逻辑流程图

　　在这里，"进入"链有两种方式，即 BehaviorSubject 的初始值，以及从列表的 click 监听器事件中调用的 onNext。这两个触发器操作的过程完全相同。

处理不必要数据的原则

如本例所示，一旦进入链，就不再知道所选的目录来自何处。此信息与目录列表的显示方式无关，因此该链的其余部分是不可知的。当我们不需要时，通过立即丢弃不必要的信息，可以编写出更加模块化和简化的代码。

茶歇

你可以尝试自己创建 observable 并使用 subject。一旦掌握了窍门，使用起来就会很简单。

这里有一些练习可以帮助你入门。可以在线找到解决方案：

- 创建一个自定义的 observable，在订阅后 5 秒输出 true(提示：可以使用标准的 Android Handler 类)。
- 为名字和姓氏分别创建一个 BehaviorSubject。设置默认值并订阅打印两者的组合输出。添加按钮供用户从固定选项中进行选择。
- 在链的某些部分添加.doOnNext，并使用 Thread.currentThread().getName()记录当前线程名称。.doOnNext 不会主动加入该链，而仅用于副作用，例如日志记录。当值在图中传递时，对于检查值是很有用的。以下是简要介绍。

使用 doOnNext 记录

Observable.doOnNext 是一个装饰器，它根据输出的项执行操作，但不会以任何方式更改流。它可以被用来引起副作用(不相关也不会影响链的操作)。日志记录项就是一个很好的例子：它在外部系统中产生效果，但不会以任何方式修改值。

可以使用前面的示例并添加日志记录。因为你还没有深入了解这个示例，所以日志只显示根目录。

```
selectedDir
  .doOnNext(dir -> Log.d("Selected dir " + dir))  ◄——  记录选定的目录。
  .switchMap(file ->                                    注意该目录不受日
    createFilesObservable(file)                         志记录的影响。
      .subscribeOn(Schedulers.io())
  )
  .doOnNext(files ->                                   记录在目录中找到
    Log.d("Found " + files.size() + "files"))  ◄——    的文件数量。同样,
  .observeOn(AndroidSchedulers.mainThread())           该列表不受影响。
subscribe(this::updateList);
```

5.12　添加 PREVIOUS 和 ROOT 按钮

现在，可以在该应用中单击文件来深入了解文件层次结构，但是没有回头路！为了解决该问题，我们将添加返回文件系统根目录和父文件夹的按钮(见图 5-30)。

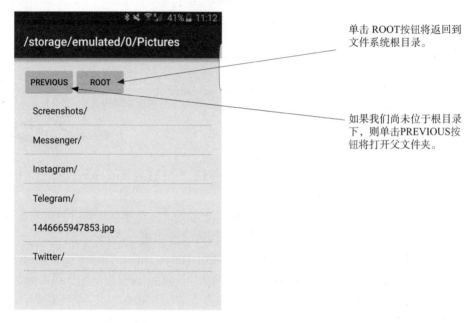

图 5-30　PREVIOUS 和 ROOT 按钮示例

这是相当标准的文件浏览器功能。有些人将文件夹 ... 添加为列表中的第一项，但为清楚起见，我们创建了一个按钮。稍后你可以更改这一功能，不过代码最终会对这个列表项进行大量的特殊情况处理。

5.13　PREVIOUS 和 ROOT 的扩展图

使用这两个新按钮，可以获得链的两个新入口点。思路逐渐清晰起来：你只需要定义一次 FRP 处理管道，然后将所有外部输入连接到该管道。

目前，我们仍然使用 subject 汇总所有目录更改。每当你想要更改所选的目录时，只需要调用 onNext，subject 就会将新值输出到链中。

请注意，图 5-31 是一个闭合循环，仅用于呈现 ListView。对所选目录的更改不会影响 PREVIOUS 和 ROOT 按钮的外观(至少目前不会)。

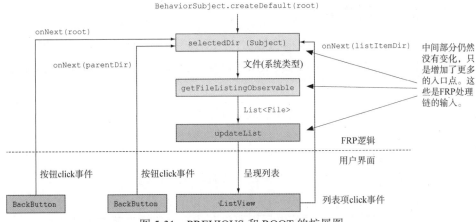

图 5-31　PREVIOUS 和 ROOT 的扩展图

5.13.1　对两个新按钮进行编码

与 ListView 一样，我们将向按钮添加监听器并从中更新 subject。唯一的问题是，如何获取父目录？现在只有一个 subject。

和之前一样，要想解决该问题，需要走捷径。BehaviorSubject 有一种方法来输出其"当前"值，该值通常是它输出的最后一个值。它被称为 getValue()，使用它获取父目录(见图 5-32)。

图 5-32　获取父目录

让我们看看这是如何实现的。使用 RxBinding 库获取两个按钮 observable 的 click 事件。语法看起来有点不同，但此时它只是一个 click 处理程序。

首先是 ROOT 按钮：

```
RxView.clicks(findViewById(R.id.root_button))
    .subscribe(event -> selectedFile.onNext(root));
```

root 变量仍然与你之前使用的相同。在程序执行过程中它永远不会改变，所以可以在 Rx 链中安全地使用。

PREVIOUS 按钮需要使用 getValue()。

```
RxView.clicks(findViewById(R.id.back_button))
    .subscribe(event -> {
        File currentDir = selectedDir.getValue();
        File parent = currentDir.getParentFile();
        selectedDir.onNext(parent);
    });
```

这并不可怕。唯一的特殊之处是它读取了所选目录 subject 的最后一个值，并使用它计算新值。

5.13.2　第一个版本准备好了

就是这样；这个小应用现在可以运行了。它提供了一种返回根目录的快捷方法来浏览设备文件系统。但是这款应用可以变得更简洁，接下来你就会看到。

5.14　更清晰 observable 的改进版本

可以在这里使用一个简单的应用，因为它是有效的。但因为你想要学习如何编写简单且可伸缩的代码，所以需要花一些时间重构代码。

以某种方式构建 FRP 链，并在准备就绪后将其封装，这通常是一个好策略。我所说的封装是指消除可能导致以后出现问题的不一致性。其中包括：

- 读取 FRP 链中的变量(常量没有问题)
- ~~写入 FRP 链作用域之外的变量~~　◀──　即使是粗略的实现，也是不可接受的。从一开始就应该以其他方式完成可能已损坏的代码。
- 将 subject 显示为链的入口点
- 在链中传递不必要的数据
- 进行不必要的.subscribe()调用(通常一个就足够了)

在我们的代码中，显然有第三条和最后一条。这些一致性本身没有错，但通常意味着某些部分并没有模块化。理想情况下，应用的每个部分应该知道得越少越好，并且只有在产生副作用(如 UI 呈现)时才创建订阅。可以检查 ROOT 按钮的代码以了解问题所在。

ROOT 按钮是 File 类型的数据源。它不应该包含关于数据流向(subject)的信息。

```
RxView.clicks(findViewById(R.id.root_button))
    .subscribe(event -> selectedFile.onNext(root));    ◀──
```

代码很简单，但它违反了"知道得越少越好"这一原则。它不需要知道你如何处理数据文件。唯一能做的是使它成为一个 observable。

```
Observable<File> rootButtonObservable
  = RxView.clicks(findViewById(R.id.root_button))
    .map(event -> root);
```

这里还删除了订阅，将其向后推迟。因为只更新了 UI，所以应该能够将所有订阅合并为一个完成全部操作的订阅。

其他输入

我们正在使用 subject 获取快捷方式并将多个输入汇总到其中。但是，更好的做法是为所有输入创建 observable，并使用 observable 工具合并结果，subject 不能跟踪更改的细节(见图 5-33)。

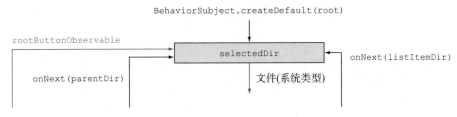

图 5-33　创建输入 observable

如果查看链的输入，则可以识别出缺失的三个使用了同一 subject 的输入 observable。

需要三项：初始值、PREVIOUS 按钮和从列表项选择中获得的值。

列表选择 observable

对于列表选择，可以使用自定义 observable。不需要将值传递给选定的目录 subject，而使用自定义 observable 中的 subscriber。通过这种方式，subscriber 不会被公开，而 observable 则知道输出值的去向。

将监听器封装到自定义 observable 中。将 selectedDir 替换为 emitter。

```
Observable<File> listViewObservable =
    Observable.create(emitter ->
      listView.setOnItemClickListener(
        (parent, view, position, id) -> {
          final File file = (File) view.getTag();
          Log.d(TAG, "Selected: " + file);
          if (file.isDirectory()) {
            emitter.onNext(file);
          }
      }));
```

仍然有一个 onNext，但没有使用外部作用域 selectedDir，从而使代码更加模块化。同样不需要在这里订阅；只是创建一个 observable。

这里只修改了几行代码，但从语义上来说，这是一个很大的变化。你无须订阅 click 事件，而是创建了一个 File 对象源，每当用户单击列表上的某个目录时，这一 observable 就会输出相关文件。

5.15　PREVIOUS 按钮

PREVIOUS 按钮类似于 ROOT 按钮，但有一个不同之处：它的操作取决于选定的目录。这里有一个小循环，因为 selectedDir 最后输出的目录会影响该按钮的行为(见图 5-34)。

这是什么意思？它意味着在本例中，需要 subject 启用这种循环。但仍然可以使用之前创建的 observable 并做出改进。

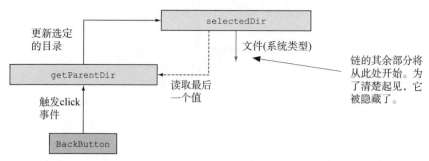

图 5-34　PREVIOUS 按钮操作

backButtonObservable 的代码如下所示:

```
Observable<File> backButtonObservable =
  RxView.clicks(findViewById(R.id.back_button))
    .map(event -> {
        File currentDir = selectedDir.getValue();
        File parent = currentDir.getParentFile();
        return parent;
    });
```

可以看到, selectedDir 仍然存在。使用 .withLatestFrom 操作符可以使代码更美观, 但目前还不能使代码变得更好。后面的章节将介绍操作符, 但是对于两个 observable 来说, combineLatest 是有效的, 其中第二个操作符并不会产生合并项。

5.16　融会贯通

关于 subject, 你尚未了解的一种功能是将其作为 subscriber。循环反应图的编写方法如下:

(1) 声明一个 subject。

(2) 定义依赖于 subject 的 observable(不使用 onNext)。

(3) 将 subject 订阅到所创建的 observable 中。

你一定会这么做的。可以保留 BehaviorSubject 的初始值, 因为无论如何都必须使用一个 subject。

循环图代码

现在可以扩展我们刚才讨论的列表, 并用代码编写它。

(1) 声明一个 subject。

```
BehaviorSubject<File> selectedDir =
  BehaviorSubject.createDefault(root);
```

(2) 定义依赖于 subject 的 observable, 如前所示。例如:

```
Observable<File> fileChangeBackEventObservable =
```

```
backEventObservable
    .map(event ->
        selectedDir.getValue().getParentFile());
```

需要 selectedDir subject 的最后
一个值来标识父目录。

(3) 合并 observable，并将 subject 订阅到合并后的 observable 中。

```
Observable<File> fileChangeObservable =
    Observable.merge(
        listItemClickObservable,
        previousButtonObservable,
        rootButtonObservable);

fileChangeObservable
    .subscribe(selectedDir);
```

这里使用 selectedDir subject 作为 subscriber。
subject 的特殊之处在于它们可以扮演任一
角色。

5.17　详细图

为了结束本章，让我们再画一张图，其中包含了一些解释我们决定的细节。
图或链的所有图都是近似的，根据计划描述的某一方面，你总是会选择包含它(见
图 5-35)。

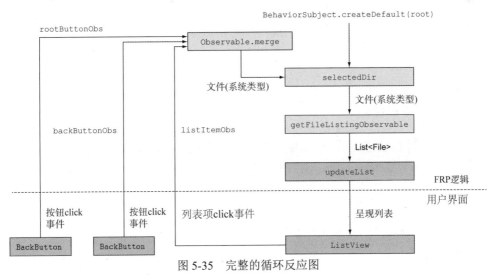

图 5-35　完整的循环反应图

5.18　到目前为止的完整代码

如前所述，在 Android 上，当应用已经运行时，必须请求文件系统访问权限。
这就是为什么除了 onCreate 之外，我们还有另一个包含初始化代码的函数。它被
称为 initWithPermissions。

首先，设置所有必需的 observable 和简单的 ListView。我们还创建了一个用

于生成 listItemClickObservable 的函数，但是代码保持不变。

MainActivity.java initWithPermissions

```
private void initWithPermissions() {
    final ListView listView =
        (ListView) findViewById(R.id.list_view);
    FileListAdapter adapter =
        new FileListAdapter(this,
            android.R.layout.simple_list_item_1,
            new ArrayList<>());
    listView.setAdapter(adapter);

    final File root = new File(
        Environment
        .getExternalStorageDirectory().getPath());
    final BehaviorSubject<File> selectedDir =
        BehaviorSubject.createDefault(root);

    Observable<File> listItemClickObservable =
        createListItemClickObservable(listView);

    Observable<File> fileChangeBackEventObservable =
        backEventObservable
        .map(event ->
            selectedDir.getValue().getParentFile());

    Observable<File> fileChangeHomeEventObservable =
        homeEventObservable
        .map(event -> root);
```

部分代码的反应逻辑

在一切准备就绪之后，可以使用 RxJava 逻辑将 observable 与专用逻辑结合起来。这是 initWithPermissions 函数的结尾。

```
Observable.merge(
    listItemClickObservable,
    fileChangeBackEventObservable,
    fileChangeHomeEventObservable)
    .subscribe(selectedDir);

selectedDir
    .switchMap(file ->
        createFilesObservable(file)
            .subscribeOn(Schedulers.io())
        .observeOn(AndroidSchedulers.mainThread())
        .subscribe(
            files -> {
                    adapter.clear();
                    adapter.addAll(files);
            },
        e -> Log.e(TAG, "Error reading files", e));
}
```

这段代码中没有什么新内容，但是很高兴看到它使用了所有函数。如果你认为函数有太多的依赖项，那么有一个观点：可以拆分它。我们将在第 6 章中研究这一过程，到时候会有一些关于 split 函数的最佳实践。

接下来在本章中，你将会了解如何合理地进行清理。

5.19　保存并释放订阅

像往常一样，我们已经在初始化方法中创建了订阅，比如这段代码。当前我们没有对 subscribe 函数返回的订阅执行任何操作。

```
Disposable subscription = selectedDir
    .subscribe(
        files -> {
            adapter.clear();
            adapter.addAll(files);
        });
```

以前只有内部逻辑，但现在有了一个文件系统的异步操作，即使在关闭活动之后也可以随时结束。

图 5-36 显示了四个步骤来说明这一问题：

(1) 用户在应用中打开一个活动。

(2) 启动异步文件系统操作。

(3) 用户关闭活动。

(4) 异步操作结束并尝试更新不存在的视图。

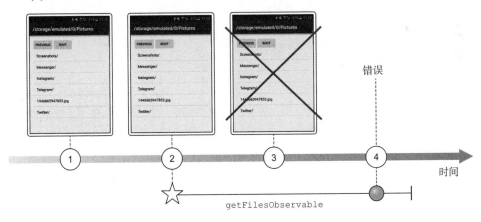

图 5-36　保存并释放订阅

收集订阅

其思想是将所创建的所有订阅保存到一个容器中，然后在活动关闭时释放所有订阅。这里的活动可以是任何具有 onDestroy 方法或类似方法的平台容器。然后由该容器管理在其中创建的任何订阅。

可以使用名为 CompositeDisposable 的类来完成该操作。它能够添加订阅并在完成后清除订阅。这样，当活动被取消之后，就不会再有依赖于它的订阅。

以下是图 5-37 中描述的步骤。使用 CompositeDisposable，可以在活动关闭时结束操作。

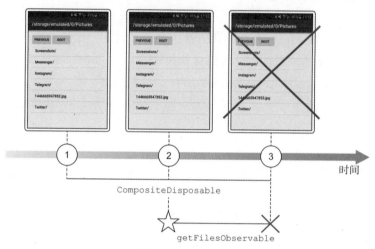

图 5-37　收集订阅

(1) 用户在应用中打开活动

　　—创建 CompositeDisposable

(2) 启动异步文件系统操作

　　—并添加到 CompositeDisposable 中

(3) 用户关闭活动

　　—清除 CompositeDisposable

使用 RxJava 库中的类完成该操作。它有便捷方法可用。注意，它实现了 Disposable 接口，但这里不需要。我们只使用其他方法收集并清除订阅。

RxJava CompositeSubscription

```
CompositeDisposable implements Disposable {
    void add(final Disposable s);
    void remove(final Disposable s);
    void clear();
    ...
}
```

要使用该函数，请创建在活动中使用的 CompositeDisposable：

MainActivity.java

```
private final CompositeDisposable subscriptions =
    new CompositeDisposable();
```

这是一种堆栈，可将该活动生命周期中创建的所有订阅放入其中。它将通过
onDestroy 方法清除，释放所有不再需要的订阅。

MainActivity.java onDestroy

```
@Override
 protected void onDestroy() {
    super.onDestroy();
    subscriptions.clear();
}
```

保存订阅引用

剩下的唯一事情就是保存所创建的订阅。所有反应逻辑都在 initWithPermissions
函数中，当用户接收了文件系统权限之后调用该函数。

MainActivity.java initWithPermissions

```
Disposable selectedDirSubscription =
  Observable.merge(
     listItemClickObservable,
     fileChangeBackEventObservable,
     fileChangeHomeEventObservable
  ).subscribe(selectedDir);


Disposable showFilesSubscription = selectedDir
   .subscribeOn(Schedulers.io())
   .flatMap(this::createFilesObservable)
   .observeOn(AndroidSchedulers.mainThread())
   .subscribe(
     files -> {
       adapter.clear();
       adapter.addAll(files);
     });

subscriptions.add(selectedDirSubscription);
subscriptions.add(showFilesSubscription);
```

这种逻辑并不新鲜；只需要将创建的订阅保存到变量中。在最后两行中，将
它们添加到托管的 CompositeSubscription 中，以便在不需要时释放。请注意，代
码不需要明确知道它们何时被垃圾收集。这是容器及其 onDestroy 方法需要做的。

5.20　关于 subject 的最后说明

subject 是一个有争议的话题：存在各种极端的观点。在纯粹的函数式语言

中，认为 subject 应该被废除，但在 Java 中，它们有时充当传统代码和 FRP 之间的桥梁。

使用 subject 时最大的问题和困惑是，代码中任何访问 subject 的部分都能够向 subject 推送更多的值，要么结束，要么出错。

一般来说，这并不合适，因为它降低了你对代码功能的理解。如果你明确知道值来自何处，那么为什么需要 subject？懒惰是一种借口，但从长远来看，它最终会成为一个糟糕的借口。

但是对于 subject 来说，可以很容易地测试链的工作方式，而不需要太正式的数据源。这有助于尝试使用不同的方法(图 5-38)。

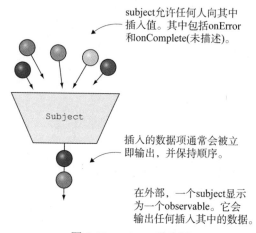

图 5-38　subject 弹珠图

什么时候使用 subject?

使用 subject 的简单规则是，在大多数情况下，有一种更好的方法。

如果在代码中使用了 subject，通常意味着代码还没有结束。仔细考虑数据来自何处，并使用这些 observable，而不是用 subject 公开入口点。

subject 对于快速原型设计很有帮助，但是在了解了程序应该做什么之后，也就是说，知道了是谁在 subject 中放入值之后，请小心用适当的 observable 链替换它们。

5.21　本章小结

本章概述了许多新 subject。你简要了解了如何构造 observable，以及它们内部的工作方式。在编写自己的应用时，这种需求并不常见，但如果希望将现有代码封装到更加模块化的包中，这种需求尤其有用。observable 始终是一个数据源，因此可以很容易地重用。

你还了解了线程以及在 RxJava 中如何进行线程更改。它们是特定于 RxJava 实现的，但通常在任何 Rx 或 FRP 库中都很容易管理线程。这里的关键要点是更改线程，以减少主线程的负载，或者在希望产生副作用(例如更改 UI)时返回到特定的线程。

讨论的最后一个话题是 subject 以及如何在循环图中使用它们。通常，尽量不要使用 subject，因为它们会养成不良的编码习惯，但是在起草解决方案时以及在少数情况下，它们是有用的。如果遇到了其中一种情况，就将 subject 保留在适当位置，同时清理周围的代码。

第Ⅰ部分结束

本书的第Ⅰ部分已结束，你对描述了反应式应用的图形以及如何构建它们应该有了基本的理解。

如果你不了解某些操作符的详细信息，请不必担心，我们将在更复杂的操作符再次出现时重新讨论它们。

此时，最重要的是理解通过定义不同 observable 之间的关系并最终订阅结果来构建反应式程序。这就是所有应用的工作原理。

接下来，你将看到如何使用不同图解决更复杂的问题，同时尽可能保持代码的模块化。我们将开始在更抽象的层次上进行学习，因此，如果你对图的构造感到困惑，请随时学习本部分的内容。

第 II 部分 | RxJava 中的架构

本部分内容

现在你已经有了一定的 RxJava 基础,下面开始讨论更抽象的内容。

RxJava 是一个功能强大的工具,但它需要对数据的输入位置和结束位置进行更多的规划。我们将使用名为视图模型的容器来封装该逻辑。

在第 6 章中,我们将重新构建第 5 章中的示例,从而创建具有明确功能的较小组件。

我们将继续学习反应式架构的其他关键部分:第 7 章中的模型,以及第 8 章和第 9 章中的视图模型。第 II 部分以第 10 章结束,该章介绍了单元测试 RxJava 代码的技术。

"没有准备的人,就是在准备失败。"

——本杰明·富兰克林

第6章 | 反应式视图模型

本章内容

- 使用视图模型和视图
- 在文件浏览器示例中使用视图模型
- 使用视图模型作为视图数据源
- 在 Android 平台上使用视图模型

6.1 视图层

近年来，随着各种架构和范例的出现，UI 编程取得了长足的进步。唯一不变的是将逻辑与呈现分离开来。在实践层面上，通常将确定程序外观的代码放在一个文件中，而将信息显示在另一个文件中。

诚然，界限有时是模糊的，让我们看几个呈现和逻辑的示例。

呈现	逻辑
• 旋转加载程序的尺寸和颜色	• 加载 spinner 的可见性
• 列表项缩略图的位置	• 获取必要数据以显示在列表中的逻辑
• 井字游戏网格上圆圈和叉号的位置	• 决定玩家行为的游戏规则

通常，我们会尝试将这两个功能放在不同的位置(类、代码文件)。呈现部分称为视图。

6.1.1 视图

以下是视图的主要特征:
- 占据可见屏幕的一部分
- 决定如何呈现它包含的像素
- 表示数据处理的端点
- 可以包含轻逻辑,如下拉状态

值得一提的是,视图是图层的通用名称,它表示匹配前面描述的应用的所有组件。

6.1.2 视图和文件浏览器

为了更好地理解视图,看看第 5 章中的文件浏览器示例。在这个例子中,我们使用了一个文件系统 API 来获取文件系统自身的信息,一个处理逻辑的反应式系统,以及一个由按钮和列表组成的 UI。

如果将这三个部分排列在一起,可以看到视图是呈现了文件列表以及按钮的所有 Android UI 组件。在本例中,除了布局之外,你自己的代码并不多(见图 6-1)。

文件浏览器结构的示例

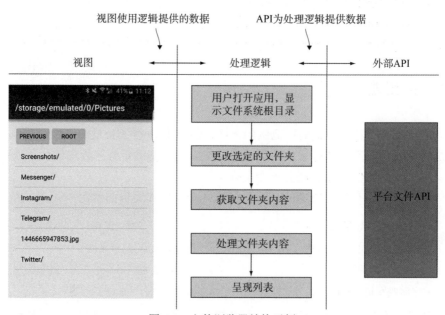

图 6-1   文件浏览器结构示例

通常,视图实际上是你在屏幕上看到的内容。它就像电影放映机的画布,没有它,就没有人能看到电影。

接下来，我们将更深入地了解这些部分在示例应用中的交互方式，然后继续重构代码来体现已定义的功能。

6.2　平台容器

到目前为止，我们一直在方便的文件中编写代码。当代码数量不多时，这没什么问题，但是当代码的行数增加后，复杂性也会随之增加。

就类而言，我们的大多数示例都包含一个 master 类，其中包含了几乎所有内容，以及一个视图布局声明。在 Android 上，这通常是一个静态 XML 文件。

我们将这个容器类称为 owner。它是平台(在本例中为 Android)提供的代码容器(见图 6-2)。

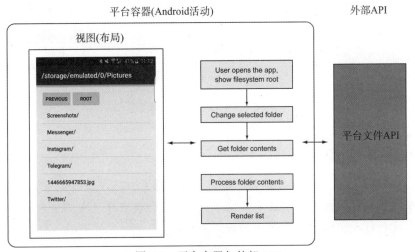

图 6-2　平台容器与外部 API

6.2.1　平台容器的特征

以下是平台容器的主要特征：
- 平台容器由平台操作系统创建和管理。
- owner 可以是应用本身、应用内部的单个屏幕或者屏幕上的独立组件。
- 在 Android 上，owner 通常是 Application、Activity 或者 Fragment。

6.2.2　平台容器的生命周期

稍后我们还会讨论平台容器的生命周期，但应注意的是，通常可以通过重载方法来识别它们。

生命周期采用 onCreate 和 onDestroy 之类的方法，可用于初始化容器以及销毁容器时释放资源。

由于平台是反应式的，因此 onCreate 函数自身包含了所有操作。

onCreate

- 创建要呈现给用户的布局和 UI 组件(创建视图层)。
- 建立必要的反应链和订阅。
- 能够根据到达的数据更新视图(见图 6-3)。

图 6-3　平台容器生命周期

onDestroy

- 取消在 onCreate 函数中创建的订阅。

> **是否总是有平台容器?**
>
> 所有代码都是由平台中的某些程序启动的。即使程序只有一种方法也需要被调用。这种程序在概念上只有一个 create 方法。

6.3　视图模型

随着程序的运行，我们希望将逻辑隔离在它自己的模块中(基本上是一个类)。将这种提取的逻辑称为视图模型(见图 6-4)。

你很快就会明白这意味着什么，但是要理解动机，可以考虑进行单元测试。

单元测试是一段代码，用于测试另一段代码是否执行了预期操作(见图 6-5)。

平台容器总是有点难于测试，因为它们的初始化要求比较高，但因为我们有一个新类，所以在平台容器之外进行测试相对比较容易。

在这里，只需要 ViewModel 类并在单元测试中实例化它。单元测试在这里作为一种容器。

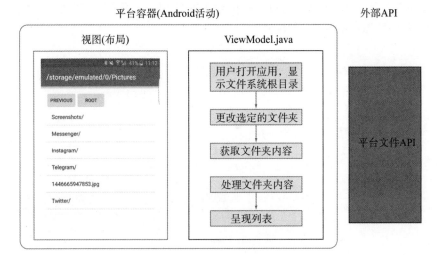

图 6-4　平台容器视图模型

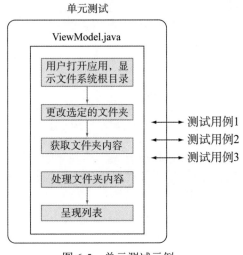

图 6-5　单元测试示例

反应逻辑的依赖项是什么

　　视图模型需要封装运行 UI 所需的全部逻辑。我们将以文件浏览器为例进行说明。

文件浏览器逻辑

　　在文件浏览器中，核心处理逻辑及其专用的输入和输出点都在一个文件中。用户可以选择层次结构中更深层次的文件夹，另一方面，使用 API 检索这些文件夹的列表。

中间逻辑是反应部分，它有不同的输入和输出，通常用箭头表示。内部逻辑在这里与"外界"交互(见图 6-6)。

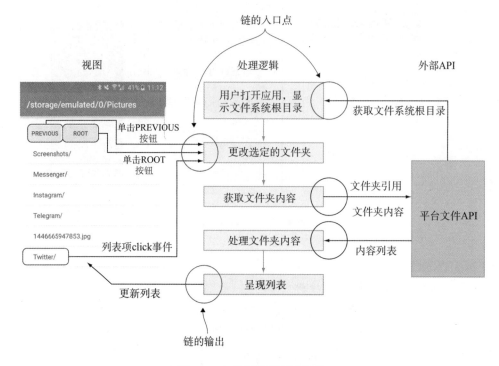

图 6-6　文件浏览器逻辑结构

在 Android 上下文中，通常将所有逻辑和其余的初始化代码放在 Activity 类中。这是可行的。但如前所述，它往往会使类变得很长，并且很难对代码进行单元测试。

现在，我们已经创建了一个新类 ViewModel，它需要接收这些输入并产生所需的输出。

6.4　视图模型的蓝图

从概念上讲，视图模型只不过是一个单独的代码块，它有一个外界定义的(反应式)接口。

不需要对现有的文件浏览器进行大改动，因为逻辑本身是不变的。我们创建了一个新类，并将反应链移入该类中。这个类被称为视图模型(见图 6-7)。

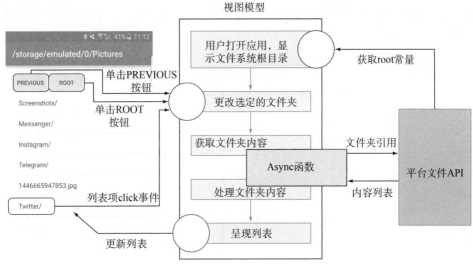

图 6-7　视图模型及其接口

6.4.1　视图模型的特征

视图模型就像一个宝箱，可以将代码最重要的部分放入其中。它是一个容器，包含应用的纯逻辑或核心部分。我们尽最大努力保持它的清晰和安全。

以下是管理视图模型的一些指导原则：

- 不包含对任何平台特定组件的引用
- 尽可能少地公开输入和输出
- 不直接使用代码的外部部分

6.4.2　将现有代码迁移到视图模型中

抽象的概念都很清晰，但如何编码视图模型呢？没有绝对正确的方法可以实现，但通常有一些准则可供参考。

- 视图模型可以接收构造函数参数中的依赖项，其中包括外部 API 的输入源和句柄。
- 视图模型的输出通常是 getter 函数，它返回希望公开的数据 observable。但重要的是，observable 立即输出最后一个值，就像前面介绍的 BehaviorSubjects 一样。
- 通常在视图模型之外更改线程，因为这会增加测试难度。稍后我们将进一步了解。

构造函数参数

将输入传递到视图模型的一种简单方法是使用构造函数参数。这也是一种很好的方法，因为它们在视图模型及其创建者之间建立了一种清晰的关系(见图 6-8)。

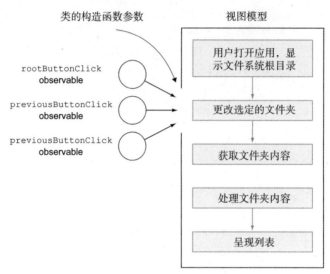

图 6-8　构造函数参数示意图

6.4.3　获取视图模型中的外部数据

要封装文件系统 API 而不直接从视图模型中调用它，可以传递单个 async 函数。每当视图模型中的逻辑需要功能时，就可以调用该函数。async 函数示意图见图 6-9。

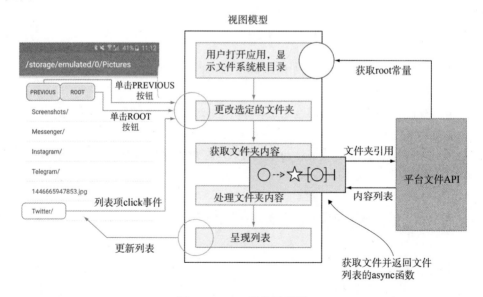

图 6-9　async 函数示意图

getFiles 函数

getFiles 函数获取一个目录(File 类型)，并返回一个 observable，并在操作准备就绪时输出此目录的内容(见图 6-10)。

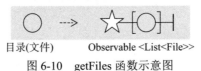

图 6-10　getFiles 函数示意图

你可以在中间部分看到链使用的函数。

可以将函数声明为 Func1<File, Observable<List<File>>类型，并传递给构造函数参数。

6.4.4　视图模型的完整构造函数

使用文件系统 API 函数，可以完全定义依赖项。

还可以将文件系统根目录添加为外部参数，不过它只是变量而不是 observable。在图 6-11 中，圆圈表示依赖项而不是 observable。

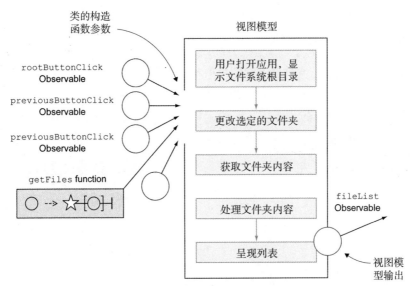

图 6-11　视图模型的构造函数

在这里，可以获取参数并保存它们以备后用。

FileBrowserViewModel.java

```
...

public FileBrowserViewModel(
        Observable<File> listItemClickObservable,
        Observable<Object> previousClickObservable,
        Observable<Object> rootClickObservable,
        File fileSystemRoot,
        Func1<File, Observable<List<File>>> getFiles) {
  this.listItemClickObservable = listItemClickObservable;
  this.previousClickObservable = previousClickObservable;
  this.rootClickObservable = rootClickObservable;
  this.fileSystemRoot = fileSystemRoot;
  this.getFiles = getFiles;
}
```

6.5　连接视图和视图模型

视图模型来源于这样一种思想，即它为视图提供数据或模型。本例中的视图不一定是 Android View 类的实例，而是应用中能够显示数据的任何部分。

视图模型是应用中提供最新数据的部分。

视图模型负责提供初始数据，并在有新数据可用时进行替换。

6.5.1　设置视图和视图模型

首先，我们将创建相互独立的视图模型和视图。有必要记住它们并不真正了解彼此。只要视图能够提供正确类型的数据，通常就不会被绑定到特定类型的视图模型。

这是两者创建之后的描述：它们尚未以任何方式连接(见图 6-12)。

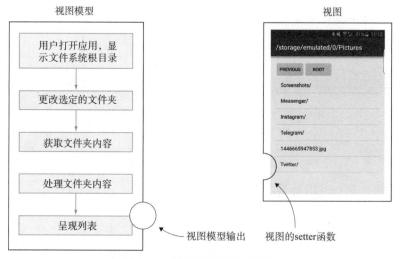

图 6-12　创建视图和视图模型

6.5.2　显示视图模型的输出

在这个应用中，屏幕上只显示选定目录中的文件列表。因此，只需要为此创建一个 getter。

我们想要显示的是 BehaviorObservable，它会立即提供最后一个值以及更新的后续值。

通常最安全的方法是将输出创建为 BehaviorSubject 并为其订阅所需的值(见图 6-13)。

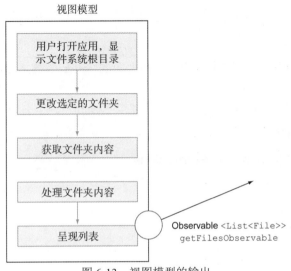

图 6-13　视图模型的输出

FileBrowserViewModel.java

```
private final BehaviorSubject<List<File>> filesOutput
  = BehaviorSubject.create();

...

public Observable<List<File>> getFilesObservable() {
    return filesOutput.hide();Subject.hide()
}
```

确保接收者无法在 subject 中推送更多事件。它曾经被称为.asObservable()。

该 subject 是最终 subject，仅需初始化一次。这确保了订阅该 subject 的任何用户都坚信只要视图模型存在，该 subject 就会保持不变。

6.5.3　将视图模型绑定到视图

有时我们会使用绑定这个词来表示视图模型和视图的特定耦合。在此之前，必须创建具有依赖项的视图模型。

MainActivity.java initWithPermissions

```
FileBrowserViewModel viewModel =
  new FileBrowserViewModel(
    listItemClickObservable,
    backEventObservable,
    homeEventObservable,
    root, this::createFilesObservable
);
```

在这里，我们为视图模型提供了来自 MainActivity 的所有必要操作。createFilesObservable 函数获取一个文件夹并返回其内容列表。使用 lambda 表示法为视图模型提供一个函数引用，以便视图模型可以在需要时调用该函数。

与订阅绑定

接下来，我们将在视图模型的输出和视图的 setter 函数之间创建订阅。确保将线程切换到 UI 线程。

还需要释放创建的订阅。为此，我们将把它们保存在一个名为 viewSubscriptions 的 CompositeDisposable 中。

MainActivity.java initWithPermissions

表示为 Disposable 实例的订阅列表。

```
viewSubscriptions.add(
  viewModel.getFileListObservable()
    .observeOn(AndroidSchedulers.mainThread())
    .subscribe(this::setFileList)
);
```

活动结束后，将释放已创建的订阅。

MainActivity.java onDestroy

```
viewSubscriptions.clear();
```
处理所收集的列表中的所有订阅。

最终得到的是从视图模型到视图的一连串值。视图将成为视图模型的投影。

绑定的基本思想是将数据处理及其表示分离开来。在本章结束时，你将会更深入地了解如何在概念上将应用划分为不同的层。

> **可以在不使用 RxJava 的情况下完成绑定吗?**
>
> 绑定操作不一定是反应式逻辑或 RxJava 的任务; 绑定是一种简单的连接，用于同步视图模型和视图，而不需要进一步处理数据。绑定也可以用另一个库来完成，不过因为我们已经知道了 observable 和 subscriber，所以继续使用它们。
>
> 重要的是需要记住，视图模型的输出应该被视为最终输出，并且不建议在此基础上建立新的反应链。如果需要共享视图模型的某些部分，那么最好共享内部的反应链，而不是将视图模型堆叠在一起以相互依赖(见图 6-14)。

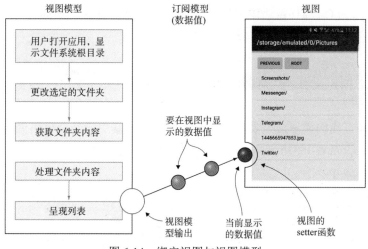

图 6-14　绑定视图与视图模型

6.6　全貌

现在，你可以看到平台容器(视图模型的所有者)的所有功能(见图 6-15)。

- 创建视图模型的依赖项。
- 创建视图模型。
- 在视图模型的公开属性和它们的显示位置(在本例中是 ListView)之间建立连接。

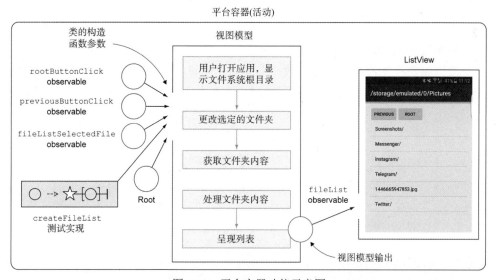

图 6-15　平台容器功能示意图

现在已经可以编译该应用，它运行良好，但列表为空，因为中间部分仍然缺失。既然容器已经准备好了，接下来将放入逻辑。

6.7　视图模型生命周期

接下来，我们需要放入实际的代码。问题是，其中一部分代码创建了我们在 Activity 的 CompositeDisposable 中保存的订阅。例如，这行代码将 getFiles 操作连接到 filesOutput。

```
subscriptions.add(selectedFile
        .flatMap(createFilesObservable)
        .subscribe(filesObservable::onNext));
```

现在，如果移动视图模型中的代码，该如何处理订阅呢？

6.7.1　在视图模型中保存订阅

要管理订阅，向视图模型实例添加另一个 CompositeDisposable，以跟踪它创建的所有订阅(见图 6-16)。

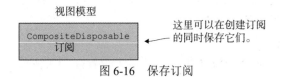

图 6-16　保存订阅

通常情况下，应该遵循以下原则：无论是谁创建了订阅，都要负责清理。在本例中，这就是视图模型。

视图模型 subscribe 和 unsubscribe

我们将在视图模型中添加函数，用来创建订阅并释放它们。这只是意味着我们将推迟订阅的创建，直到调用了 subscribe 方法(见图 6-17)。

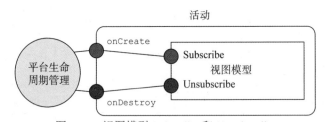

图 6-17　视图模型 Subscribe 和 Unsubscribe

6.7.2　视图模型的代码

如前所述，将有两个函数：一个用于创建订阅，另一个用于释放订阅。

　　对于该逻辑，我们将在视图模型中创建一个名为 subscribe 的新函数。它包含之前 onCreate 主活动中的创建代码。

FileBrowserViewModel.java subscribe 函数

```
public void subscribe() {
    final BehaviorSubject<File> selectedFile =
            BehaviorSubject.createDefault(fileSystemRoot);

    Observable<File> previousFileObservable =
            previousClickObservable
                    .map(event ->
                            selectedFile.getValue()
                                    .getParentFile());

    Observable<File> rootClickObservable =
            rootButtonObservable
                    .map(event -> fileSystemRoot);

    subscriptions.add(Observable.merge(
            listItemClickObservable,
        previousFileObservable,
        rootFileObservable)
        .subscribe(selectedFile));

    subscriptions.add(selectedFile
        .switchMap(getFiles)
        .subscribe(filesObservable::onNext));
}
```

> 这看起来可能有点奇怪，但它意味着希望在用户每次单击 Home 按钮时都输出 fileSystemRoot。

> 这里可以使用所提供的函数。它获取一个文件(文件夹)并异步返回其中的内容。

最复杂的逻辑位于 previousFileObservable 和 merge 函数之间。

　　unsubscribe 函数很短，也可以移到超类中。目前，还没有真正的库用来创建视图模型，而这只是一个需要处理的样板文件。

FileBrowserViewModel.java unsubscribe 函数

```
public void unsubscribe() {
    subscriptions.clear();
}
```

茶歇

尝试创建自己的简单视图模型。

　　制作一个按钮，将背景色更改为随机颜色。可以创建一个新应用，也可以在现有应用中添加一个按钮。

在何处使用视图模型

　　使用视图模型封装从单击到颜色的逻辑。你需要创建一个带有按钮的活动，然后设置一个自定义视图模型。

解决方案

该解决方案包括三部分：作为视图模型输入的按钮、视图模型逻辑以及视图模型中呈现的颜色。创建视图模型后，可以将该颜色"绑定"到整个活动布局的背景色。

让我们从处理初始化的活动代码开始。此处假定已使用 my_button 按钮设置了布局。

颜色随机化使用了一些快捷方法，但你可以随意用更复杂的实现来替换它，甚至可以将其作为 Func0<Integer> 类型的函数参数提供给视图模型。

Activity onCreate：

```
// 初始化视图模型
View button = findViewById(R.id.my_button);
MyViewModel vm = new MyViewModel(
  RxView.clicks(button));

vm.subscribe();

// 绑定要显示的视图模型输出
View contentView = findViewById(android.R.id.content);
subscriptions.add(
  vm.getColor().subscribe(
    contentView::setBackgroundColor);
  )
);
```

视图模型代码稍长一些。保存 clickObservable 并在 subscribe 函数中创建订阅。你可以使用构造函数完成所有操作，因为它是一个简单的视图模型，但通常最好使用 subscribe 和 unsubscribe 方法。

MyViewModel：

```
public class MyViewModel {
  private CompositeDisposable subscriptions
    = new CompositeDisposable();

  BehaviorSubject<Integer> color =
    BehaviorSubject.createDefault(Color.WHITE);

  Observable<Void> clickObservable;

  public MyViewModel(Observable<Object> clickObservable) {
    this.clickObservable = clickObservable;
  }

  public void subscribe() {
    subscriptions.add(
      clickObservable
      .map(event -> getRandomColor())
      .subscribe(color::onNext);
    );
  }
```

```java
public void unsubscribe() {
  subscriptions.clear();
}

private static Color getRandomColor() {
  if (Math.random() < .5f) {
    return Color.RED;
  } else {
    return Color.BLUE;
  }
}

public Observable<Integer> getColor() {
  return color;
}
}
```

6.8　视图模型和 Android 生命周期

我们将对视图模型生命周期进行一次彻底检查。在本例中，我们最终得到了两个独立的 CompositeDisposables：一个位于视图模型内部，另一个用于保留容器在视图模型和视图之间建立的连接。

6.8.1　视图模型 Subscribe/Unsubscribe

调用视图模型 Subscribe 实际上可以使其处于活动状态，它开始处理输入并生成所需的输出。它还可能会触发网络请求来完成操作或者预期的任何操作。

通常，在 onCreate 上调用视图模型 Subscribe，在 onDestroy 上调用 Unsubscribe。我们会一直这样做。

6.8.2　视图模型到视图绑定

在我们的方法中，平台容器(在 Android Activity 或 Fragment 上)将视图模型连接到其表示层，即视图。这可以通过 onCreate/onDestroy 来完成，但使用 onResume/onPause 会更方便。

在 Android 上，有一个"暂停"状态，在这种状态下，我们通常不希望更新视图。但是为了让视图模型处理数据，并在恢复后再次显示这些数据，在本例中，视图模型将在恢复之后立即向视图提供最新的可用数据。

MainActivity.java onResume 函数

```java
@Override
protected void onResume() {
  makeViewBinding();
}
```

MainActivity.java onPause 函数

```
@Override
protected void onPause() {
  releaseViewBinding();
}
```

6.8.3　改进的视图模型生命周期

所需的代码改动并不大。为了清晰起见，将创建视图订阅的代码行放入 makeViewBinding 函数，并将对应的取消订阅的代码放入 releaseViewBinding 函数：

MainActivity.java makeViewBinding 函数

```
private void makeViewBinding() {
  viewSubscriptions.add(
    viewModel.getFileListObservable()
      .observeOn(AndroidSchedulers.mainThread())
      .subscribe(this::setFileList)
  );
}
```

MainActivity.java releaseViewBinding 函数

```
private void releaseViewBinding() {
  viewSubscriptions.clear();
}
```

6.8.4　全貌

可以在之前为视图模型 subscribe/unsubscribe 绘制的图中包含对生命周期的改进(见图 6-18)。

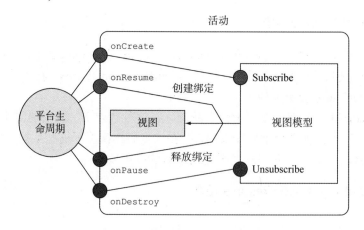

图 6-18　改进的视图模型生命周期

6.8.5　Android 上的视图模型阶段

这一切在实践中意味着什么？你可以看到活动生命周期的不同部分，以及视图模型的变化(见图 6-19～图 6-21)。

1. 起点

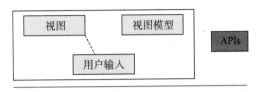

图 6-19　视图模型的初始阶段

2. `Activity.onCreate`:
   `viewModel.subscribe()`

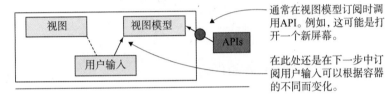

通常在视图模型订阅时调用API。例如，这可能是打开一个新屏幕。

在此处还是在下一步中订阅用户输入可以根据容器的不同而变化。

图 6-20　订阅视图模型并调用 API

3. `Activity.onResume`：绑定视图

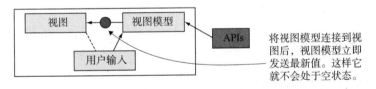

将视图模型连接到视图后，视图模型立即发送最新值。这样它就不会处于空状态。

图 6-21　绑定视图

视图绑定完成后，应用就可以使用了。这里将开始接收用户输入，并且能够随意使用 API(见图 6-22～图 6-24)。

4. 用户使用应用

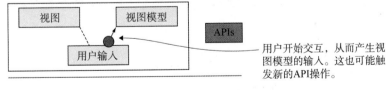

用户开始交互，从而产生视图模型的输入。这也可能触发新的API操作。

图 6-22　使用应用

5. `Activity.onPause`：释放视图绑定

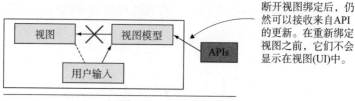

图 6-23　翻译视图绑定

6. `Activity.onDestroy`:
   `viewModel.unsubscribe()`

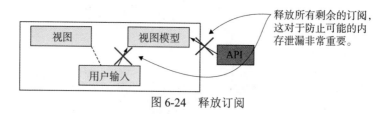

图 6-24　释放订阅

6.8.6　onResume 和 onPause 的代码

在将视图绑定代码放入 onResume 和 onPause 之前，需要更改初始化。目前的问题是 onResume 将在 initWithPermissions 之前被首次调用，因此不会创建视图模型。

可以将视图模型创建代码放入 onCreate 中，并让它处于空闲状态，直到调用 initWithPermissions。在这个函数中，你最终可以使用它的 subscribe 方法来激活视图模型。

推迟视图模型的激活(订阅)

推迟视图模型的激活(订阅)如图 6-25 所示。

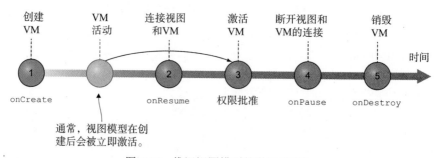

图 6-25　推迟视图模型的激活(订阅)

我们将这个不常用的方法称为 initWithPermissions，但是你可以在视图模型生命周期中很好地利用它。

是否可以改变视图模型的"标准"生命周期？

通常，遵循约定是有意义的，实际上，onCreate 不包含视图模型的订阅方法并不是一个好主意。

但是这里有一个特殊情况，因为在应用继续运行之前，文件权限对话框会阻塞应用它。通过这种方式，可以说生命周期已经被改变了。

6.9　代码的视图关联性

我们已经了解了许多类型的代码：从网络获取数据的代码、在视图中填充列表的代码以及对这些列表进行排序的代码。

这些代码段，包括函数，都有各自不同的功能。就反应式应用而言，你可以大致确定哪些部分仅涉及数据，哪些部分主要向用户显示内容。

从数据(如文件系统信息)开始，将文件名列表放入视图。代码受视图的影响越大，它的视图关联性就越强(见图 6-26)。

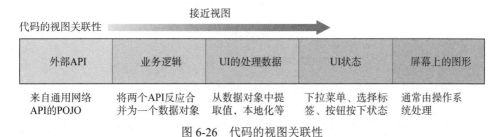

图 6-26　代码的视图关联性

请注意，这绝不是一个确定的范围，并且有时很难将特定的代码段放入其中。一般来说，可以从输入开始，然后进行输出，在此过程中使用不同部分处理数据。

视图的反应式 UI 应用

但是请注意，UI 面向的是视图。它旨在解决和描述视图需求带来的问题(见图 6-27)。

图 6-27　视图的反应式 UI 应用

视图模型的适用范围

如前所述，视图模型是反应逻辑的容器，它包含了从外部 API 最终到视图本身的所有操作。然而，视图模型通常会覆盖一部分视图，其余部分则被视为通用数据/业务逻辑(见图 6-28)。

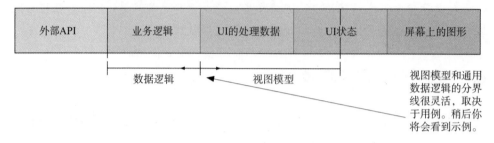

图 6-28　视图模型的适用范围

对于只有一个活动的简单示例，可以更自由地使用该定义，并将所有可用的反应逻辑都放入视图模型中。在后面的章节中，我们会看到支持更细粒度控制的模块。目标始终是保持模块的功能清晰，并且长度较短。

请记住，反应式系统中应用的不同部分只是可以使类更小，并且代码可重用。

表示器

在 Android 平台上，一种名为模型-视图-表示器的架构最近变得很流行。表示器在我们的图中处于什么位置？

在本书的最后一部分，我们将学习更复杂的体系结构，但是一般来说，表示器介于视图模型和视图之间，也可能会和它们重叠。可以将其视为对视图逻辑的改进，能够从平台类(例如 View 或 Fragment)中获取更多功能。

6.10　本章小结

花费大量时间学习了反应链之后，你现在知道了它们的正确位置。在简单的情况下，你会感觉轻松，但是随着代码行数的增加，需要开始关注体系结构。

下一步

本书的这一部分主要探讨如何保持反应逻辑的简洁，并将它与呈现的细节分离开来。在此过程中，你还学到了一些新技巧，但重点是考虑如何构造代码，以确保可变部分增多之后代码不会崩溃。

在第 7 章中，我们将深入研究视图模型，将其作为已经构建的反应链的容器。你还会了解如何以确定性的方式开始测试反应逻辑。

第7章 | 反应式架构

本章内容

- 模型和存储介绍
- 更改文件浏览器以使用模型
- 模型的基本实现
- 使用存储持久化应用状态

7.1 反应式架构基础

你已经了解了如何通过建立反应链来提取 observable 中的数据。但在进一步讨论之前，让我们看看如何在更高层次上以可扩展的方式构建反应式应用。

数据变更、处理数据、呈现

所有现代反应式应用的工作原理大致相同。使用某种数据存储或数据库，可以响应其中的变更(见图 7-1)。

图 7-1　反应式应用处理流程

另一方面，我们有更新数据库的机制。其中包括来自网络的传入数据、用户输入或者从磁盘读取的内容。

注意，在图 7-2 中，只在数据库中存储数据。反应链只处理来自数据库的数据。这听起来具有限制性，但是稍后你会看到最终带来的好处和妥协。

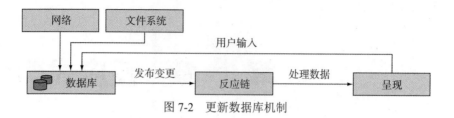

图 7-2　更新数据库机制

7.2　模型-视图-视图模型

如果回到图 7-1，可以看到存储中包含了状态。

那么，中间部分就是反应代码。到目前为止，你只是将代码放在一个容器(如 Activity)中，但现在我们将对它命名，并定义为架构的一个独立部分。

其思想是将反应链从存储和视图中分离出来。从这里开始，我们把呈现部分称为视图，把反应链称为视图模型(见图 7-3)。

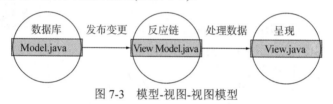

图 7-3　模型-视图-视图模型

7.2.1　拆分类

拆分的原因很简单：我们希望将各个部分解耦到具有明确功能的不同类中(见图 7-4)。

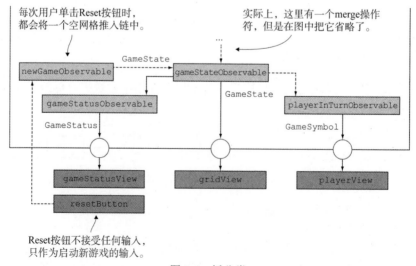

图 7-4　拆分类

7.2.2　模型的内部关系

还可以加入一些对数据库使用者不可见的处理逻辑。这表示了数据库不同部分之间的关系(见图 7-5)。

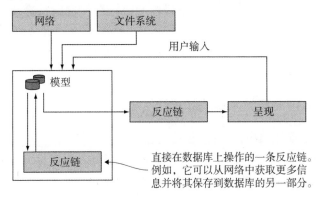

图 7-5　模型的内部关系

稍后你将看到具体的示例，但现在只是为了说明反应链通常为呈现准备数据，或者检索更多的数据。

7.2.3　所说的数据库是真实的数据库吗

UI 应用上下文中的数据库通常不是传统的 SQL 数据库，而是一个用于存储数据的通用术语。

在反应式应用中，实际的数据库通常被称为存储或存储库。该模型实际上可以包含多个数据库(见图 7-6)。

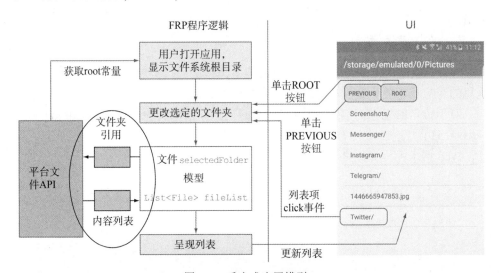

图 7-6　反应式应用模型

7.3 反应模型

现在你已经对架构有了基本的了解，接下来让我们看看如何使用它们。

在 Android 上，目前还没有一个成熟的流行框架可用来进行反应式编程。相反，是从合适的库中获取一些零碎的数据。你已经看到过 RxJava，它是我们计划构建的基础。作为架构不同部分之间的黏合剂，它提供了一种创建处理链的便捷方法。

7.3.1 作为实体存储库的 Web 服务器

为了更好地理解模型的作用，让我们看看 REST 服务器。如果你从互联网上查询数据，总是会需要一个 URL 和一个标识符。但是随着信息的更新，同一 URL 返回的数据会随着时间的推移而变得不同(见图 7-7)。

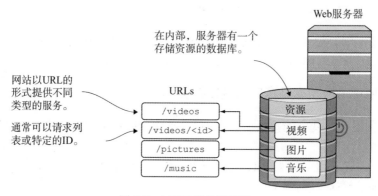

图 7-7　REST 服务器示例

7.3.2 Web 请求流程

Web 服务器可以提供所需要的资源信息。这是通过 URL 结构完成的：例如，这里的客户端想要一个(潜在的)所有视频的列表。

对于特定的视频，例如 ID 为 2514 的视频，请求类似于 www.manning.com/videos/2514。

Web 请求流程如图 7-8 所示。

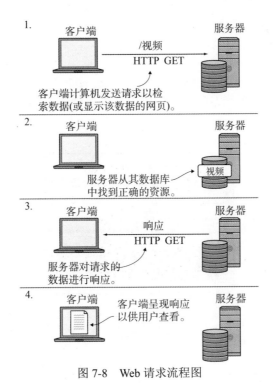

图 7-8　Web 请求流程图

7.3.3　Web 服务器的模型

你可能会认为："我已经知道了 Web 的工作原理。"修订 Web 基础是为了找到与存储相关的部分。实际上，该存储就像应用内部的一个小型 Web 服务器。接口如下所示：

```
interface VideoModel {
  public Observable<Video> getVideo(int id);
  public Observable<List<Video>> getVideos();
  ...
}
```

我们稍后再讨论细节，如果 observable 很复杂，请不要担心。

如果用图 7-9 表示，右边是模型，左边是访问它的方法。模型内部是存储。

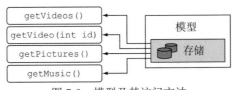

图 7-9　模型及其访问方法

7.3.4   模型在哪里

尽管我们只是在讨论物理 Web 服务器，但该模型实际上是一个设备内部的实例。

在某种程度上，通过以下方式创建它(见图 7-10)。

```
Model model =
    new Model(...);
```

图 7-10   模型创建示例

7.3.5   实体存储库的模型

如果将 Web 服务器和模型进行比较，你会发现相似之处：它们都有数据库和用于访问该数据库的 API(见图 7-11)。

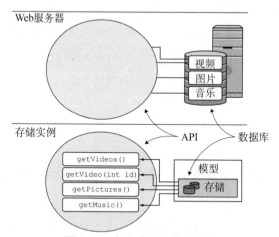

图 7-11   实体存储库模型示例

但是请注意，我们的思维模式纯粹是在抽象层面上：模型只是应用内部的一个实例。

如果回到反应式应用，则可以将所有数据都放入一个设备中。逻辑和存储可以通过调用函数直接进行交互。

可以想象一个提供特定类型数据的单例存储。我们将公开 observable 以便跟踪变更。这进一步扩展了我们对存储的认识，并且会在本书中继续使用这一概念。

7.4　从模型中检索数据

如果查看访问模型的过程，则可以大致确定一个序列，其中逻辑需要数据以请求 observable，然后订阅它(见图 7-12)。

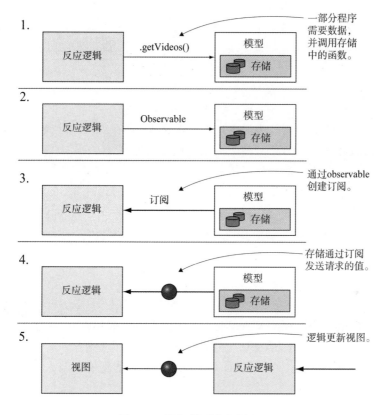

图 7-12　访问模型流程图

这些你都已经见过了，很好。关键是将模型定义为可预测的 observable 源，也就是数据。它是一个通用资源容器，可以随时从中请求最新的数据(以及对数据的更新)。

作为"客户端"的一段代码

从模型中检索数据的场景与我们使用服务器的情况相似，但是逻辑现在作为客户端。存储的任务是提供数据，仅此而已。

在反应式应用中，我们经常提到"单一事实来源"原则。这意味着应用的任何部分都需要获得最新和最正确的数据(见图 7-13)。

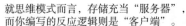

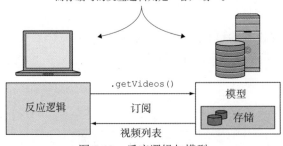

图 7-13　反应逻辑与模型

单例模式不是很糟糕吗?

建议你一般不要使用单例模式，或者至少不要过度使用。的确，它们通常不会采用良好的编程原则，尤其是与静态成员结合时。

但是对于存储来说，单例模式在概念上很重要。与通过单个 URL 访问 Web 服务器的方式相同，一个存储只有一个访问它的引用。

背后的原因很简单: 在任何给定的时间，特定资源有且只有一个正确的版本。存储不使用通用单例(或者类似单例)实例是自找麻烦。

茶歇

尝试构造一个简单的 VideoModel，它允许添加视频以及订阅并返回作为 observable 添加的所有视频的完整列表。只需要提供完整的列表流，而无须排序或删除重复项。

让它作为接口:

```
interface VideoModelInterface {
    void put(Video video);
    Observable<List<Video>> getVideoListStream();
}
```

提示: 可以使用 BehaviorSubject 作为内部存储机制来保存最新值并公开 observable。

解决方案

为了了解模型的含义，该示例在接口中隐藏了 BehaviorSubject 的实现。

VideoModel.java

```java
public class VideoModel implements VideoModelInterface {
    private BehaviorSubject<Video> videoList
        = BehaviorSubject.createDefault(new ArrayList<>());

    public void put(Video video) {
        List<Video> updatedList
            = new ArrayList(videoList.getValue());
        updatedList.add(video);
        videoList.onNext(updateList);
    }

    public Observable<List<Video>> getVideoListStream() {
        return videoList.hide();
    }
}
```

BehaviorSubject 是模型中第一个容易实现的机制。它可以提供流并存储最后一个用于更新的值。

复制前面的列表，并在末尾追加新项目。在现实生活中，你可能需要根据视频 ID 来维护地图。

确保 subject 不会在 VideoModel 之外显示。

7.5　修改文件浏览器

为了理解这一切意味着什么，可以重新查看之前使用过的文件浏览器。这是我们所绘制的 FRP 图(见图 7-14)。

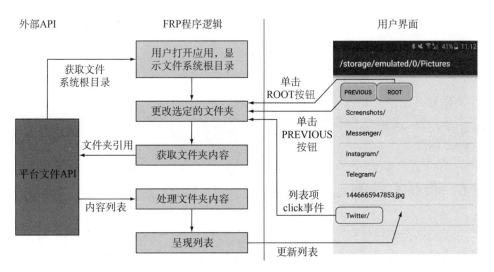

图 7-14　文件浏览器 FRP 图

用户可以进入文件夹中浏览文件列表。选定的文件夹表示用户的当前位置。

另一方面，根据当前位置，可以获得呈现给用户的文件列表。ListView 中会显示，也可以转到根目录或父文件夹(如果没有在根目录下的话)。

具有模型的文件浏览器图

首先，向文件浏览器添加一个小模型。该模型提取需要处理的状态，并将其封装到合适的容器中(见图 7-15)。

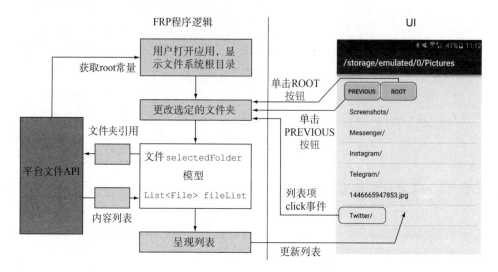

图 7-15　具有模型的文件浏览器图

虽然图 7-15 中有很多箭头，但更重要的是关注存储位置，它不是反应逻辑的一部分，而是它的源和目标。

拆分链

反应链已在存储中被拆分。这是有意为之的一件好事，因为各个部分之间并不相互依赖。

7.6　构建文件浏览器的模型

我们不会使用任何正式框架，但是你将开始自己构建存储。在 Android 上，通常最好从小规模开始，必要时加入库，因为最简单的模型很容易实现。

7.6.1　现有的文件浏览器视图模型

在文件浏览器中，状态有两个主要的 observable：选定的文件(文件夹)和该文件夹中的文件列表。在视图模型中，根据 selectedFolder 计算出 fileList，从而链接这两个 observable(见图 7-16)。

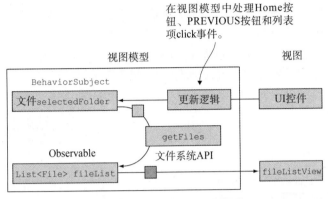

图 7-16 文件浏览器视图模型

现在你要做的是将一些逻辑移出视图模型并移入模型中。通过这种方式，可以重用它。

视图模型和模型之间的界限在哪里？

把代码放在哪里更多的是关于(a)将功能相似的代码分组在一起，并(b)确保一个文件中没有太多代码。在这里，视图模型访问的是文件系统 API，它是一个相当低的层次，用于在更具体的模型中处理视图模型之外的低级操作。

但是没有硬性规定，通常视图模型和模型之间唯一的真正区别是视图模型直接连接到视图。

7.6.2 将状态从视图模型移入模型

将所有状态从视图模型移入模型。这包括选定的文件夹和生成的文件列表(见图 7-17)。

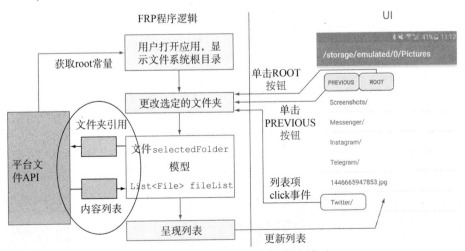

图 7-17 将状态从视图模型移入模型

但是模型的两个部分之间也存在依赖项。选定的文件夹和文件列表不会直接连接到模型之外的任何部分。

这意味着你也可以将这部分从视图模型中删除，然后将其移入模型中。对于逻辑而言，这是一个更好的位置，因为它与视图没有太多关系。

因此，我们提出的架构将是一个分工明确的模型-视图模型-视图(见图 7-18)。

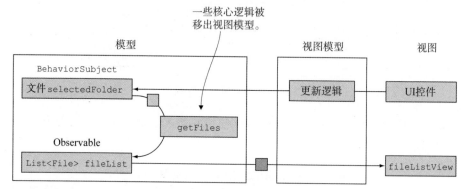

图 7-18　模型-视图模型-视图

7.6.3　FileBrowser 模型实现

现在，你可以在代码中定义模型。需要设置用户选择的某个选定文件夹，并将其链接到内容列表的输出。

```
public class FileBrowserModel {
  private final BehaviorSubject<File> selectedFile
    = BehaviorSubject.createDefault();
  private final Observable<List<File>>
    filesListObservable;

  public FileBrowserModel(
    File fileSystemRoot,
    Function<File, Observable<List<File>>>
      getFiles) {
    filesListObservable = selectedFile
      .switchMap(file ->
        getFiles.apply(file)
        .subscribeOn(Schedulers.io())
      );
  }

  public Observable<File> getSelectedFile() {
    return selectedFile.hide();
  }

  public void putSelectedFile(File file) {
    selectedFile.onNext(file);
  }
```

该模型将 selectedFile 作为一个迷你"存储"包含在内。视图模型中的 BehaviorSubject 被移到这里。

这里省略了错误捕获；可以在在线示例中看到完整的代码。

不能直接在模型中显示 subject。它可以完全控制数据的呈现。

之所以说 put 而不是 set，是因为语义：不是"设置"所选文件夹的值，而是"推送"另一个值来替换它。

```
public Observable<List<File>> getFilesList() {
    return filesListObservable;
}
}
```

注意，模型更多的是一种外观模式，而不是一个逻辑容器。该模型结合了不同的数据容器(例如 BehaviorSubject)来存储所有的应用状态，并且可以定义它们在低级抽象层次上的交互方式。

7.7　使用模型

最初转换到模型并不太复杂：选择使用行为模式，并替换为相应的模型方法。但如何在视图模型中使用模型呢？模型是谁创建的？

7.7.1　创建模型

在何处创建模型取决于谁需要使用它以及它需要存在多长时间。在本例中，只有一个 Android 活动，因此可以在其中创建模型。不应该在视图模型中创建模型，那样会很奇怪，因为视图模型是它的使用者，而不是所有者。活动(所有者)建立连接(见图 7-19)。

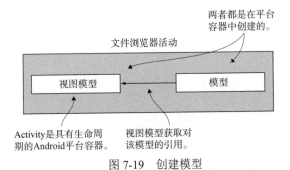

图 7-19　创建模型

就代码而言,可以使用 MainActivity 的 onCreate 函数将视图模型连接到模型(稍后将在 initWithPermissions 中激活视图模型，因为首先需要请求文件系统特权)。

MainActivity.java onCreate

getFiles 函数已从视图模型移入模型。视图模型不再具有直接引用。

```
fileBrowserModel =
    new FileBrowserModel(this::createFilesObservable);


viewModel = new FileBrowserViewModel(
    fileBrowserModel, listItemClickObservable,
    backEventObservable, homeEventObservable,
    root
);
```

7.7.2 更新视图模型中的模型

现在不需要在内部运行逻辑，而是需要更新模型。这并不常见，有时可以限制视图模型看到的模型。但是，在我们的简单示例中，将不再使用 Java 接口，而是传递整个模型。

视图模型中的代码变更

让我们首先看看行为 subject 的旧代码。它使用 selectedFolderSubject 进行计算，并返回结果。

```
// 初始化代码中的某个位置
BehaviorSubject<File> selectedFolderSubject = ...;
...
Observable.merge(
        listItemClickObservable,
        fileChangeBackEventObservable,
        fileChangeHomeEventObservable)
        .subscribe(
          selectedFolderSubject::onNext
        );
```

这里的代码汇总了所选文件中的所有可能的变更。你可以使用模型：

```
// 初始化代码中的某个位置
Observable<File> selectedFolder
  = fileBrowserModel.getSelectedFolder();
...
Observable.merge(
        listItemClickObservable,
        fileChangeBackEventObservable,
        fileChangeHomeEventObservable)
        .subscribe(
          fileBrowserModel::putSelectedFolder
        );
```

这将创建从视图模型到模型再到视图模型的循环。

7.7.3 从视图模型中删除逻辑

该模型是一个双向系统，因此模型中使用了值的部分还会发生变化。这里，我们开始看到在输入和输出之间出现了一种新的划分，它们最终是反应式编程中独立的关注点，应该保持合理的分离。在视图模型中，它们不直接交互(而是通过模型交互)。

以下是视图模型中包含 subject 的旧代码：

FileBrowserViewModel.java subscribe 方法

```
subscriptions.add(selectedFile
  .switchMap(file ->
    getFiles.apply(file)
      .subscribeOn(Schedulers.io())))
```

视图模型现在成为该模型的使用者。它仍然位于模型和视图之间，但在本例中，它只将文件传递给视图。这里可以添加与数据表示相关的本地化等功能。

FileBrowserViewModel.java subscribe 方法

```
subscriptions.add(fileBrowserModel.getFilesList()
    .subscribe(filesSubject::onNext));
```

将功能移植到模型中非常容易，但这只在早期完成的情况下适用。随着代码量的增加，使用模型的难度也随之增加。

应该将所有状态都放入模型中吗？

至少将应用中共享的数据放入单独的模型实例中是有用的。这样可以更容易地跟踪谁有访问权限以及所要访问的内容。但并非模型实例中都必须包含每个步骤或状态，我们将在本章后面讨论有意义的做法。

7.8 模型及其使用者的规则

你已经看到了一个模型，让我们列出一些处理这些模型时应该遵循的原则。这些原则适用于所有反应式框架，不过模型的数量和各自的更新机制并不相同。

7.8.1 模型是事实的唯一来源

该模型指的是整个数据层，必须始终只有一个正确的位置才能获取数据。

7.8.2 模型首先提供最新值

模型允许新 subscriber 尽快获得最新信息。通常，模型使用内部存储来缓存以前的值，并立即将它们提供给新 subscriber。

7.8.3 模型的所有使用者都必须准备好接收更新

关键是，如果你使用模型中的数据，则必须准备好处理模型稍后推送的更新。通过这种方式，理想情况下，当新数据可用时，应用的任何部分都会进行更新。

模型中的存储可以是 SQL 数据库吗？

除了将模型内容保存在应用内存中之外，我们还可以使用能够在另一种介质(比如设备上的本地 SQLite 数据库)上持久保存模型内容的存储。是否直接使用数据库取决于其性能，但是作为一种抽象，存储可以相当容易地更改持久性策略。

Google Firebase 甚至正在尝试将数据库透明地同步到远程服务器。

可以认为 Android 上的 ContentProviders 是存储，不过我们仍然希望将它们封装到存储接口/observable 中。

7.9　事实的唯一来源

在这些原则中，第一个原则是反应式架构的基石：存储总是有最新的数据。但这意味着什么呢？

7.9.1　模型是应用的维基百科

几年前的问题都能在维基百科上找到答案。

同样，在应用内部，模型可以提供最新版本的数据。如果你再次查看该问题的答案，数据可能已经更新，因此已有的版本会过时，但是可以随时随地查询最新数据。

如果你想了解关于吃胡萝卜的最新健康建议，可以打开维基百科上关于这一话题的页面(见图 7-20)。

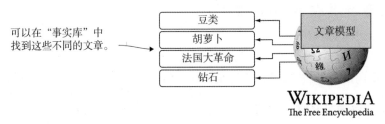

图 7-20　维基百科应用示例

对事实的认同

反应式存储的好处是，你不需要经常去检查数据是否已被更改。然而，在我们的模型中，可以订阅并保持最新的数据(事实)。

茶歇

BehaviorSubjects 非常适合进行内部实现，但有时需要更细粒度的控制。在本练习中，请查看模型实现是否相同，但在 selectedFolder 中使用 PublishSubject。

解决方案

你也可以在网上找到解决方案，但我们将在这里进行介绍。从 BehaviorSubject 开始：

```
private final BehaviorSubject<File>
    selectedFolder = BehaviorSubject.createDefault();
```

　　该 subject 有两个功能：它向所有 subscriber 发布更新并缓存最后一个值(可通过 selectedFolder.getValue()访问)。但是，因为你希望获得更多的控制，所以需要将其替换为 PublishSubject 和单独的缓存值。因此，BehaviorSubject 分为两个部分。

FileBrowserModel.java

```
private final PublishSubject<File>
   selectedFolderSubject = PublishSubject.create();
private File selectedFolder = null;
```

selectedFolder 的默认值是 null，而 BehaviorSubject 的默认值是未定义的，但是你很快就会知道如何进行处理。

保存最后一个值

接下来要做的是保存最后一个值并发布更新。

```
public void putSelectedFolder(File file) {
   selectedFolder = file;
   selectedFolderSubject.onNext(file);
}
```

使用初始值公开 getStream

当有人请求 observable 时，就需要进行变更。仍然可以使用 selectedFolderSubject.hide()获取一系列值。但是要获取缓存的值，首先需要将其添加到数据流中。使用.startWith 操作符来完成，它在 observable 的开头添加给定的值。

```
public Observable<File> getSelectedFolder() {
   if (selectedFolder == null) {
      return selectedFolderSubject.hide();
   }

   return selectedFolderSubject.hide()
      .startWith(selectedFolder);
}
```

与之前的 BehaviorSubject 相比，该实现过程略有不同。如果有人稍后订阅了该 observable，那么即使它在此期间发生了变化，仍然会首先得到相同的 selectedFolder。

延迟订阅 getSelectedFolder observable(见图 7-21)

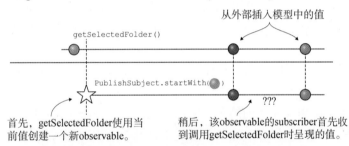

图 7-21　延迟订阅 getSelectedFolder observable

缓存最新值

最后要做的是在接收到最后一个值时将其保存。保存它以备将来使用，然后发布给以前的所有 subscriber。

```
public void putSelectedFolder(File file) {
    selectedFolder = file;
    selectedFolderSubject.onNext(file);
}
```

这两个操作的顺序并不是非常重要，不过在该实现中它不是线程安全的。可以从这两行代码之间的另一个线程调用 getSelectedFolder，这会产生意外的结果。例如，在生产代码中，可以使用同步块对执行进行排队。

7.9.2　使用显式缓存的好处

对于缓存中的单个项目(所选文件夹)，我们修改后的策略似乎并没有太大用处。但对于更复杂的需求，它可能很有用。

如果缓存值没有绑定到单个 BehaviorSubject，则可以执行不同的操作。

- 通过将缓存值设置为 null 来清除缓存值。
- 为不同类型的更新(单个项目、完整列表等)创建 PublishSubjects。
- 通过返回自定义 observable 来定义"最后一个值"策略。

> **直接保存缓存值不是很糟糕吗？**
>
> 在反应式编程中，你确实尝试将所有值都作为 observable。
>
> 但是状态总是在"某处"，有时需要同步访问才能更新它。通常在模型或模型内部的存储来查找它。
>
> 但请注意，缓存的值通常不会直接显示。你希望让模型的客户端处理更新，因此即使已经缓存了值，通常也只能提供一个 observable。缓存的值成为内部实现细节。

7.10　持久化应用状态

要了解将状态与逻辑隔离的动机，可以扩展"文件浏览器"应用以在磁盘上保留状态。为了了解如何实现，让我们再来看一下模型，这次我们已经有了关键状态(见图 7-22)。

问题在于，初始化应用需要哪些信息？答案是重新加载应用时要保持的状态。

答案取决于应用，在我们的例子中，它是一个文件浏览器。因为你只显示了一个目录，所以只需要保存它，并且当应用打开时，内容列表会自动重新计算。

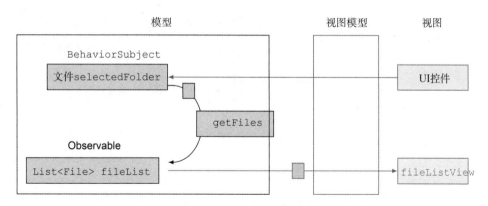

图 7-22 有了关键状态

7.10.1 原子状态

该名词的含义是无法通过其他原子状态进行计算。所选文件夹中的文件列表不是原子状态，因为我们始终可以通过 API 再次检索它(见图 7-23)。

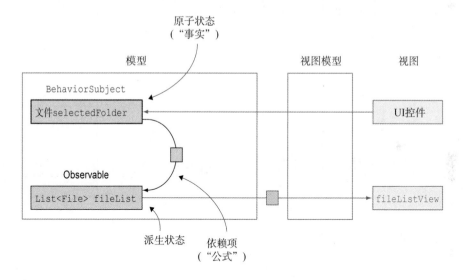

图 7-23 原子状态

7.10.2 保存模型状态

首先，尝试在 selectedFolder 发生变化时保存它。可以通过在 BehaviorSubject 输出新值时进行“快照”来完成该操作。该值被写入磁盘上的文件(见图 7-24)。

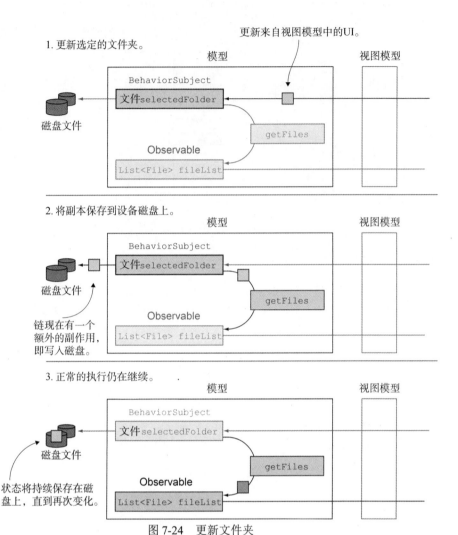

图 7-24　更新文件夹

7.10.3　保存模型状态的代码

在 Android 上，保存状态的简单方法是使用 SharedPreferences。ContentProvider 是一种更具扩展性的方法，但在很多方面，样板代码的数量是不合理的。

使用 SharedPreferences

你希望在 selectedFolder 文件路径变化时写入该路径的副本。要做到这一点，可以订阅一个执行该操作的函数。

FileBrowserViewModel.java

```
public FileBrowserModel(
    Function<File, Observable<List<File>>>
```

```
    getFiles,
  SharedPreferences sharedPreferences) {
selectedFolder
  .observeOn(Schedulers.io())
  .subscribe(folder ->
    sharedPreferences.edit()
      .putString(
        SELECTED_FOLDER_KEY,
        folder.getAbsolutePath()
      )
      .commit());
...
```

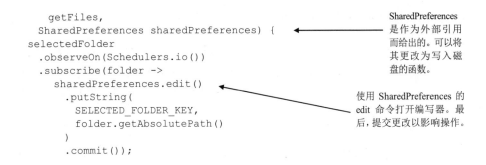

SharedPreferences 是作为外部引用而给出的。可以将其更改为写入磁盘的函数。

使用 SharedPreferences 的 edit 命令打开编写器。最后，提交更改以影响操作。

这与 Android 上保存的捆绑状态有何不同？

在 Android 上，确实有一种平台方法可以在应用关闭时保存其状态。但是在 UI 容器中持久化状态(例如活动或片段)是有问题的。通常，应用的许多部分共享相同的状态，正如模型中定义的那样，在这种情况下，持久化将被复制。

对于 Android 上的反应式应用，最好完全禁用平台修复。如果操作正确，那么当现代设备上的应用启动时，重新创建模型状态的视图层次结构不会太复杂或者太慢。

7.10.4　启动时加载模型状态

启动时加载模型状态的流程图如图 7-25 所示。

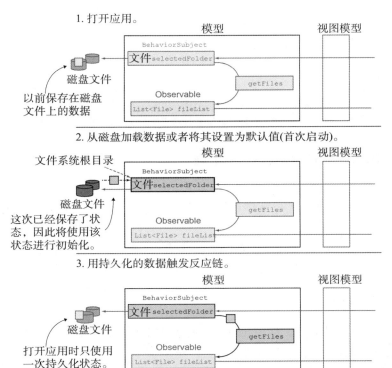

图 7-25　启动时加载模型状态的流程图

7.10.5　加载模型状态的代码

对于读取初始状态的代码，可以将其添加到 FileBrowserModel 构造函数的开头。如果磁盘上没有可用的值，还需要传递所选文件夹的默认值。

getString 函数的签名允许在第二个参数中定义默认值，因此可以在这里使用。

```
SharedPreferences.getString(
   String key, String defaultValue);
```

使用所添加的代码，构造函数的开头首先加载状态，然后继续初始化其余部分。

当BehaviorSubject立即输出值时，这段特定的代码将产生一个额外的写操作，但因为它不会引起循环，所以我们将保留它作为进一步的改进。

FileBrowserModel.java

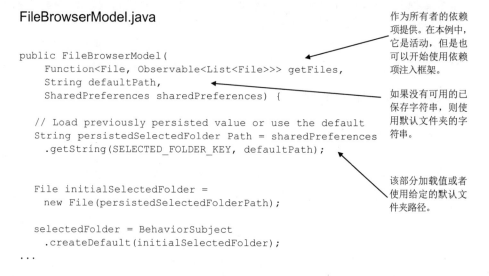

```
public FileBrowserModel(
   Function<File, Observable<List<File>>> getFiles,
   String defaultPath,
   SharedPreferences sharedPreferences) {

   // Load previously persisted value or use the default
   String persistedSelectedFolder Path = sharedPreferences
    .getString(SELECTED_FOLDER_KEY, defaultPath);

   File initialSelectedFolder =
    new File(persistedSelectedFolderPath);

   selectedFolder = BehaviorSubject
    .createDefault(initialSelectedFolder);
...
```

作为所有者的依赖项提供。在本例中，它是活动，但是也可以开始使用依赖项注入框架。

如果没有可用的已保存字符串，则使用默认文件夹的字符串。

该部分加载值或者使用给定的默认文件夹路径。

7.11　BehaviorSubject 和存储

你可能还记得我提到过模型使用存储来保存数据。那为什么不在这里使用呢？

由于你已经使用 BehaviorSubject+SharedPreferences 创建了一个简单的临时存储。

简单的单值存储

也许可以通过 BehaviorSubject 和磁盘备份来构建 Android 上最精简的持久化存储(见图 7-26)。

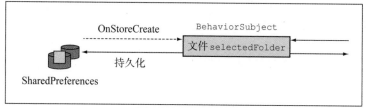

图 7-26 单值存储

你所拥有的实际上是一个迷你存储，可以将其封装到自己的类中。在后面部分，我们将看到一个示例实现。

你需要更好的存储吗?

在本部分中，我们将继续使用轻量级的存储。原因是存储实现不会对应用的其余部分产生太大影响，稍后你可以实现完整的架构并更改存储。

只要文件系统能够满足需要，并且不需要在进程之间共享状态，那么这些类型的存储就没有问题。我们将在本书的后面部分探索"更复杂"的存储。

7.12 简单的 SharedPreferencesStore

有很多种类型的存储，但这里我们将创建一个进程内部的存储(不需要在 Java VM 之间共享数据的小部件或其他部分)。它只支持单个值：在我们的示例中，是选定的文件夹。

我们将在后面章节中研究更复杂的存储，但本章主要研究的是封装。

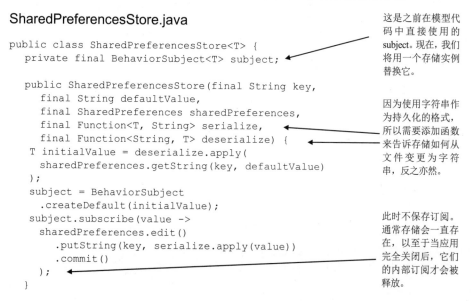

SharedPreferencesStore.java

```
public class SharedPreferencesStore<T> {
  private final BehaviorSubject<T> subject;

  public SharedPreferencesStore(final String key,
    final String defaultValue,
    final SharedPreferences sharedPreferences,
    final Function<T, String> serialize,
    final Function<String, T> deserialize) {
  T initialValue = deserialize.apply(
    sharedPreferences.getString(key, defaultValue)
  );
  subject = BehaviorSubject
    .createDefault(initialValue);
  subject.subscribe(value ->
    sharedPreferences.edit()
      .putString(key, serialize.apply(value))
      .commit()
  );
}
```

这是之前在模型代码中直接使用的subject。现在，我们将用一个存储实例替换它。

因为使用字符串作为持久化的格式，所以需要添加函数来告诉存储如何从文件变更为字符串，反之亦然。

此时不保存订阅。通常存储会一直存在，以至于当应用完全关闭后，它们的内部订阅才会被释放。

```
public void put(T value) {
    subject.onNext(value);
}


public Observable<T> getStream() {
    return subject.hide();
}
}
```

使用 SharedPreferencesStore

模型将在内部使用存储来存储 selectedFolder。注意，从外面看，它和之前完全一样(见图 7-27)。

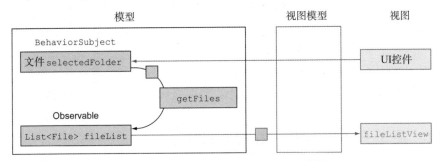

图 7-27　使用 SharedPreferencesStore 存储

在代码方面，你只需要更改模型的初始化。模型将为存储提供所需的全部数据，以了解如何处理值并持久化它们。

FileBrowserModel.java 构造函数

```
selectedFolderStore = new SharedPreferencesStore<>(          用作 SharedPreferences
    SELECTED_FOLDER_KEY,                                      文件名的任意字符串
    defaultPath,
    sharedPreferences,
    file -> file.getAbsolutePath(),                           这两个函数是字符串和
    path -> new File(path)                                    文件之间的序列化和反
);                                                            序列化函数。
```

7.13　本章小结

在本章中，你学习了本书中使用的反应式应用的其余关键部分。可以将它们分类研究，以了解哪些部分与呈现有关，哪些部分与纯数据有关(见图 7-28)。

通常，存储是应用的核心，包含并保存关键数据。视图模型和视图中也有状态，但只有派生的状态可以基于存储重新创建。

图 7-28　架构部分的视图相似性

7.13.1　作为事实来源的模型

本章的关键要点是，反应式应用中的数据需要有明确的事实来源。如果数据只在一个地方使用，那么事实的来源可以是"本地的"。但是，如果应用的另一部分开始使用相同的数据，则需要共享，这种共享机制我们称之为模型。

模型并不是一个新名词，但是在反应式应用中，它比以前更加重要。它还具有内在的反应性，通过公开 observable 保持数据是最新的。

7.13.2　反应式架构的其他部分

在本书后面的第 11 章和第 12 章中，你将看到所呈现的架构被划分为具有不同功能的小组件。但是到目前为止介绍的组件都是我们最常用的。但通常情况下，如果其中一个组件变得太大，则可以创建一个具有不同功能的模块来使代码易于管理。

第8章 使用视图模型进行开发

本章内容
- 架构视图和视图模型
- 视图绘制周期和反应式编程
- 具有多个输出的视图模型

8.1 视图模型和视图

在第 7 章，我们首先介绍了视图模型。它们是业务逻辑的容器，可以通过仔细检查和单元测试进行隔离。归根结底，视图模型只是一个名称，用于封装屏幕上所显示内容的功能逻辑。

删除此业务逻辑后，应用表示层中剩下的部分称为视图层。从架构意义上来说，视图层不应该与 Android View 类混淆，视图层通常包含 View 类的实例，但并不局限于它们。

视图层向用户显示已处理过的所有数据。

将视图定义为工厂生产线的端点，其中的一切都准备就绪，最终可以将产品交付给客户。你已经有了所需的全部信息，只需要把它显示给用户。

在图 8-1 中，我们可以看到视图模型和视图之间的关系，以及视图根本不知道 API 的事实，因为它们都隐藏在专用的视图模型中。

在本章，我们将进一步研究视图模型，并在此过程中学习一些新的 Rx 工具。本章内容很多，请坚持下去。

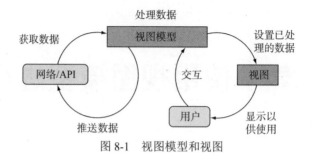

图 8-1   视图模型和视图

8.2   示例：井字游戏

为了确定业务逻辑和数据绘制之间的界限，让我们使用井字游戏这一简单示例。

如果你不熟悉该游戏，请两名玩家轮流在 3×3 的网格上画一个叉号或一个圆圈。最先在任意一条直线上成功连接三个标记的一方获胜，或者，当这种情况不可能发生时，游戏以平局结束(见图 8-2)。

这是一个已经玩了三个回合的游戏。玩家只能把他们的图标放置在空白方格中。

因为总是从圆圈开始，所以在这个特定的游戏中，圆圈一方即将获胜。

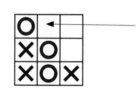

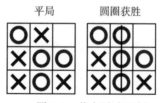

图 8-2   井字游戏示例

此处，我们坚持使用热座模式，即玩家必须在同一台设备上玩游戏。此应用中没有连接网络。

井字游戏的不同动作

分析问题和创建应用有不同的方法，但在本例中，我们将首先绘制预期在屏幕上显示的内容。

在井字游戏中，有一个由三种状态组成的二维网格：空、圆圈或叉号。可以通过枚举类型和 3×3 数组来构造一个最简单的网格(见图 8-3)。

我们已经取得了一些进展。此时所有数据类型都是 SymbolType[3][3]。这样，就可以绘制网格和符号。创建一个视图，它知道如何绘制这种类型的数据。使用 setter setData(SymbolType[][] data)接收数据。一旦提供了新数据，就会重新绘制视图来表示新信息(见图 8-4)。

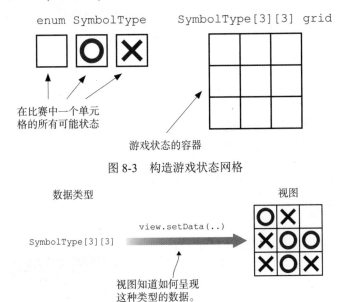

图 8-3 构造游戏状态网格

图 8-4 创建视图

至此，该过程仍然有些抽象，但是一旦开始绘图，过程就会更加清晰。

8.3 绘制游戏网格

在了解反应式部分之前，你仍然需要为游戏设置前提。首先在屏幕上绘制网格。

有许多方法可以构建能够向用户显示游戏板的视图。这里我们选择一种相当低级的方法，即直接在屏幕画布上绘制图形。

在所有 UI 平台上，使用屏幕中画布图形的生命周期都类似，不过我们使用 Android 作为示例来说明它是如何实现的。

以下是绘制和更新游戏网格的步骤：

(1) 创建
- 所有者创建接口组件。
- 使用空网格初始化接口组件。

(2) 调用 setData()来触发更新
- setData 使视图的状态无效。

- 重新进行绘制。
- 清除旧图形并使用基于新数据的图形进行更新(见图 8-5)。

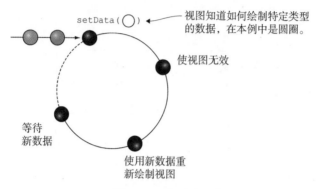

图 8-5　更新游戏网格流程

8.3.1　draw 函数

如果使用基本视图,则可以使用视图的 onDraw 函数来实现所有绘图逻辑。该函数为画布提供了一些基本功能,如绘制直线、圆圈或者位图。

View 类是一个 Android 平台组件,它在屏幕上占据一定的空间。大多数 UI 平台都是以这种方式构建的。

当在 GameGridView.java 类中执行某些操作时,唯一可以影响的区域是视图组件专用的区域。因此,即使视图位于设备屏幕的中间,draw 函数也可以假定坐标系的左上角始终为(0,0),如图 8-6 所示。

图 8-6　绘制视图

1. 自定义视图类

首先需要创建新类。所有与绘图相关的操作都保存在该类中。

GameGridView.java

```
public class GameGridView extends View {
  private GameSymbol[][] gameState;
  ...
```

我们还添加了一个 gameState,它将保存 draw 函数中使用的数据。你很快就会明白为什么要这样做。

请注意，视图绘制本身并不是反应式的，但我们正在学习的是将绘图与逻辑分离的技术。

2. 更新视图提供的数据

需要添加一种方法来告诉自定义视图需要显示新内容。设置数据后，调用平台方法通知绘图系统重新绘制。然后，draw 函数将使用为绘图所保存的数据。

GameGridView.java

```java
public void setData(SymbolType[][] gameState) {
    // 保存绘图数据
    this.gameState = gameState;  ◄─────────

    // 调度 redraw 函数
    this.invalidate();
}
```

这是为 View 类创建的成员变量。请注意，它只保存了数据，不应该显示在这个类之外！

draw 函数是独立的平台函数。不建议直接调用它，因此需要保存数据直到此处需要为止。你可以在在线示例中看到完整的代码。

```java
@Override
protected void onDraw(Canvas canvas) {
    // 清除之前的绘图数据
    clearCanvas(canvas);  ◄─────────

    // 绘制背景
    drawGridLines(canvas);  ◄─────────

    // 通过循环绘制符号
    for (int i = 0; i < 3; i++) {
        for (int n = 0; n < 3; n++) {  ◄─────────
            Symbol symbol = this.data[i][n];
            if (symbol == Symbol.CIRCLE) {
                drawCircle(canvas, i, n);
            } else if (symbol == Symbol.CROSS) {
                drawCross(canvas, i, n);
            }
        }
    }
}
```

我们省略了一些更简单的代码，但是可以在在线代码示例中看到它们。

这是一个遍历整个 3×3 数组的双重循环。不建议在代码中使用幻数，而是使用常量，但是稍后我们将对此进行更改。

8.3.2　尝试使用具有硬编码值的视图

在用户交互之前，可以快速查看创建的视图是否按指定方式呈现。反应式应用中的组件很少假设数据来自何处。因此，可以为组件的 setData 函数提供一组硬编码数据，并且应该能够正确地呈现视图。

MainActivity onCreate

```java
GameGridView gameGridView =
    (GameGridView) findViewById(R.id.grid_view);
```

```
gameGridView.setData(
  new GameSymbol[][] {
    new GameSymbol[] {
GameSymbol.CIRCLE, GameSymbol.EMPTY, GameSymbol.EMPTY
    },
    new GameSymbol[] {
GameSymbol.CIRCLE, GameSymbol.CROSS, GameSymbol.EMPTY
    },
    new GameSymbol[] {
GameSymbol.CROSS, GameSymbol.EMPTY, GameSymbol.EMPTY
    }
  }
);
```

这段代码生成了一个无法更改的游戏网格的静
态视图(见图 8-7)。

通常最好仔细检查一下刚才所编写的代码是否
达到了预期目的。随着代码数量的增加，稍后调试
应用将变得更加困难。

图 8-7　游戏网格的
静态视图

8.4　使其具有交互性

应用正逐渐具有反应性。交互将通过 Rx 链完成，但先来看看你的打算(见
图 8-8)。

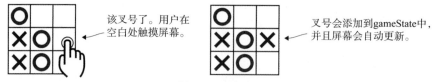

图 8-8　用户交互

规则决定了具体的交互方式，我们稍后再讨论这些规则。现在，我们重点关
注如何在用户触摸的图块上显示正确的符号。

获取触摸事件

我们将再次使用 RxBinding 库获得一个包装器，并将视图上的触摸作为一个
observable 事件提供。通常，需要为触摸事件注册一个监听器，因为通过这种方
式，可以使用 RxJava 的事件处理功能。

MainActivity.java onCreate

```
// 检索到所创建的视图的引用
GameGridView gameGridView =
    (GameGridView) findViewById(R.id.grid_view);

// 获得 RxBinding 包装器的 observable
```

```
Observable<MotionEvent> userTouchObservable =
    RxView.touches(gameGridView);
```

这个 observable 将输出通常在 setOnTouchListener 中接收的所有事件。

8.4.1　反应式处理链

当用户单击游戏网格时，我们希望将正确的符号插入该位置，然后进行下一步操作。

要想知道用户单击了哪个网格图块，可以通过一个简单的处理链运行 click 事件(见图 8-9)。步骤大致如下：

(1) 从用户在网格视图中单击的相对(x，y)坐标开始。

(2) 确定 click 事件落入哪个图块并输出该简化的坐标。它们不是屏幕坐标，而是网格数组的索引。

(3) 通过在确定的位置放置新符号来更新网格。

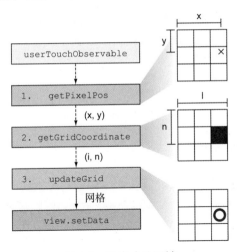

图 8-9　反应式处理链

我们只讨论了链中有趣的部分，但是稍后你将从全局了解它。有几个问题还没有回答，比如如何在屏幕上获得视图的物理尺寸，或者如何引用最后一个网格来更新视图，毕竟，我们讨论的是反应式编程，在这种编程中，你不希望意外地访问链外部的变量。

8.4.2　网格坐标解析代码

回到触摸处理，在步骤(2)中，我们必须确定用户触摸了哪个网格图块。这里需要一些数学知识，请不要担心，我们将详细介绍算法(见图 8-10)。

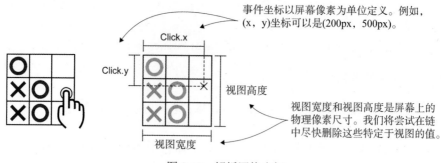

图 8-10　解析网格坐标

对于水平网格位置，首先将 click 事件的 x 坐标除以屏幕上整个视图的宽度。你会得到一个介于 0 和 1 之间的数字，0.5 介于中间。

(1) 将上面得到的数字乘以水平轴上网格中的图块数(在本例中为 3)。将数字四舍五入即可得到水平网格位置。

(2) 我们将得到一个获取像素坐标并生成 GridPosition 的函数。要区分这两个值，需要创建一个包含这些值的新数据类型。在本例中，它们的范围从(0，0)到(2，2)。这里的索引从 0 开始。

```
class GridPosition {
    int x
    int y
}
```

8.4.3　解析网格位置的代码

我们将创建一个新函数，该函数获取屏幕上的像素位置并返回 GridPosition。例如，根据屏幕像素尺寸，像素位置(125px，63px)可以转换为 GridPosition(2,1)。

MainActivity getGridPosition

```
private static GridPosition getGridPosition(
        float touchX, float touchY,
        int viewWidthPixels, int viewHeightPixels,
        int gridWidth, int gridHeight) {

    // 水平 GridPosition 坐标为 i
    float rx = touchX /
        (float)(viewWidthPixels+1);
    int i = (int)(rx * gridWidth);

    // 垂直 GridPosition 坐标为 n
    float ry = touchY /
        (float)(viewHeightPixels+1);
    int n = (int)(ry * gridHeight);

    return new GridPosition(i, n);
}
```

有时使用 i 和 n 来区分这些不是像素坐标。但是很容易记住 x 是水平的，y 是垂直的，因此不会对它们进行区分。

像素坐标与 GridPosition

像素坐标和 GridPosition 都是一对数字，很容易把它们混为一谈。

在处理这些类型的值时，最好使用自定义数据类型来命名它们。这样，如果你试图以像素为单位而不是网格上的位置来传递函数(即使两者都可能包含 x 和 y)，编译器至少会发出警告。

下面是使用了该函数的部分代码。

监听从 RxView 触摸流中获取的事件，并筛选该流，使其仅包含用户竖起手指时发生的事件。可以使用公共 filter 直接在 observable 上完成此操作。

MainActivity onCreate

```
// 获取触摸事件
Observable<GridPosition> userTouchEventObservable =
  RxView.touches(gridView, motionEvent -> true)
    .filter(ev ->
      ev.getAction() == MotionEvent.ACTION_UP);
```

通过观察该事件，可以解析 GridPosition 流，以便稍后更新游戏网格。

```
// 从像素坐标获取 GridPosition
Observable<GridPosition> gridPositionEventObservable =
  userTouchEventObservable
    .map(ev ->
      getGridPosition(
        ev.getX(), ev.getY(),
        gameGridView.getWidth(),
        gameGridView.getHeight(),
        GRID_WIDTH, GRID_HEIGHT
      )
    );
```

最后，在使用网格 update 函数之前，可以通过记录事件来确认它是否有效。我们期望值介于(0,0)和(2,2)之间。

```
// 对于初学者来说，只需要记录结果
gridPositionEventObservable
  .subscribe(gridPosition ->
    Log.d(TAG, gridPosition.toString()));
```

8.4.4　扩展的图结构

要更新网格，还需要最后一个网格。否则，你总是会迈出第一步，然后忘记之前的步骤。

可以使用第 7 章中介绍的技术，即创建一个循环图，它使用之前输出的数据值计算新值(见图 8-11)。

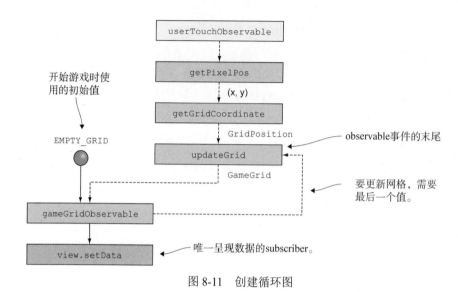

图 8-11　创建循环图

请注意，这里只有一个 subscriber。setData 仅在链的末尾被调用一次。如果开始更新应用的大部分数据，那么你不会知道调用的具体位置。

将 observable 事件转换为正常状态

如果仔细观察，你会发现此时箭头从虚线变为实线。这是从事件到连续反应状态的转折点。在继续执行之前，让我们先来讨论这个问题。

8.5　事件与反应状态

你可能已经注意到，我们在图 8-11 中使用了一种新箭头，一种看起来像虚线箭头的箭头。两者之间的区别纯粹是语义上的：实线箭头用于描述不同实体状态之间的依赖项。考虑一下信用卡示例，其中的有效性是根据输入字段计算的。

正常的依赖项箭头 ⟶

事件箭头 ⤍⤍⤍⟶

另一方面，事件箭头用来表示没有任何状态更改的事件，例如鼠标单击。它们只在一个时间点上相关。

8.5.1　划清事件和状态之间的界限

输出状态变化的 observable 和只输出事件的 observable 之间有什么区别？

可以通过询问"observable 输出值的通信状态是否发生了改变，还是它们是一次性事件？"来进行测试。或者，询问"observable 输出的最后一个值是否会在 5 分钟内有用？"如果答案是肯定的，就会得到一个表示反应状态的真实 observable。如果不是，你正在处理的就是一个 observable 事件。

在我们的例子中，gridObservable 表示反应状态。如果重新加载视图，则可以使用它最后输出的值重新绘制(见图 8-12)。

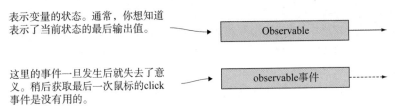

图 8-12　事件与状态

一般来说，你希望尽可能多地处理"真实"实心箭头。与事件相比，反应实体之间的依赖项更容易理解和维护。

不过，从技术上讲，RxJava observable 对这两者都适用，所以你可以使用它处理事件。只需要记住要处理的对象，并尝试尽快实现真正的反应状态。

8.5.2　不同 observable 的示例

现实生活中可以用蝴蝶的生命过程理解反应状态。图 8-13 展示了把一只蝴蝶的生命过程当成一个 observable。

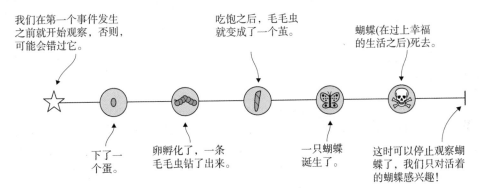

图 8-13　蝴蝶的生命过程示例

这是一个很好的示例，说明了输出值的状态变化。每当反应实体的"值"发生变化时，observable 就会输出新值。如果你在其他文献中遇到过这种情况，有时也将这些 observable 称为行为。

observable 事件的一个例子是在某个坐标点单击鼠标。请注意，单击并不代表任何状态，它只是时间上的某个瞬间动作(见图 8-14)。

图 8-14　observable 事件示例

事件处理是反应式编程吗？

无论使用 observable 事件是函数式反应式编程(FRP)还是反应式编程，这都是一个有争议的问题，因为事件往往会导致难以调试的问题。

反应式编程以及 RxJava 并不是真正的 FRP。原因之一是事件处理通常不被认为是 FRP，有时会使处理同步变化更加复杂。然而，事件在 UI 中很重要，这就是为什么我们使用术语"反应式"并保持它的实用性。

不过，为了进行区分，从现在开始，对于仍需处理事件并将其解释为状态变化的情况，我们将使用新的虚线箭头。根据经验，最好尽快结束事件处理部分。

8.6　不可变数据和游戏网格

回到示例中，我们现在有了一个几乎可以正常运行的游戏，可以用圆圈填充网格。不用担心：它很快会变得更加有趣！剩下的唯一步骤是使用新游戏符号来更新网格。

你可能还记得，永远不要更改现有的数据值。这就是不变性原则：例如，当新值出现时，可能仍然会使用旧值绘制视图。如果在绘图循环中更新网格，那么直接在应用的其他部分修改旧值可能会出现异常(见图 8-15)。

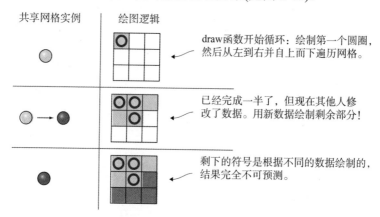

|共享网格实例|绘图逻辑|

draw函数开始循环：绘制第一个圆圈，然后从左到右并自上而下遍历网格。

已经完成一半了，但现在其他人修改了数据。用新数据绘制剩余部分！

剩下的符号是根据不同的数据绘制的，结果完全不可预测。

图 8-15　共享网格实例与绘图逻辑

在绘制之前，可以保留视图本身并复制网格。但是，使用反应式编程的好处是，你可以始终相信所传递的变量不会被修改。

相信还是不相信？

如果不强制实现不变性，为什么你还要相信呢？在完美的世界中(或者如果使用纯粹的函数式语言)，它确实这样的。但是当使用 RxJava 时，则需要进行自我约束，并确保不会更改我们的输入。

8.6.1　复制网格

当一个玩家有新动作时，如何处理网格的更新？复制整个网格来进行更改？

简而言之，是的，至少对于初学者来说是这样。因为你不想修改原始的网格，所以最简单的方法是复制它、进行更改，并为绘图管道生成新的网格。

不过，就性能而言，可以优化复制过程。可以采取一些策略来保留数据结构中未更改的部分(例如未受影响的行)。

还可以使用装饰器模式进行一系列的更改。将整个游戏保存为已完成动作的列表。这种堆栈方法也许是最灵活的方法，但因为它在概念上更复杂，我们稍后再讨论它。

8.6.2　更改 GameGrid

Java 提供了许多复制数组的方法，但是为了简单起见，可以使用 System.arraycopy 复制原始数组的每一行，这非常有效。它获取源数组、源中的位置、目标数组、目标中的位置以及要复制的数据项总数(见图 8-16)。

图 8-16　更改 GameGrid

> **在处理引用时，总是需要生成一份完整的副本吗？**
>
> 对于所做的操作，副本是一个误导性的名称。稍后我们将看到如何创建具有更高效内部实现的数据结构，以减少复制的负担。在传统函数式编程领域中存在许多技术。
>
> 你只需要做两件事：原始数据必须保持不变，新数据必须在 getter 中返回正确的值。通常，我们不会使用原始数据，因此你可以自由地在 getter 中进行操作。

8.6.3　Java 中的变量引用和原始数据类型

你如何知道哪些内容需要保护不被修改，哪些不需要保护呢？在大多数面向对象的语言中，比如 Java，原始数据类型和普通类之间是有区别的。简而言之，原始数据类型在创建之后无法修改，因此它们在本质上是安全的。

Java 中的原始数据类型列表包括 byte、short、int、long、float、double、char 和 boolean。注意，它们没有使用任何 setter 函数。将整数相加时，将创建一个新整数。

```
int a = 0;
int b = a;
a = a + 1; //b 仍然不受影响
```

String 是另一种情况。String 不是原始数据类型，但同时在创建后无法修改。字符串没有 setter 函数，因此也是安全的。

```
String a = "Once upon a";
String b = a;
a = a + "time"; // b 仍然不受影响
```

这同样适用于 String 的所有实例函数。例如，.toUpperCase()不会影响原始数据类型。它只是创建了一个大写字符串的新实例。这就是所有数据类型预期的工作方式。

```
String myString = "foo";
String myOtherString = myString;
myString = myString.toUpperCase();
// 同样， b 仍然不受影响
```

如果根据变量存储的位置查看代码的执行，就必须了解程序内存是如何工作的(见图 8-17)。

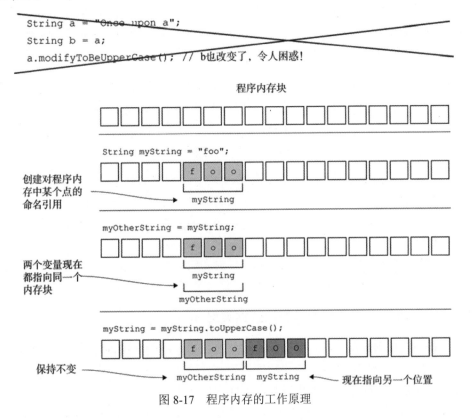

图 8-17　程序内存的工作原理

这就是创建新值的方式；另一个变量保持不变。

String 类可以有一个名为.modifyToBeUpperCase()的方法修改原始值。然而，在这种情况下，先前的实例将受到影响，问题也会随之而来。

String 类的实际工作方式是,被调用的函数 toUpperCase 返回一个修改后的副本。

```
String a = "Once upon a";
String b = a.toUpperCase();
```

这种方法更类似于函数式编程，并且更符合我们在反应链中的需求。变量 a
保持不变。

8.6.4　GameGrid 类型和 setter 函数

首先要创建一个类来保存整个游戏网格。以前，只有一个二维数组 GridSymbol[][]，
但是为了封装更多功能，需要将其更改为一种类型。

```
class GameGrid {
  GameSymbol getSymbolAt(int x, int y)
  GameGrid setSymbolAt(                          ◀
    GameSymbol symbol, int x, int y)
}
```

注意这个 setter。它不是传统的 Java setter 类型，而是以函数的形式创建的。它不会修改原始实例。

这里的不同之处在于 setSymbol 返回整个 GameGrid！与 String.toUpperCase
返回字符串的修改副本相同，我们的 setter 返回原始 GameGrid 的修改副本。

该函数可以进行优化，但原则上它会获取自身的副本并返回修改后的副本。

```
public GameGrid setSymbolAt(
  GameSymbol symbol, int i, int n) {
    GameGrid copy = this.copy();
    copy.grid[i][n] = symbol;
    return copy;
}
```

你可以在在线存储库中查看完整的详细信息。

8.7　添加交互代码

有了这些信息，就可以在代码中生成反应链的第一个版本。这将使我们能够
在游戏区域放置圆圈(接下来轮流进行)。该操作并不会花费你过多的时间，但你
会很高兴地看到，添加其余功能会更快。

8.7.1　准备工作

再次从 onCreate 活动开始，然后快速浏览其中的内容。最后，添加一个 subject
来保存 GameGrid 的反应状态。这个 subject 将作为排序的中心点，可以通过它将
所有更新聚合到 GameGrid。

MainActivity onCreate

```
// 查找对 GridView 的引用
GameGridView gameGridView = ...
```

```
// 这是一个用作参考的空网格
```

```
GameGrid emptyGrid =
    new GameGrid(GRID_WIDTH, GRID_HEIGHT);

// 我们已经看到了如何创建这个 observable
Observable<GridPosition> gridPositionEventObservable
    = ...

// 使用默认值创建 GameGrid subject
BehaviorSubject<GameGrid> gameGridSubject =
    new BehaviorSubject(emptyGrid);
```

我们不使用视图模型，并在代码增加时重构包含在其中的代码。

gameGridSubject 对应用的结构非常重要，我们稍后将更详细地讨论它。现在，只需要认为它保存了最新的 GameGrid。

8.7.2　基于事件更新 GameGrid

现在，我们将转换为讨论对整个 GameGrid 的更新，而不是用户交互生成的事件。请记住，视图始终需要完整的 GameGrid，即使只更改了其中的一部分(关于更改视图的任何优化都取决于视图的操作)。

为了从 gameGridSubject 中获取最后一个值，我们将使用一个名为 withLatestFrom 的新操作符。这是处理 observable 事件的便捷工具。你将首先看到代码，然后详细了解它的工作原理。

MainActivity onCreate(续)

```
// 处理触摸并将其添加到 gameGrid
touchesOnGrid
    .withLatestFrom(
        gameGridSubject,
        (gridPosition, gameGrid) ->
            gameGrid.setSymbol(
                gridPosition, Symbol.CIRCLE)
    )
    .subscribe(gameGridSubject::onNext);
```

从另一个 observable 获取最新值，而不会触发链中的新值。之后，你将了解有关 withLatestFrom 的更多信息。

gridPosition 来自 touchesOnGrid。

创建 GameGrid 的新实例。这个命名有点误导，但是从 FRP 上下文中可以知道它创建了一个实例。

在关闭循环的最后一行，确保保存了 GameGrid 最后状态的 gameGridSubject 中包含了对 GameGrid 所做的更改。不过，它只会触发传入的事件，接下来我们将讨论这一点。

要在 UI 中显示 GameGrid，需要进行订阅。稍后我们将为它创建一个视图模型，因此不会在这个"原型化"阶段保存并释放订阅。

MainActivity onCreate(续)

```
// 将视图连接到最新的 GameGrid
gameGridSubject

    .observeOn(AndroidSchedulers.mainThread())
    .subscribe(gridView::setData);
```

GridView UI 组件，以便它知道如何绘制 GameGrid

8.7.3　包含.withLatestFrom 的循环图

在某些情况下，需要两个 observable 中的最后一个值来计算第三个值，但只需要其中一个值来触发下面的链。现在我们将详细了解它的含义。

我们以前遇到过这个问题，但是之后使用了另一种方法，即只从 FRP 处理步骤外部访问变量。但是这种方法并不总是有效的，因为它依赖于外部状态，而不是创建只使用其输入(和常量)的纯函数。现在可以用新方法解决这个问题。

获取另一个 observable 的最后一个值

与.withLatestFrom 一起使用的 observable 被标记为带有虚线的粗箭头。向虚线箭头输出的最后一个值正在等待主 observable 触发计算(见图 8-18)。

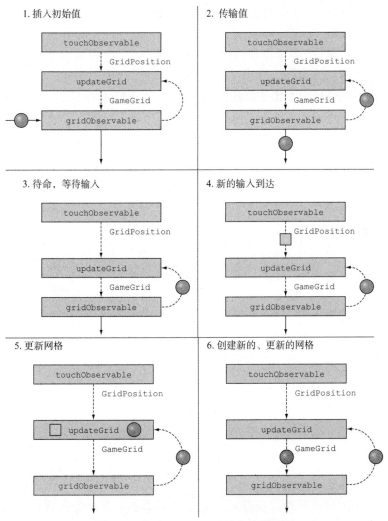

图 8-18　包含.withLatestFrom 的循环图

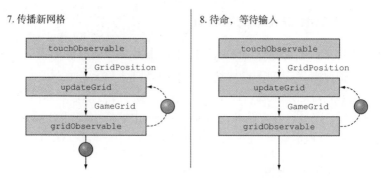

7. 传播新网格　　　　　　　　　　8. 待命，等待输入

图 8-18　包含.withLatestFrom 的循环图(续)

步骤 4 中.withLatestFrom 函数执行操作。这很像 comineLatest，但它只在主 observable 有新值时才会被触发。在本例中，触发的是 observable，它输出从触摸事件中计算得到的 GridCoordinates。

你可以这样考虑：希望仅在用户触摸时，而不是出于其他原因使用 GameGrid 时来更新触摸事件的网格(在本例中，这也会产生一个无限循环)。

你已经看到了代码，但这里还是相同的。

```
touchesOnGrid
  .withLatestFrom(gameGridSubject,
    (gridCoordinate, gameGrid) ->
    gameGrid.setSymbol(
      gridCoordinate, Symbol.CIRCLE)
  )
```

这个 lambda 函数是在 gridCoordinate 的所有新值上执行的 combine 函数。

茶歇

你无法在游戏网格中放置圆圈。这个游戏还不是太刺激，但通常需要一段时间来建立基础，才能理解有趣的部分。

并不经常需要使用 withLatestFrom 操作符，但有时可以使用它，尤其是在处理事件时。

练习：对话框生成器

我们将创建一个小应用，它可以根据文本字段中编写的输入显示警报(对话框)。该应用并不复杂，但是为了进行练习，你需要付出更多努力，并使用 RxJava 完成它。

把输入定义为 Observables，然后将它们组合起来生成一个对话框。记住哪些 observable 输出事件，哪些对象表示永久状态。我们将在解决方案中讨论该问题。

首先生成一个获取文本输入标题的对话框，然后尝试将消息也包含进去：不过实际会有难度。想想哪些 observable 表示反应状态，以及如何对它们进行管理(见图 8-19)。

显示对话框

要在 Android 上显示对话框，可以使用 AlertDialog.Builder。

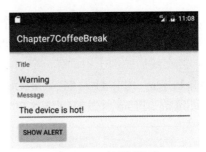

图 8-19　对话框显示

```
new AlertDialog.Builder(this)
  .setTitle(dialogContents.first)
  .setMessage(dialogContents.second)
  .show()
```

茶歇的准备工作

你可以从在线存储库中查看茶歇的起点。或者，可以为此创建一个新项目，添加依赖项并启用 jackOptions。可以参考附录来设置默认项目或者从井字游戏项目中复制设置。

布局是带有 TextView 和 EditText 的标准 Android。

不必保留对原始视图组件的引用即可定义所需的 observable。这次的任务是弄清楚如何只使用这些 observable 以及诸如 withLatestFrom 和 combineLatest 的操作符来显示对话框。

MainActivity.java

```
final Observable<String> titleObservable =
  RxTextView
    .textChanges(
      (TextView) findViewById(R.id.title_edit_text))
    .map(Object::toString);

final Observable<String> messageObservable =
  RxTextView
    .textChanges(
      (TextView) findViewById(R.id.message_edit_text))
    .map(Object::toString);

final Observable<Object> clickEvents =
  RxView.clicks(findViewById(R.id.action_button));

// TODO: 当事件发出时显示一个对话框
// clickEvents Observable
```

解决方案

首先创建一个只使用标题的简单版本。这与之前的做法一样：withLatestFrom

获取一个 observable 事件和另一个代表永久状态的对象。记住这一点很重要，如果还有别的操作，则应该使用 withLatestFrom 之外的其他操作符。

在我们的例子中，有一个 clickEventObservable 和一个 titleObservable。其中，clickEvent 用作触发器；titleObservable 只提供用户输入的最新值。这正是 withLatestFrom 所做的(见图 8-20)。

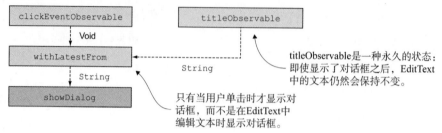

图 8-20　withLatestFrom 操作符

就代码而言，主要是获取由 clickEventObservable 提供的 Void 对象，并将它们转换为字符串。这里的字符串表示需要在对话框中显示的全部信息；稍后还必须添加一些字符串，以包含来自消息输入的信息。

首先，我们创建一个 observable，用于触发包含了全部所需信息的对话框。请注意，它仍然是一个事件：withLatestFrom 始终获取并生成事件。它可以用于向这些事件添加信息，在本例中是标题。

MainActivity.java onCreate

```
final Observable<String> showDialogEventObservable =
  clickEvents.withLatestFrom(titleObservable,
    (ignore, title) -> title);
```
Ignore 用作 Void 类型的占位符。你对此不感兴趣，因此可以忽略它。

准备就绪后，设置一个 subscriber，以便在事件发生时显示对话框：

MainActivity.java onCreate(续)

```
showDialogEventObservable
  .observeOn(AndroidSchedulers.mainThread())
  .subscribe(title ->
    new AlertDialog.Builder(this)
      .setTitle(title)
      .show()
  );
```

在生产应用中，需要保存并释放订阅，但是对于我们的示例来说，这已经足够了。

在对话框中包含消息

现在，要包含消息，需要以某种方式向对话框提供 subscriber 所需的全部信息。最好首先考虑对 subscriber 的需求，然后进行实现。

我们需要两个字符串，标题和消息。为此，可以创建一个新数据类型，但也可以使用 Pair<String, String>。

可以重新定义 subscriber 以接收下列信息。

MainActivity.java onCreate(已修改)

```
showDialogEventObservable
  .observeOn(AndroidSchedulers.mainThread())
  .subscribe(dialogInformationPair ->
    new AlertDialog.Builder(this)
      .setTitle(dialogInformationPair.first)
      .setMessage(dialogInformationPair.second)
      .show()
);
```

不过，让我们快速看一下什么是 Pair。

Pair 类

如果想要将两个值捆绑在一起，可以使用 Android 平台中的 Pair 类来实现。不过，它很简单，只包含两个任意类型的项：first 和 second。它们是创建 Pair 类之后的最终数据项，这意味着无法更改。

如果你愿意，甚至可以自己定义类。

```
public class Pair<T, U> {
  public final T first;
  public final U second;

  public Pair(T first, U second) {
    this.first = first;
    this.second = second;
  }
}
```

当你希望快速执行某些临时性的操作时，Pair 是一种方便的结构。但是，如果代码开始变得难以阅读，那么创建一个自定义类，使用比 first 和 second 更具描述性的名称。

在我们的示例中，first 是消息的标题，second 是消息正文。

使用 withLatestFrom 获取更多数据

使用一个与之前类似的结构，但是需要添加一些信息。幸运的是，可以对非 observable 事件执行各种操作。

> **为什么不"允许"使用 observable 事件执行某些操作?**
>
> 这并不是说不允许使用 observable 事件；从概念上讲没有任何意义。例如，你必须清楚用户单击时输出的是哪些 observable，以及当所表示的状态更新时输出的是哪些 observable。

例如，如果在两个 observable 事件中使用 comineLatest，那么当任何一个 observable 事件发生时，才会触发 comineLatest，但前提是至少发生一个 observable 事件。这是一种可能的情况，虽然很少见。通常这种行为是错误的。

现在可以扩展图 8-20。你将获取 messageObservable 并将其与 titleObservable 结合，以创建 Pair<String, String>。在本例中，withLatestFrom 没有意义，因为我们希望它始终具有来自标题和消息文本输入的最新值(见图 8-21)。

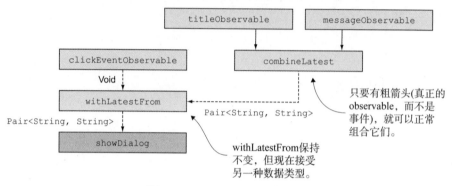

图 8-21　withLatestFrom 扩展图

就代码而言，可以修改前面的 observable 来保存此信息，而不是简单的字符串。

MainActivity.java onCreate(已修改)

```
final Observable<Pair<String, String>>
  dialogInformationObservable =
Observable.combineLatest(
  titleObservable,messageObservable, Pair::new);


withLatestFrom stays the same except for the type changes:
final Observable<Pair<String, String>>
  showDialogEventObservable =
  clickEvents.withLatestFrom(
    dialogInformationObservable,
    (ignore, dialogInformation) -> dialogInformation
);
```

8.8　将逻辑封装到视图模型中

我们已经开始为 UI 构建逻辑，但还没有开始使用视图模型。不过，它只是一个容器，因此，既然有了一段逻辑，为它创建一个单独的视图模型类并不困难(见图 8-22)。

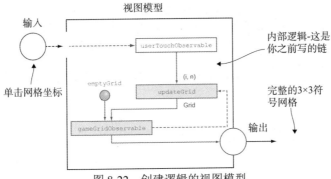

图 8-22　创建逻辑的视图模型

输出将连接到我们前面介绍的视图的 setData 函数。视图模型提供数据，视图只知道如何绘制数据。

连接由容器(例如活动)建立(见图 8-23)。

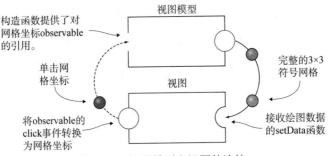

图 8-23　视图模型和视图的连接

视图模型代码

我们将创建一个名为 GameViewModel 的新类，这样，输入和输出就很简单。

GameViewModel.java

```
public class GameViewModel {
  private final CompositeDisposable subscriptions =
    new CompositeDisposable();

  private final BehaviorSubject<GameGrid>
    gameGridSubject = BehaviorSubject.create();

  private final Observable<GridPosition>
    touchEventObservable;

  public GameViewModel(
    Observable<GridPosition> touchEventObservable) {
    this.touchEventObservable = touchEventObservable;
  }

  public Observable<GameGrid> getGameGrid() {
```

我们将保留在此处创建的订阅。然后它们可以与容器生命周期一起释放。

输入是一个 observable，它提供事件以表明单击了哪个 GridPosition。

输出是返回最新 GameGrid 的行为。它将连接到可以绘制它的视图。

```
        return gameGridSubject.hide();
    }
```

对于反应链，我们将添加一个 subscribe 函数来创建它。这是之前就做过的：

```
public void subscribe() {
    subscriptions.add(touchEventObservable
        .withLatestFrom(gameGridSubject,
            (gridPosition, gameGrid) ->
                gameGrid.setSymbolAt(
                    gridPosition, GameSymbol.CIRCLE))
        .subscribe(gameGridSubject::onNext)
    );
}
```

8.9   使用 click 事件进行坐标处理

你可能已经注意到，我们没有在视图模型中插入视图维度。但是，要将 click 事件获取的原始坐标转换为对应网格图块的位置，这是必需的。

这里，需要确定应用不同部分的功能。通常，我们希望将大部分业务逻辑放入视图模型中，而在 FRP 术语中，这指的是决定应用如何处理和组合数据的逻辑。

在这种情况下，首先需要确定对应网格图块的 FRP 链部分是否是业务逻辑，但由于它不依赖于任何其他数据，因此可以认为它只是一个更复杂的数据源。在抽象层次上，逻辑是封装的。

在图 8-24 中，click 解释器是链的一部分，并未包含在视图模型中。只要不直接引用它所修饰的视图，就仍然可以单独对其进行单元测试，但是 click 解释器可以被认为是视图的一部分。

- 它只处理来自它所修饰的视图的数据。
- 该逻辑与在屏幕上绘制视图的方式直接相关(特别是用屏幕像素表示的视图的大小)。

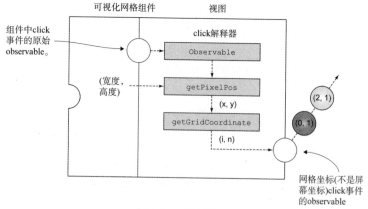

图 8-24   坐标处理

将 click 处理移动到视图层

MainActivity 的功能有点多。因为在理想情况下，它应该只是一个容器，用于创建应用的各个部分并将它们连接起来。接下来要做的是停止网格坐标处理并将其移动到 GameGridView 类的包装器中。

GameGridView

GameGridView 类的作用是在屏幕上绘制网格。它的 setData 函数功能定义明确，因此我们不希望用其他函数替换它。

我们将扩展 GameGridView 并创建一个称为 InteractiveGameGridView 的类。这里的交互性意味着新 View 类可以根据 GridPosition 理解用户正在触摸的位置(见图 8-25)。

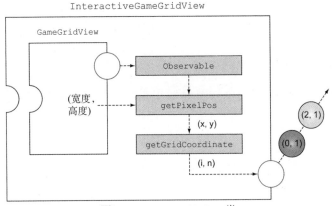

图 8-25　GameGridView 类

类结构是嵌套的，InteractiveGameGridView 使用了 GameGridView 的部分内容，并添加了以下函数。

```
public Observable<GridPosition> getTouchesOnGrid()
```

它使用了我们以前在 MainActivity 中使用的相同代码。它用 RxView.touches 注册一个触摸监听器，然后计算出被触摸的具体 GridPosition。

还必须记住要更改在布局中创建的类型。

8.10　更改回合

到目前为止，你只能在游戏中绘制圆圈。怎么才能知道接下来轮到哪个玩家？让我们首先在视图中添加一个标签，用来指出下一个玩家是谁(见图 8-26)。

不过，有一个问题，因为视图模型尚没有此信息。它只有网格本身。

简单的解决方案是从视图模型添加另一个输出以提供该信息(见图 8-27)。

图 8-26 更改回合

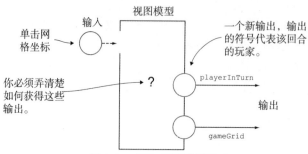

图 8-27 添加视图模型输出

8.10.1 连接多个视图模型输出

将多个视图类连接到一个视图模型并不是很复杂，因为只需要创建两个视图，它们使用来自同一视图模型的两个输出数据(见图 8-28)。

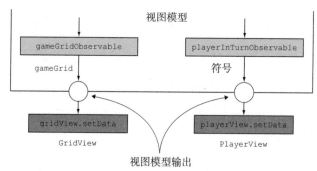

图 8-28 连接视图模型输出

请注意，从语义上讲，这两个视图类仍属于视图层，它们包含了多个单独的视图。

自定义的 PlayerView

在本例中，我们创建了一个知道如何呈现符号的自定义的 PlayerView。它扩展了 ImageView 并为自定义数据类型添加了一种方法。自定义类有助于保持 MainActivity 的简洁。

PlayerView(扩展 ImageView)

```
public void setData(GameSymbol gameSymbol) {
```

```
switch(gameSymbol) {
  case CIRCLE:
    setImageResource(R.drawable.symbol_circle);
    break;
  case CROSS:
    setImageResource(R.drawable.symbol_cross);
    break;
  default:
    setImageResource(0);   ←──────────  如果符号为 EMPTY，则重
  }                                       置为完全没有图像。
}
```

8.10.2 改进的网格数据类型

当你开始想要确定某一回合的玩家时，首先需要明确它的定义，或者定义构建它的规则。这个过程有点像数学课上，在开始计算之前，你会先画一幅图。

在井字游戏中，玩家从圆圈开始轮流玩游戏。我们将其描述为两种情况。

- 第一个回合画圆圈。
- 当前回合取决于插入的最后一个符号：如果是圆圈，则下一回合的玩家画叉号，反之亦然。

这里与简单的"在圆圈和叉号之间切换"有所不同，它是从插入到网格的最后一个符号中推断出当前玩家。应该始终根据已有数据推断新数据，最后插入的符号很容易保留。

整个游戏状态的 GameState 类型

目前，我们保存了最后插入的符号。将 GameGrid 放入 GameState 中，其中还包含了最后一个游戏符号。

```
class GameState {
  GameGrid gameGrid
  GameSymbol lastPlayedSymbol
}
```

通常，你希望数据类型只包含数据，而不包含游戏规则。稍后我们将定义确切的 getter，因为现在知道 GameState 的内容就足够了。

8.10.3 更新 playerInTurnObservable

因为已经在 GameState 数据类型中保存了最后一个回合，因此可以推断出该回合玩家的符号。为此，首先从较大的数据类型中提取最后一个符号(调用 getter getLastPlayedSymbol)，然后应用游戏规则中定义的转换。

可以走捷径，使用 EMPTY 类型表示游戏才刚刚开始，而且没有最后一步动作(见图 8-29)。

通过这条链，我们已经基于 gameGridObservable 创建了 playerInTurnObservable。请注意，这里没有插入任何其他信息；新的 observable 完全来自已有的信息。

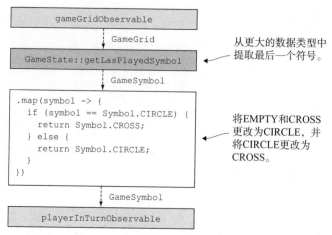

图 8-29   创建 playerInTurnObservable

在视图模型中用 GameState 替换 GameGrid 之后,可以在视图模型的构造函数中创建 playerInTurnObservable。

8.10.4   在图中插入玩家回合

使用新 playerInTurnObservable,可以获得插入正确符号所需的全部信息。

请注意,你只需要"看到"最后一个符号,即使它发生了变化,下一步动作完成后也不会再次触发链。这就是为什么要使用虚线来表示它只是处理步骤的附加信息(见图 8-30)。

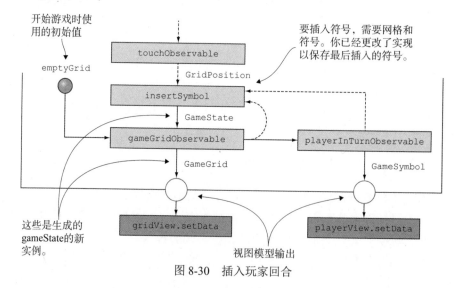

图 8-30   插入玩家回合

在面向对象编程中,可以创建一个变量并直接访问它,但是在 FRP 中,出于纯粹性、模块性和线程安全性的原因,我们通常不希望这样做。和以前一样,我们将使用.withLatestFrom。有关该技术的详细信息，请参阅最后一次茶歇。

```
Observable<Pair<GameState, GameSymbol>>
  gameInfoObservable = Observable.combineLatest(
    gameStateSubject, playerInTurnSubject, Pair::new);

subscriptions.add(touchEventObservable
  .withLatestFrom(gameInfoObservable,
    (gridPosition, gameInfo) ->
      gameInfo.first.setSymbolAt(
        gridPosition, gameInfo.second
      )
    )
    .subscribe(gameStateSubject::onNext)
);
```

数据处理过程

当新数据到达时，过程大致如下。

(1) 检查用户单击了哪个图块。

(2) 获取该回合玩家的最后一个网格和符号。

(3) 将符号插入网格中的正确位置，同时将其类型保存在同一数据对象中。

(4) 在 observable 链的末尾，发布要在两个视图中呈现的视图模型输出的结果。

8.10.5　GameState 结构

你可能已经注意到，尽管从 GameGrid 切换到了 GameState，但 setSymbolAt 保持不变。这是有道理的，因为我们确实希望在进行下一步操作时更新整个 GameState。

但我们现在需要做的是更新 gameGrid 和 lastPlayedSymbol。

GameState.java

```
public GameState setSymbolAt(GridPosition gridPosition,
                             GameSymbol symbol) {
  return new GameState(
    gameGrid.setSymbolAt(gridPosition, symbol),
    symbol
  );
}
```

清楚了吗？你不仅在 GridPosition 上设置了一个符号，而且还更改了 lastPlayedSymbol

这里必须做出选择。在某种程度上，你所做的就是"添加"一个已玩过的动作。一个游戏很大程度上取决于动作的顺序，所以为玩家设定动作的顺序是有意义的。

你可能会想到另一个名称，但是只要按照正确的顺序插入动作，该函数甚至可以用来加载之前的游戏。

茶歇

我们已经有了插入符号的基本规则，尽管游戏功能还不完善，但是可以通过扩展进行试验。

构建新功能和扩展是反应式编程的一种优势，通常你会发现扩展反应式应用比最初看起来要容易。

练习

添加第三个玩家，即三角形，看看需要使用多少个类。不要担心这个游戏是否有意义，因为你甚至还没有实现规则。稍后可以回到此版本并完成一个三人游戏。

解决方案

我们将逐步进行操作，并保持应用始终可编译。

首先，需要向类型枚举添加一个新符号。如果尝试运行该应用，会发现它根本没有改变，新类型被忽略了。

.GameSymbol.java

```java
public enum GameSymbol {
    EMPTY, CIRCLE, CROSS, TRIANGLE
}
```

为了在回合中使用三角形，我们把它添加到玩家回合轮转中。将 CIRCLE 切换到 CROSS，从 CROSS 切换到 TRIANGLE，然后再切换回 CIRCLE。

可以通过更改负责轮转的函数来进行回合轮转。它被声明为 lambda 函数，并保持原样。但是也可以定义更复杂的规则来更改回合，只需要修改此函数即可。

GameViewModel.java subscribe 函数

```java
.map(symbol -> {
    switch (symbol) {
        case CIRCLE:
            return GameSymbol.CROSS;
        case CROSS:
            return GameSymbol.TRIANGLE;
        case TRIANGLE:
        case EMPTY:
        default:
            return GameSymbol.CIRCLE;
    }
});
```

最后一步是添加 TRIANGLE 类型的绘图逻辑。可以通过类似方式将其添加到 GameGridView 和 PlayerView 中。

PlayerView.java

```
public void setData(GameSymbol gameSymbol) {
    switch(gameSymbol) {
        case CIRCLE:
            setImageResource(R.drawable.symbol_circle);
            break;
        case CROSS:
            setImageResoturce(R.drawable.symbol_cross);
            break;
    case TRIANGLE:
        setImageResource(R.drawable.symbol_triangle);
            break;
    default:
        setImageResource(0);
    }
}
```

可以在在线示例中找到 GameGridView，但是完成其余部分的绘图逻辑类似于向绘图代码中添加多个选项的过程。

8.11　过滤非法动作

我们的游戏还有一些尚未实现的功能。仍然可以在网格上的任意位置插入符号，这将使游戏变得毫无意义。其他未实现的功能是添加获胜条件并重新启动游戏。

8.11.1　阻止非空图块

首先要做的是：应该只允许用户在空图块中进行游戏。

你可以直接在 GameGrid 中编写代码，然后悄无声息地阻止动作。但这会将游戏的一些逻辑转移到数据类型中，而我们不希望这样做(见图 8-31)。

你可以做的是根据网格图块是否为空，通过在视图模型中过滤来阻止非法的动作。可以直接在处理链中执行该操作。

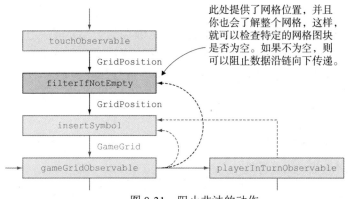

图 8-31　阻止非法的动作

　　filter 函数本身有点难以实现，因为需要两个值，网格和位置，但我们只想输出位置。接下来，我们将花一些时间研究这个函数的细节。

8.11.2　使用 pair 临时捆绑数据

　　要知道是否允许下一步动作，需要检查 GameGrid 是否有空位置。但如果使用了 filter，则只需要 GridPosition 本身，而不是需要 GameGrid(见图 8-32)。

```
touchEventObservable
  .filter(gridPosition -> ???)
```

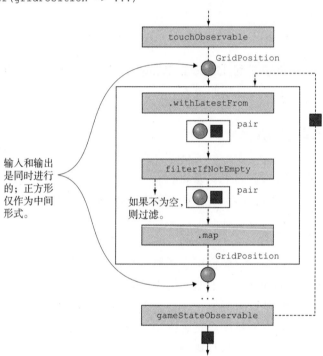

图 8-32　使用 Pair 捆绑数据

　　你可能会开始考虑使用 withLatestFrom，这确实是一部分解决方案。我们会暂时将 GridPosition 和 GameGrid 合并到一个数据结构中，进行必要的处理，最后将结构简化为只包含原始数据值。附加的 GameGrid 仅用于过滤，然后被丢弃。

8.11.3　向 GameViewModel 添加过滤

　　可以使用此策略构造代码，用于过滤非空网格图块上的 click 事件。

GameViewModel.java 订阅

```
Observable<GridPosition> filteredTouchesEventObservable =
  touchEventObservable
    .withLatestFrom(gameStateSubject, Pair::new)
```

```
    .filter(pair -> {
      GridPosition gridPosition = pair.first;
      GameState gameState = pair.second;
      return gameState.isEmpty(gridPosition);
    })
    .map(pair -> pair.first);
```

然后使用该 observable 而不是未过滤的 touchEventObservable。

```
subscriptions.add(filteredTouchesEventObservable
  .withLatestFrom(gameInfoObservable,
    (gridPosition, gameInfo) ->
      gameInfo.first.setSymbolAt(
        gridPosition, gameInfo.second
      )
  )
  .subscribe(gameStateSubject::onNext)
);
```

首先使用 withLatestFrom 进行过滤,然后再进行下一步动作,这样做不是多余的吗?

似乎很容易将这两个 withLatestFrom 块结合起来，并在一个大函数中完成所有操作，从而过滤并进行下一步动作。但是使用 withLatestFrom 两次有助于保持各个函数更小、更简洁。稍后，你将知道这有助于修改应用。

8.12　获胜条件

仅仅让玩家填充网格的游戏就没那么有趣了。让我们添加获胜条件(见图 8-33)。

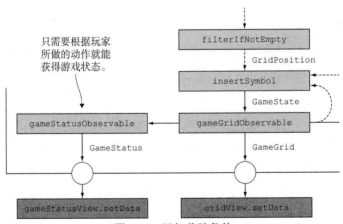

图 8-33　添加获胜条件

游戏可以有两种状态：正在进行或已结束。如果状态是已结束，结果要么是平局，要么是其中一个玩家获胜。

```
class GameStatus {
  boolean isEnded
```

```
    Symbol winner
}
```

问题是，我们需要什么样的信息才能弄清楚这些数据？只需要游戏网格，并且可以从中分析情况。该过程与你之前所做的类似，因此在有了算法之后，就可以应用所学到的知识。

8.12.1   确定 GameState 的代码

需要检查以下两个条件：有人赢了吗？还有人可能再赢吗？对于较小的网格，这种检查相对简单。

你可以浏览所有水平行、垂直行和两条对角线，检查所有符号是否相同(且不为空)。对于平局，可以检查网格是否已满，稍后可能会引入更精确的算法。

这个算法被封装在 getWinner 函数中，它是一个静态函数，用于获取网格并检查是否有人获胜或者平局。

向视图模型添加逻辑

在视图模型中，我们已经有了大部分逻辑，并且将添加从 GameState 派生 GameStatus 的部分(见图 8-34)。

还有一些内容没有包含；让我们首先看看 getWinner 函数。

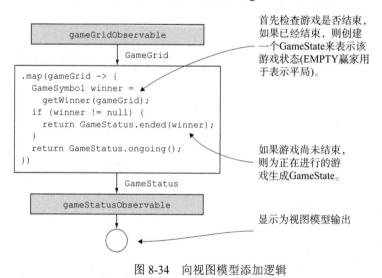

图 8-34   向视图模型添加逻辑

8.12.2   生成 getWinner 函数

虽然这更多的是一个实现细节，但是可以通过遍历所有网格图块并检查源自每个特定图块的匹配项来创建基本的获胜者检查算法。该算法基于 http://codereview.stackexchange.com/a/127105 的示例进行了修改。

我们将创建一个新 GameUtils 类保存该算法。

GameUtils.java

```java
public static GameSymbol calculateWinnerForGrid(
    GameGrid gameGrid) {
  final int WIDTH = gameGrid.getWidth();
  final int HEIGHT = gameGrid.getHeight();
  for (int r = 0; r < WIDTH; r++) {
    for (int c = 0; c < HEIGHT; c++) {
      GameSymbol player = gameGrid.getSymbolAt(r, c);
      if (player == GameSymbol.EMPTY)
        continue;

      if (c + 2 < WIDTH &&
        player == gameGrid.getSymbolAt(r, c+1) &&
        player == gameGrid.getSymbolAt(r, c+2))
        return player;
      if (r + 2 < HEIGHT) {
        if (player == gameGrid.getSymbolAt(r+1, c) &&
          player == gameGrid.getSymbolAt(r+2, c))
          return player;
        if (c + 2 < WIDTH &&
          player == gameGrid.getSymbolAt(r+1, c+1) &&
          player == gameGrid.getSymbolAt(r+2, c+2))
          return player;
        if (c - 2 >= 0 &&
          player == gameGrid.getSymbolAt(r+1, c-1) &&
          player == gameGrid.getSymbolAt(r+2, c-2))
          return player;
      }
    }
  }
  return null;
}
```

我们将遍历每个网格图块,并检查它是否是获胜行的开始。

找到三个连续的水平符号

找到三个连续的垂直符号

找到三个连续的对角线符号

在另一个方向上找到三个连续的对角线符号

还没有赢家!

8.12.3 在 UI 中显示 GameState

为了让玩家知道有人赢了,需要在 UI 中添加一个文本。这是一个简单的 TextView,它使用基于游戏状态的字符串。

还需要一个将 GameState 转换为 String 的函数,然后将其插入 TextView 中。

根据获胜状态隐藏或显示游戏网格顶部的面板(见图 8-35)。

将 GameStatus 更改为字符串

应该在 Android 的产品中使用文本资源,但这里有一种更简单的方法,即对字符串进行硬编码(见图 8-36)。

图 8-35 显示 GameState

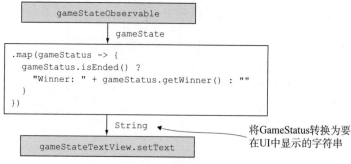

图 8-36   硬编码字符串

在 MainActivity 中保留该映射，因为它很短，但是我们也可以创建一个自定义的 TextView，它知道如何呈现 GameStatus。

8.12.4   视图绑定代码

与处理文件浏览器示例一样，我们将把连接视图模型和视图的代码放入一个单独的函数中。从生命周期的角度来说，它将再次提供更多的灵活性，即使这次你不会做任何异常的操作。

MainActivity.java

```java
private void makeViewBinding() {
  viewSubscriptions.add(
    gameViewModel.getGameGrid()
      .observeOn(AndroidSchedulers.mainThread())
      .subscribe(gameGridView::setData)
  );

  viewSubscriptions.add(
    gameViewModel.getPlayerInTurn()
      .observeOn(AndroidSchedulers.mainThread())
      .subscribe(playerInTurnImageView::setData)
  );

  viewSubscriptions.add(
    gameViewModel.getGameStatus()
      .map(GameStatus::isEnded)
        .map(isEnded -> isEnded ? View.VISIBLE : View.GONE)
      .observeOn(AndroidSchedulers.mainThread())
      .subscribe(winnerView::setVisibility)
  );

  viewSubscriptions.add(
    gameViewModel.getGameStatus()
      .map(gameStatus ->
        gameStatus.isEnded() ?
          "Winner: " + gameStatus.getWinner() : "")
      .observeOn(AndroidSchedulers.mainThread())
      .subscribe(winnerTextView::setText)
```

将所有已创建的视图订阅累积到 CompositeDisposable 中

这些部分是 View 逻辑，可以移到自定义类中。但是它们很少，因此可以暂时放在这里。

```
    );
}
```

8.12.5　游戏结束后过滤所有动作

与过滤所有在非空白网格图块上的动作相同，也可以在游戏结束后阻止所有动作。要了解游戏是否已经结束，可以使用我们新创建的 GameStatusObservable(见图 8-37)。

我们将再次使用 pair 结构创建依赖于另一个 observable 的 filter。

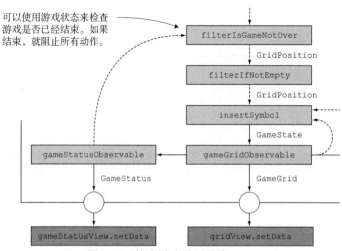

图 8-37　检查游戏是否结束

GameViewModel.java subscribe 函数

```
Observable<GridPosition> gameNotEndedTouches =
  touchEventObservable
    .withLatestFrom(gameStatusObservable, Pair::new)
    .filter(pair -> !pair.second.isEnded())
    .map(pair -> pair.first);
```

这样就可以了。如果 GameStatus 变为"结束"，则阻塞整个事件处理链。在接下来的章节中，我们将了解如何使代码更具模块化和可测试性。

8.13　还有一件事：重新启动游戏

现在，终于可以开始游戏了！但是无法重新启动，应该解决这一问题。

重新启动游戏意味着要执行以下操作：

- 清除网格中的所有符号
- 将回合重置为一个圆圈(如果是叉号)
- 清除表示游戏已结束的所有文本

通常情况下，这会有点麻烦，但是使用我们的 Rx 链式方法，可以简单地将另一个值推送到 GameGridSubject，仅此而已。UI 的每个部分都将通过 Rx 系统自动更新(见图 8-38)。

```
subscriptions.add(newGameEventObservable
    .map(ignore -> EMPTY_GAME) ◄────
    .subscribe(gameStateSubject::onNext)
);
```

每次单击 New Game 按钮时，重置空游戏中的 gameStateSubject。

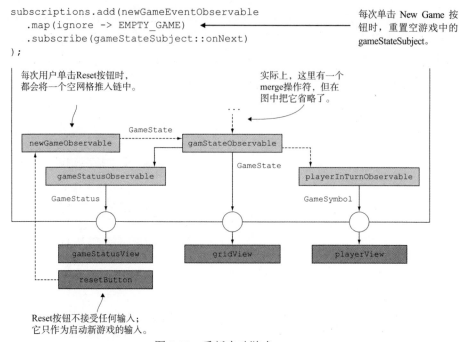

图 8-38　重新启动游戏

8.14　本章小结

如果后退一步，可以看到有一个视图模型和一个视图层。如果命名图层并画一条线，则可以从图形中清楚地看出这两个图层之间的区别(见图 8-39)。

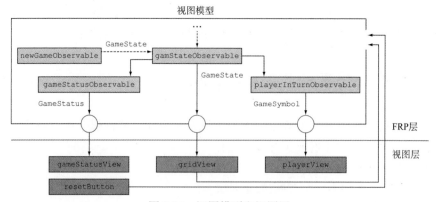

图 8-39　视图模型和视图层

　　用户是来自视图的事件源，但是对于图 8-39，可以假设 UI 事件"奇迹般地"出现，原因我们并不知道。有时会画出用户来澄清这一点。

井字游戏第 2 版

　　我们已有了一个简单的游戏，在第 9 章中，你将看到如何扩展以使其更有趣。

　　你还将看到，在处理数据时，反应式方法如何表现出惊人的优势，我们已经了解了 Reset 按钮的作用，只要几行代码即可实现。通常，这些后来添加的功能需要进行重构，但在 Rx 中，我们已经以"重构"方式编写了代码。

第 9 章 | 扩展现有的 Rx 应用

本章内容

- 扩展现有的 Rx 应用以增加新功能
- 持久化并加载应用状态
- 将部分视图模型逻辑移入专用模型中

9.1 使用现有的反应代码

Rx 的一个优点是，如果代码结构合理，就很容易在应用中添加新功能。
你需要仔细考虑要更改的内容，然后相应地重构图形。

在本章，我们将使用已经编写的一段代码，找出新目标与旧目标的不同之处。

我们将探索反应式编程如何使应用模块化，其中链只是一些独立函数的组合，以及如何利用现有模块。

从井字游戏开始

我们将从第 8 章的井字游戏开始。如果你不记得细节，请不必担心，因为我们将在开始更改之前修改实现。

该游戏如图 9-1 所示。

在这个简单的游戏中，玩家依次插入一个叉号或一个圆圈。一行中连续得到三个标记的玩家获胜。

图 9-1 井字游戏示例

9.2 四子棋游戏

让我们想象一个真实的场景：产品负责人非常明智地决定，一款简单的井字游戏不再能够满足市场的需求。最近那些追赶时髦的孩子热衷的是四子棋游戏。

长话短说，你需要更新应用，使之成为一款完全不同的游戏！幸运的是，我们可以构建这样的应用。

对规则进行如下修改：

- 玩家从顶部删除标记，这样就可以只在已有标记的顶部(或在空列中)进行新动作。
- 获胜者现在需要在一条线上有四个标记，而不是有三个标记。
- 我们将添加一个用于保存游戏的按钮，因此，如果玩家关闭应用，则可以将游戏加载到其先前的状态(见图 9-2)。

这些变化听起来并不太复杂。但是该游戏的确与之前玩的井字游戏有很大不同！尝试去适应它有意义吗？还是应该从头开始？

让我们检查一下需要做哪些更改，看看如何适应它。

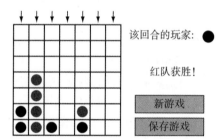

图 9-2　四子棋游戏示例

9.3 更新网格尺寸和资源

在了解反应部分之前,最重要的是将网格尺寸从 3×3 更改为 7×7(见图 9-3)。

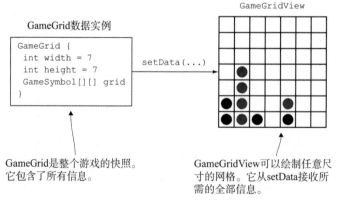

图 9-3　更新网格尺寸

为此,可以更改两个幻数,即 GRID_WIDTH 和 GRID_HEIGHT。如果一切都做得很好,那么从理论上讲,通过将这些值更改为 7s 来扩展网格应该是开箱即用的。

呈现 GameGrid 的视图盲目地获取给定的信息并试图显示它。因此,表示网格尺寸的信息随 GameGrid 一起提供。

9.3.1　资源和绘图

叉号和圆圈只是图片,很容易替换。我们将使用专为四子棋游戏设计的图像。

如果替换素材资源和网格尺寸,会得到一个带有红色和黑色标记的更大的井字游戏网格(见图 9-4)。此时,获胜者仍然是那个一行中连续获得三个标记的玩家,并且标记的位置没有限制(除了彼此不重叠之外)。

图 9-4　红色和黑色标记

9.3.2　黑色和红色

即使它们只是名称,也可以更改 GameSymbol 枚举来表示更新后的符号。用 BLACK 和 RED 代替 CIRCLE 和 CROSS。EMPTY 值保持不变,因为我们会在游戏机制中使用它。

GameSymbol.java

```
public enum GameSymbol {
    EMPTY, BLACK, RED
}
```

9.3.3　放置标记

如果现在运行这款游戏,它应该可以运行:就像之前一样,但会有更漂亮的图形和更大的网格。

剩下的任务,也是最棘手的任务,是更改游戏逻辑,以便将标记垂直"放置"到可用位置。

只有当用户触摸的整个列都已满时,才会发生用户无法使用标记的情况。

接下来,你将看到如何在之前生成的反应处理链中进行更改(见图 9-5)。

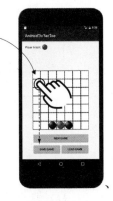

不允许用户仅在任何空白图块中使用标记,但是我们将模拟一次放置。

图 9-5　模拟标记放置

9.3.4　井字游戏反应图

用图形表示从触摸到更新屏幕上游戏字段的过程(见图 9-6)。

图 9-6　井字游戏反应图

实现这一目标需要很多步骤，而且由于我们是以反应式的方式构建应用的，因此可以将各个步骤视为链的一部分。每一步都是一段模块化的、自主的代码，并且不知道上下文。RxJava 代码将这些小片段连接在一起，从而创建出更多的功能——在本例中，是一个游戏(见图 9-7)。

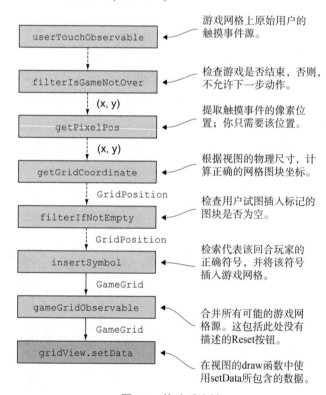

图 9-7　构建反应链

9.3.5　把井字游戏图改为四子棋游戏图

在新游戏中，我们会以不同方式对用户单击网格做出反应。符号位于网格的底部，这意味着需要对图形进行更改(见图 9-8)。

我们将逐步地浏览该图，在每个点上检查是否仍然可以使用之前的实现，或者是否必须进行更改以适应新逻辑。

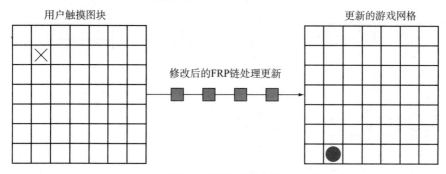

图 9-8　新游戏反应图

你可以选择从头开始编写新应用，但因为代码是模块化的，所以可以通过重用某些部分来节省时间(见图 9-9)。

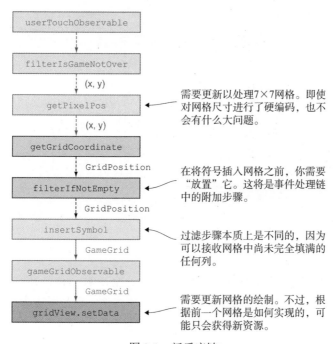

图 9-9　新反应链

9.3.6　在四子棋游戏中放入标记

游戏逻辑中最明显的区别是，标记(或符号)将从顶部放入，直到它击中网格的底部或另一个标记(见图 9-10)。

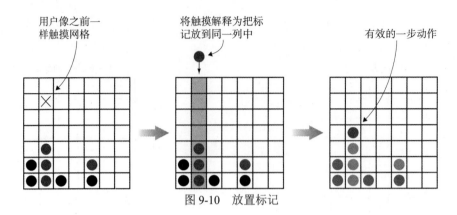

图 9-10   放置标记

可以沿着游戏网格的 y 轴将函数本身实现为简单的 for 循环。在这里，使用 I 循环遍历 y 值。如前所述，这是一个将在 Rx 内部使用的泛型纯函数(见图 9-11)。

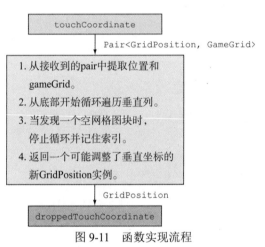

图 9-11   函数实现流程

9.3.7   dropping 函数的代码

要将图 9-11 中的指令放入代码中，需要一个函数，该函数以 Position 和 GameGrid 对作为输入，并返回一个 Position 的新实例，它是所需列中的第一个可用位置。

请注意，无须修改输入：单击的位置和网格本身。这是由于不变性原则。但是，如果用户确实首先单击了"正确"图块，则可以返回原始位置。不过，这种优化有点多余，因为我们讨论的是每个回合中的一个新对象实例。

如图 9-12 所示是 dropping 函数的可能实现。实际上，我们将把它放在一个单独定义的函数中，而不是直接放在.map 操作符中。

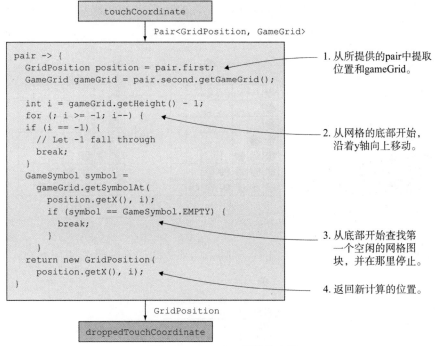

图 9-12 dropping 函数的实现

9.4 检查有效动作

之前，需要在链中检查用户单击的图块是否为空。现在不需要了，因为我们已经有了一个空图块，可以通过搜索下一个可用空间的算法找到它(见图 9-13)。

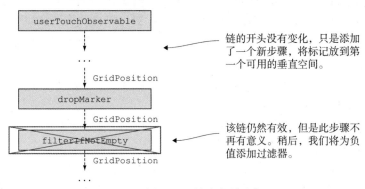

图 9-13 检查有效动作

9.4.1 允许的动作

为了弄清楚该步骤在四子棋游戏中的作用，让我们回到绘图板。

检查是否有空图块的初衷是过滤掉不允许的动作。考虑到这一点，在新游戏中哪些动作是不允许的(见图 9-14)？

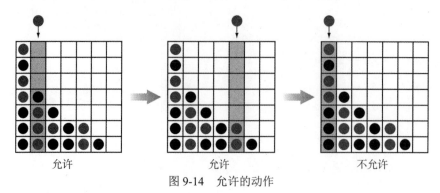

图 9-14   允许的动作

结果发现，在已经完全满了的目标列中的那些动作不被允许(见图 9-15)。

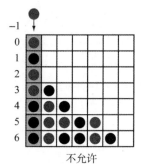

图 9-15   不允许的动作

问题是，当列已满时，dropMarker 步骤会生成什么类型的值？

要找到答案，可以运行游戏并对其进行测试，也可以再次查看逻辑并做出假设。无论哪种方式，你都会得到这样的结论：当列已满时，循环将一直进行到顶部，然后结束。得到的垂直索引为–1。

当然，我们在这里省略了一点，函数的第一个版本可能会在 0 处停止；使用–1 作为 for 循环的极限似乎有些武断。

无论如何，这就是算法的实现方式：

如果该列已满，则一直循环到–1 并返回。

这似乎表明，你需要过滤所有在网格外部生成的数据项，或者至少过滤垂直于负值区域的数据项。此时，可以进行选择，但为了简单起见，我们将在这里走捷径，并假设所有垂直坐标都必须是非负的(见图 9-16)。

现在我们已经确定非法动作的垂直坐标值为负，可以过滤掉它们。

```
.filter(position -> position.getY() >= 0)
```

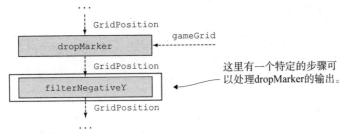

图 9-16　处理输出

我们将放弃所有"高于"游戏网格的位置。

9.4.2　更新的事件处理链

如果将新处理步骤放入原始链中，则会得到一个符合新游戏规则的链。唯一的变化是网格的尺寸(输入和绘图)以及标记会位于选定的列中。

在反应式编程中，可以保持大部分代码完全相同。这里我们已经跳过了某些步骤，但如果你对前面的一些步骤进行了单元测试，那么这些步骤可以保持不变。由于模块化，你可以轻松地重用代码。

请注意，大多数图形仍在处理用户单击网格时产生的事件。在游戏网格中可以将这些事件转换为状态更改(见图 9-17)。

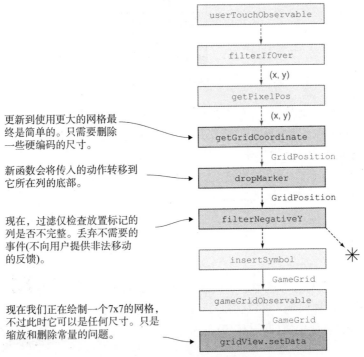

图 9-17　更新的事件处理链

9.4.3   回顾事件处理中的步骤

我们首先用一些插图说明了想要实现的步骤。现在回过头来看看它们在修改后的事件处理链中的位置(见图 9-18)。

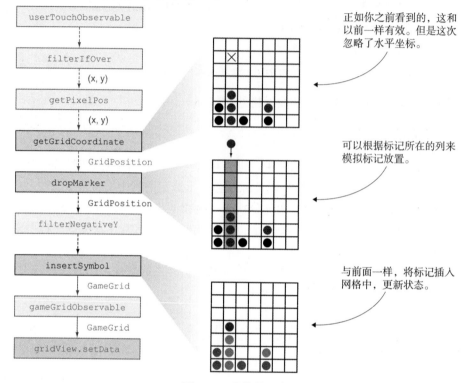

图 9-18   事件处理步骤

只有中间部分发生了显著变化。注意链中传递的数据类型。可以使用 GridPosition 区分屏幕坐标和网格坐标，但不要因此而感到困惑。在某种程度上，网格本身也是一个 x/y 坐标系。

我们还忽略了链的其余部分，因为该页面空间有限！不过，与第 8 章相比，这部分内容没有变化。

茶歇

网格越来越大，再也不容易看出四子棋获胜线的位置。要解决这种问题，可以尝试在 GameGridView 中添加获胜线的呈现位置(见图 9-19)。

入门

这个练习有点复杂，但其本质是 GameGridView 现在需要绘制更多信息。它不再只绘制网格，还绘制获胜线。

从在线存储库中标记为 Coffee Break 1 Start 的代码开始。它包含一个扩展的获胜计算函数。它还在 GameGridView 中有一个名为 drawWinner 的绘图代码。

图 9-19　获胜线呈现

GameStatus 结构

在起始代码中，可以找到获胜线的起点和终点位置。获胜者的代码和之前一样。

```
GameStatus {
   GameSymbol winner
   GridPosition winningPositionStart
   GridPosition winningPositionEnd
}
```

解决方案

需要向 GameGridView 提供新的 GameStatus 数据。可以扩展 GameGridView 的 setData 函数来接收两个参数，即 GameGrid 和 GameStatus——但是为了清晰起见，我们将创建一个新类型来包含这两个参数。可称它 FullGameState(见图 9-20)。

将设置数据的代码更改为使用游戏状态的扩展类型。

GameGridView.java

```java
public void setData(FullGameState data) {
   this.data = data;
   invalidate();
}
```

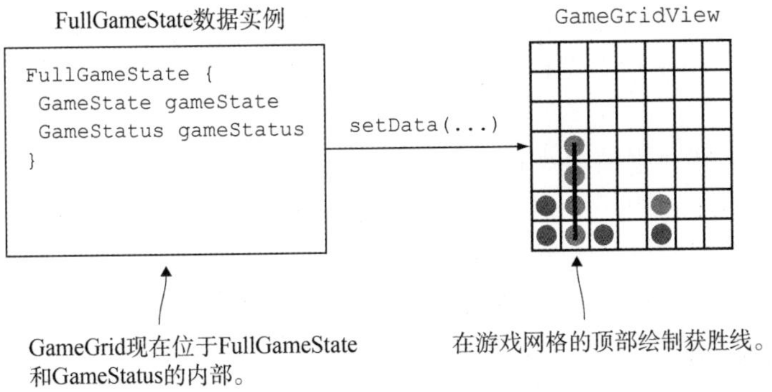

FullGameState数据实例　　　　GameGridView

```
FullGameState {
 GameState gameState        setData(...)
 GameStatus gameStatus
}
```

GameGrid现在位于FullGameState
和GameStatus的内部。

在游戏网格的顶部绘制获胜线。

图 9-20　创建新类型 FullGameState

因为数据是由视图模型提供的，所以必须添加代码来显示：

GameViewModel.java

```
public Observable<FullGameState> getFullGameState() {
  return Observable.combineLatest(
  gameStateSubject, gameStatusObservable,
  FullGameState::new);
}
```

9.5   保存并加载游戏

发布该应用后，一些更认真的玩家要求保存游戏状态以便稍后继续。尽管我们的游戏仍然很简单，但这种要求听起来很合理。同样，可以在象棋游戏之类的游戏中创建一个保存模块，对于这种情况，保存游戏是很常见的(见图 9-21)。

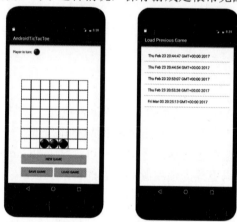

图 9-21   保存和加载游戏

绘图板

在开始编码之前，让我们根据 UI 设计解决方案。有一个 Save 按钮和另一个对话框或活动，用于查看保存的游戏。从时间戳列表中，用户可以选择要加载的游戏。

- Save 按钮将当前游戏状态写入磁盘。
- Load 按钮打开一个活动，从磁盘读取保存的游戏，并显示游戏列表。单击该按钮即可载入游戏。

9.6   创建模型

正如第 8 章中所见，当有了一个合适的模型时，保存和加载游戏就会更容易。

这意味着要将数据与逻辑分离。

9.6.1　原始图

要确定将哪些数据输入模型，可以查看图形。你需要捕获完全描述了游戏状态的状态。

在图 9-22 中，所有中间部分都是 GameState。所有事件流都在其中，并且它只能生成派生的状态，这些状态可以基于 GameState 进行计算，比如获胜者。

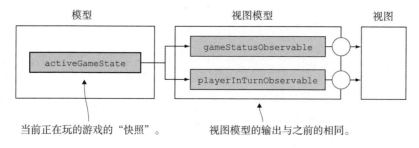

图 9-22　所有中间部分都是 GameState

GameState

要检查 GameState 包含的信息，可以打开类并快速查看。该类具有 GameGrid 以及最后一次使用的玩家符号。这就能够计算出某一回合的玩家。

```
GameState {
  GameGrid gameGrid
  GameSymbol lastPlayedSymbol
}
```

9.6.2　将 GameState 移到模型中

GameState 是所谓的原子态，即无法从任何其他状态计算得出的状态(见图 9-23)。这就是我们要保存的状态。

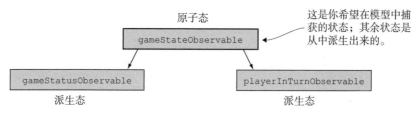

图 9-23　GameState 原子态

我们将定义一个模型并将 GameState 放入其中(见图 9-24)。然后，视图模型对此进行订阅。

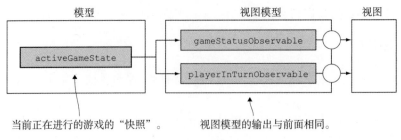

当前正在进行的游戏的"快照"。　　　视图模型的输出与前面相同。

图 9-24　创建模型

可以将模型放在 Application 作用域中。

```
public class GameApplication extends Application {
    private GameModel gameModel;

    @Override
    public void onCreate() {
        super.onCreate();
        gameModel = new GameModel(this);
    }

    public GameModel getGameModel() {
        return gameModel;          ←
    }
}
```

可以通过此 getter 从
Android 应用的任何活动
中访问模型的实例。

9.6.3　GameModel 代码

可以通过加载活动游戏来启动模型。应用一次只能运行一个游戏，因此活动游戏具有特殊的作用。还可以改变网格尺寸的定义，并添加一个函数来启动新游戏。

GameModel.java

```
public class GameModel {
    ...

    private final BehaviorSubject<GameState>
        activeGameState = BehaviorSubject
            .createDefault(EMPTY_GAME);

    public void newGame() {
        activeGameState.onNext(EMPTY_GAME);
    }

    public void putActiveGameState(GameState value) {
        activeGameState.onNext(value);
    }

    public Observable<GameState> getActiveGameState() {
        return activeGameState.hide();
    }
}
```

将 GameViewModel 更改为使用此模型，而不是保留其内部的 BehaviorSubject。可以在构造函数中传递它。

GameViewModel.java

```
public GameViewModel(
    GameModel gameModel,
    Observable<GridPosition> touchEventObservable,
    Observable<Object> newGameEventObservable) {
```

9.7　共享模型

在继续创建加载对话框之前，让我们后退一步。传统方法存在的问题是数据和绘制方式之间具有差异。在典型情况下，我们有一个列表和一个显示特定列表项详细信息的屏幕(见图 9-25)。

9.7.1　"保持简单"的版本

可以从"保持简单"的方法开始：只需要传递数据。一个屏幕加载数据并将其传递到已打开的屏幕。这并没有错，但是无法进行扩展(见图 9-26)。

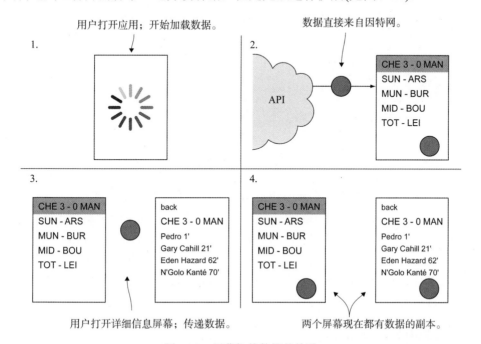

图 9-26　屏幕加载数据并传送

9.7.2　扩展过于简单的版本

只要所传递的数据没有太大变化，一切都很简单。不过，一旦某个屏幕触发更新，就会遇到状态问题：另一个屏幕应该更新，但是我们不希望为了在每个屏幕上出现蜘蛛网，而需要了解使用了相同数据的所有其他屏幕！

更新序列

你可以逐步查看刷新时发生的情况(见图 9-27)。

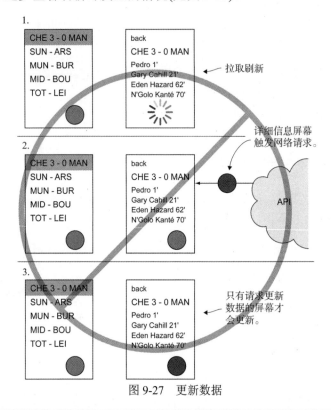

图 9-27　更新数据

这不是 ContentProviders 的工作方式吗?

如果你使用 Android ContentProviders 或其他集中式解决方案来存储和使用数据，则可以直接跳过接下来的几页内容。该模型的原理与 ContentProviders 完全相同，但是在学习了基础知识之后，我们将开始在它们之上构建反应逻辑。

在可能的 ContentProviders 之上使用反应式编程和 RxJava 的优势在于，你可以更灵活地处理和使用数据。

9.7.3　更新反应方式

在反应式编程中，需要在应用 UI 代码之前添加存储。启动序列的耦合性降低了，因为 UI 不知道数据的确切来源。

你已经了解到，模型将提供 observable，然后当新数据可用时，这些 observable 将其输出。

1. 游戏列表还是单个游戏

在本例中，左边的屏幕有一个列表，而右边的屏幕只有一个显示项(见图 9-28)。对于这种设置，我们将构建一个具有 get 接口的特殊模型，如下所示。

图 9-28　游戏列表还是单个游戏

```
interface GameStore {
    Observable<Game> getGameById(String id);
    Observable<List<Game>> getGames();
}
```

该模型在内部管理如何使所有 observable 保持最新状态。目前，我们并不关心 put 操作。

2. 模型数据加载序列

下面是之前的用户交互，但这一次是与存储的交互。我们遗漏了一些细节，比如由谁处理网络请求，但稍后你会看到这一点(见图 9-29)。

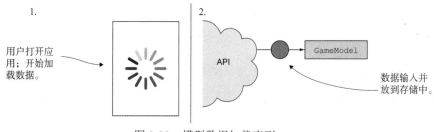

图 9-29　模型数据加载序列

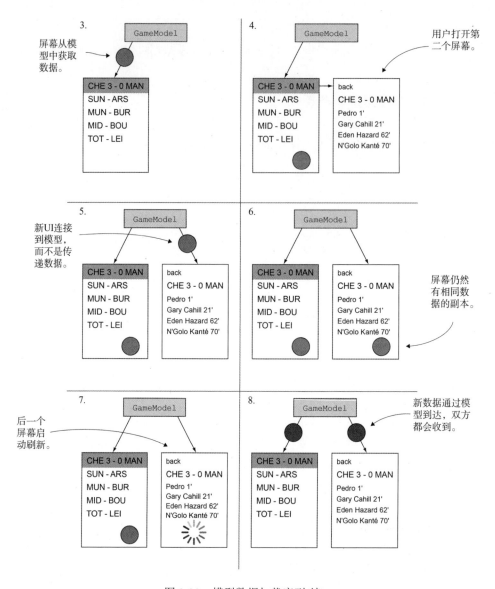

图 9-29 模型数据加载序列(续)

9.7.4 存储和 observable

该模型在内部使用存储。在特定类型的 RxJava 存储中，将从该存储返回 observable。其思想是，首先返回最新值，然后让 observable 订阅后续值(见图 9-30)。

通过这种机制，订阅了该模型的应用的所有部分都能正确获取其初始状态并进行更新。

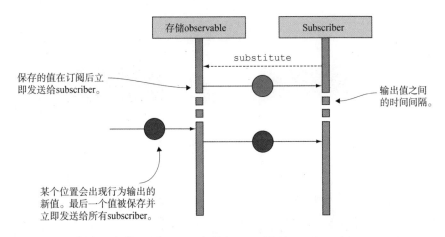

图 9-30　存储和 observable

如果没有数据，怎么办？

　　本章不介绍数据获取策略，但如果没有数据，会发生什么情况。这里有两种策略：要么在获得数据之前不返回任何内容(假设触发了一个网络请求)，要么提供一个专门的空值。

　　前者更易于使用，但是在数据不可用的情况下无效。可以显示微调器，但有时需要立即执行操作。另一方面，后者提供了更大的灵活性，但是在不需要处理特殊情况时，会增加处理的负担。

　　通常，在没有值的情况下，你会选择不输出任何值，必要时再添加它。

9.8　加载游戏活动

　　回到我们的示例，接下来创建一个单独的活动，用于显示已保存的游戏并加载其中一个游戏。MainActivity 和 LoadGameActivity 将共享相同的模型，从而使 LoadGameActivity 能够更改活动游戏。

　　LoadGameActivity 只允许用户加载以前的游戏(见图 9-31)。LoadGameActivity 从模型接收游戏列表。单击其中一个游戏时，LoadGameActivity 会更新模型中的活动游戏以反映变化。

　　通过这种方式，应用的任何部分都可以打开 LoadGameActivity，并且可以正常运行。两个活动将采用相同的模型(见图 9-32)。

图 9-31　加载之前的游戏

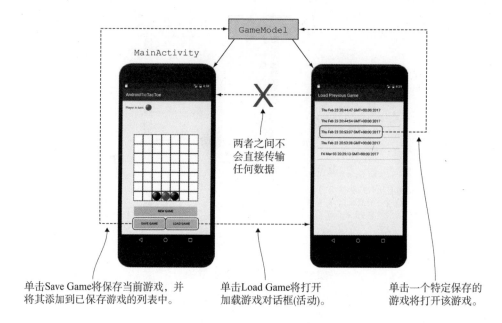

图 9-32   显示已保存的游戏并加载游戏

9.9   PersistedGameStore

现在已经有了模型和活动游戏，但是需要扩展它以包含保存的游戏。模型公开的 observable 将是活动的 GameState 和已保存游戏的列表(见图 9-33)。

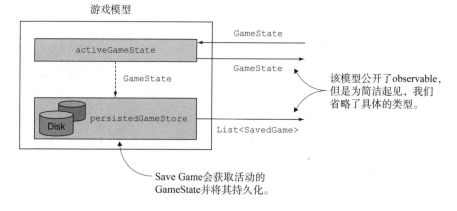

图 9-33   游戏模型

我们将创建一个新类型，以表明游戏的保存时间。目前，这是区分已保存游戏的唯一方法。

SavedGame.java

```
SavedGame {
  GameState gameState
  long timestamp
}
```

模型接口具有保存游戏和获取所有已保存游戏列表的函数。

```
GameModel {
  private PersistedGameStore gameStore     ◄────    GameModel 使用内
  void putActiveGameState(GameState value)          部存储来保存游戏。
  Observable<GameState> getActiveGameState()
  Observable<List<SavedGame>> getSavedGamesStream()
  Observable<Object> saveActiveGame() {
}
```

存储代码

这次，存储将包含一个项目列表，而不是单个项目。

我们将结合使用缓存列表和 PublishSubject 来管理状态。该列表在启动时从磁盘加载，并在保存新游戏时保持更新。

PersistedGameStore.java

```
class PersistedGameStore {                          保存在内存中的已保存游
  private List<SavedGame> savedGames;     ◄────    戏列表。它是在启动时从
  private final PublishSubject<List<SavedGame>>     磁盘加载的。
    savedGamesSubject = PublishSubject.create();  ◄──

                                                    可以使用 PublishSubject
                                                    通知 subscriber 列表更新。
```

与前面一样，可以使用.startWith 操作符在流的开头提供最后一个值。

```
public Observable<List<SavedGame>
    getSavedGamesStream() {
  return savedGamesSubject.hide()
    .startWith(savedGames);
}
```

不同的是 put 函数。在这里，我们首先创建一个更新的列表，将其保留，然后通过 PublishSubject 发布新值。我们不会在这里讨论所有细节，你可以在网上找到代码。该示例存储使用 SharedPreferences。

```
public void put(GameState gameState) {
  final long timestamp = new Date().getTime();
  final SavedGame savedGame =
    new SavedGame(gameState, timestamp);
  savedGames.add(savedGame);
  persistGames();
  savedGamesSubject.onNext(savedGames);
}
```

9.10　保存游戏

必须先保存游戏，然后才能加载。这很简单：获取最后一个 GameState 并将其移入 PersistedGameStore。

可以通过单击 Save 按钮在模型内部完成此操作。

保存的游戏将立即添加到已保存游戏的列表中，不过只有在打开 LoadGameActivity 时才能看到它(见图 9-34)。

图 9-34　保存游戏

将 saveActiveGame 添加到 GameModel

在模型中添加一个函数，用于将游戏复制到已保存的游戏中。PersistedGamesStore 会自动添加一个时间戳并将其转换成 SavedGame 类型(见图 9-35)。

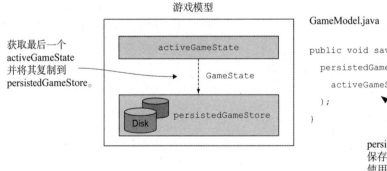

图 9-35　复制并保存游戏

为什么不是 addSavedGame?

还可以向模型添加一个函数，根据命令保存任何游戏。但我们通常会保持接口尽可能小，对于应用来说，唯一能够保存的游戏就是活动的游戏。

9.11　加载游戏

加载游戏序列从打开名为 LoadGameActivity 的加载游戏对话框开始。就像其他活动一样，需要将它连接到模型(见图 9-36)。

图 9-36　加载游戏

加载序列

加载游戏的唯一特殊之处在于，从技术上讲，游戏是在 LoadGameActivity 关闭之前加载的。这样 MainActivity 不需要处理结果(见图 9-37)。

1. 用保存的游戏填充列表。

2. 使用用户刚刚单击的游戏来更新活动的游戏。MainActivity 在后台更新。

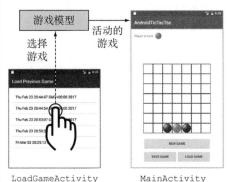

3. 关闭 LoadGameActivity。

图 9-37　加载序列

代码的工作方式类似于文件浏览器应用，你可以在在线存储库中找到详细信息。

9.12　本章小结

本章介绍了如何在构建的反应式应用中添加功能。这里最重要的是，通过保持链的规则和简洁，可以完整地添加或修改行为，而无须涉及未受影响的代码。

你将开始了解反应式编程是如何精确地构造应用来完成其预期的功能以及协助处理事件链。

带有列表的存储

我们快速浏览的一个话题是存储中的数据列表。你了解了如何使用 PublishSubject 来处理更新和内存中的缓存数据项，以保持应用的健壮性。

如果你正在构建生产应用，则可能需要查看存储库，例如 reark.io 或 https://github.com/NYTimes/Store。创建存储是一种很常见的功能，所以尽管很容易创建简单的存储，但是最好使用库来生成更复杂的存储。

第 **10** 章 | 测试反应代码

本章内容
- 测试基础知识
- 为反应式应用编写测试
- 使用工具处理异步代码
- 知道哪些代码需要测试，哪些代码不需要测试

10.1 反应式架构和测试

无论喜欢与否，通常至少需要测试应用的关键部分。反应式应用似乎很难测试，但如果按照我们之前讨论过的指导原则来编写代码，模块化的应用则恰恰相反：
- 使模块具有尽可能少的依赖项。
- 首选可以生成更复杂功能的纯函数。

对粒度进行测试

通常，我们倾向于将测试分为单元测试和验收测试。这两种测试类型针对应用的不同部分，具有不同的目标，如下所示。

单元测试
- 全面测试小段代码
- 不使用框架类(Android 类)
- 理想情况下覆盖所有可能的执行路径(提供代码覆盖率)

验收测试
- 测试各部分代码协同工作的方式
- 可以使用框架中的类
- 包括极端形式的端到端测试，测试整个系统

- 是细粒度的
- 通常针对纯函数、小类

- 不要试图覆盖所有情况
- 通常针对长链、大类

冒烟测试怎么样?

冒烟测试是验收测试的一种极端形式,作为一种预防措施,它涵盖了一些极其关键的用例。这可能包括尝试回答诸如"程序启动了吗?"或"用户能够登录吗?"之类的问题。不过,可以将它们视为验收测试的一部分。

10.2 测试粒度

单元测试和验收测试这两种测试的划分似乎是合理的。但实际情况也是如此:定义单元测试和验收测试总是存在争议。通常,处理的纯数据越多,编写单元测试的可能性就越大。另一方面,如果在屏幕上绘制图形,就可能需要编写验收测试(见图 10-1)。

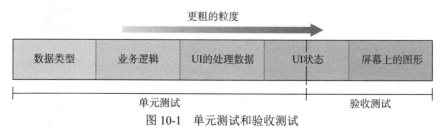
图 10-1 单元测试和验收测试

可以这样考虑:很容易精确地测试某个函数,但是对话框在屏幕上的呈现方式取决于许多因素,其中有些因素是无法控制的。

是不是纯代码

一般来说,你会尝试最大化纯代码的数量。它是不依赖于具体平台的代码(例如,Android),如图 10-2 所示。

图 10-2 纯代码

10.3 依赖项金字塔结构

通常,核心的反应式应用由纯函数组成,或者至少应该由纯函数组成。它们是可以完全控制并进行单元测试的代码片段。

　　如果用金字塔表示应用模块，就可以了解应用的稳定性。底层应该有尽可能多的小模块，然后将这些小模块组合成包含了较少逻辑的较大模块(见图10-3)。

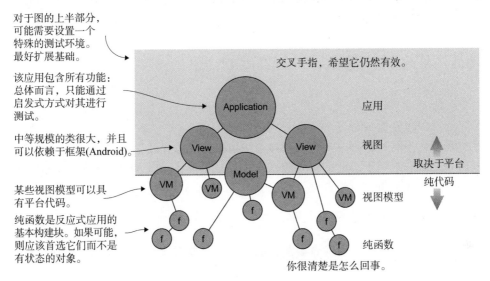

图 10-3　依赖项金字塔结构

　　一般来说，走的步数越多，出错的可能性就越大。金字塔中程序模块的尺寸可以表示它。

10.3.1　测试的类型

　　如果你知道如何测试金字塔，大致将其分为两个部分：顶部是验收测试，可能需要进行其他设置，而底部是纯单元测试。如果你不熟悉这两种方法，请稍等，我们很快就会看到具体示例(见图10-4)。

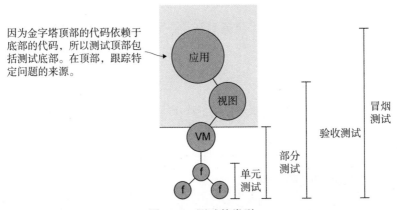

图 10-4　测试的类型

10.3.2　应用中的外部因素

除了关注模块的复合效果外，最好记住哪些部分来自外部源。每个尚未测试的部分都应该被认为是潜在的漏洞，例如 API、平台组件、第三方库，以及很久以前未经测试所编写的代码。

10.4　单元测试基础

验收测试是特定于平台的，具体与反应式编程无关。这里，我们将重点关注单元测试，以及如何确保各部分反应逻辑功能正常。

我们还没有讨论测试反应代码或者 RxJava，所以让我们从头开始。一般来说，测试 RxJava 不同于普通的单元测试。如果你不熟悉单元测试这一概念，请不要担心，因为我们将在这里简要介绍它。

10.4.1　布置、动作、断言

使用单元测试，可以检查要测试的代码在某些情况下是否可以正确地执行某种操作(见图 10-5)。

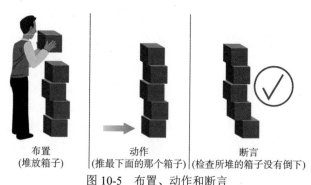

布置　　　　　　　　动作　　　　　　　　　断言
(堆放箱子)　(推最下面的那个箱子)　(检查所堆的箱子没有倒下)

图 10-5　布置、动作和断言

这里的常见错误是将这三个步骤混淆在一起，导致测试难以阅读和维护。每个测试只能测试一种操作。

10.4.2　什么是测试

就代码而言，测试通常是执行所有这些步骤的单个函数。如果最后一个断言失败，则认为测试失败。在这种情况下，整个程序代码被认为处于中断状态，直到测试(或者更确切地说，是正在测试的代码)被修复。

10.4.3　单元测试的代码示例

下面的示例测试了数组的自定义 sort 函数。它按升序重新排列数组项。它没有使用 RxJava，但无论代码是否是反应式的，原理都一样。

这里可以看到布置、动作和断言的不同阶段。如果最后有一个断言失败，那么整个测试就会失败。

MyTest.java

首先，将测试声明为公共方法。测试函数带有@Test 注释，以便测试运行者知道这是一个测试：

```
@Test
public void testMySort() {  ◀──────────
```

> 这里的名称可以是任何名称。约定取决于各种因素，包括文件中的测试数量。

接下来，准备好执行测试用例：

```
// 布置
List<Integer> list = Arrays.asList(54, 1, 7);
```

然后，执行要测试的操作：

```
// 动作
List<Integer> sortedList = MySort.mySort(list);
```

最后，检查操作是否产生了预期的结果：

```
  // 断言
  assertEquals(3, sortedList.size());
  assertEquals(1, sortedList.get(0));
  assertEquals(7, sortedList.get(1));
  assertEquals(54, sortedList.get(2));
}
```

10.5 测试反应链

可以将反应链视为一个函数：对于特定的输入，它产生特定的输出。

在保持输入相同的情况下，我们希望得到确定性的输出。这是测试用例的基础：需要能够预测产生的输出。

可以选择测试反应链的任意部分，如果你愿意，甚至只需要测试一个步骤。测试是否有意义取决于自定义操作符的复杂性——操作符越简单，可以捆绑的测试用例就越多，并且它们是有意义的(见图 10-6)。

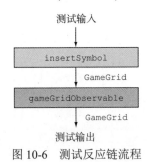

图 10-6　测试反应链流程

10.5.1　为 RxJava 和 Mockito 设置测试

测试 RxJava 时，可以使用一系列技术，并且还可以使用 Mockito 库来模拟对象。在 Android 项目中，可以将它作为 Gradle 依赖项包括在内。

app/build.gradle

```
dependencies {
  ...
  testCompile 'org.mockito:mockito-core:2.+'
}
```

所使用的其他工具已经包含在 RxJava 库中。它们包括可检查的 subscriber 以及用于测试时间相关事件链的类。

在 Android 上，可以使用以下命令在项目目录的命令行中运行测试。

```
./gradlew test
```

10.5.2　测试自定义的 observable

假设在后台线程中可能执行一个非传统的排序方法。可以用一个简单的列表调用它，但是它会在 observable 中返回排序后的列表。

```
public static Observable<List<Integer>> sortList(
    List<Integer> list) {

  return Observable.create(emitter -> {
    // 排序列表并返回新实例
    emitter.onNext(sortedList);
    emitter.onComplete();
  });
}
```

你之前看到过类似的 observable。如果不使用 observable，结果是一样的，但是你如何看待结果呢？

这一常见问题的解决方案是使用 test subscriber。通常，我们会在 subscribe 函数中执行一些有趣的操作，但是 TestObserver 不会做任何操作。执行链之后，你将能够检查 TestObserver。

10.5.3　介绍 test subscriber

我们像往常一样创建了 observable，但是随后订阅了 TestObserver 的某个实例，用于稍后检查输出。

TestSubscriber 并不是一个太复杂的类，只显示它在测试期间看到的任何操作。让我们看看如何在代码中使用它(见图 10-7)。

图 10-7　测试输入并收集结果

10.6　TestObservable 类

一种测试 RxJava 的核心工具是 TestObservable。它包含了一些有用的函数，可以用来检查反应链的行为。通常，需要检查一些操作。下面是 TestObserver 的常见用法。

10.6.1　检查终止

这里有三个函数用于检查 observable 的终止。

assertComplete()
observable 最终结束了吗？

assertError(...)
对于错误情况，可以检查特定的错误。

assertNotTerminated
如果目标是不终止 observable，请检查是否未输出错误或者结束信号。

10.6.2　检查输出的值

要检查 observable 在测试执行期间输出的值，还可以使用以下三个函数：

assertValue(T)
如果只需要一个值，可以直接使用此函数。它还检查是否只输出了一个值。

assertValueCount(Integer)
如果需要多个值，可以检查计数是否正确。

getValues()
如果要手动检查输出的值，可以在有序列表中获取它们。使用 JUnit 标准的 assert 函数来检查。

10.6.3　测试 observable 的列表排序

回到示例中，这次有一个函数，它接收输入，但返回一个 observable。需要创建一个 TestObserver 来收集结果并将其订阅到所产生的 observable。

BlackBoxTest.java

```
@Test
public void testSortList() {
    // 布置
    TestObserver<List<Integer>> testObserver =
        new TestObserver();
    List<Integer> list = Arrays.asList(54, 1, 7);

    // 动作
    BlackBox.sortList(list).subscribe(testObserver);

    // 断言
    testObserver.assertValueCount(1);
    testObserver.assertComplete();

    List<Integer> sortedList =
        testObserver.values().get(0);
    assertEquals(3, sortedList.size());
    assertEquals(1, (int) sortedList.get(0));
    assertEquals(7, (int) sortedList.get(1));
    assertEquals(54, (int) sortedList.get(2));
}
```

创建一个 TestObserver 来监视测试执行的结果。

将 TestObserver 订阅到函数创建的 observable；这将触发 observable 的执行。

检查输出的数据项数量以及 observable 是否结束。

检索 TestObserver 接收到的第一个数据项。确认它是否符合预期。

这个测试是有效的。但是等等，subscriber 不是异步调用的吗，在断言时，列表仍然是未定义的吗？

10.6.4　测试异步代码

此处的代码确实可以在单独的线程上运行。我们只是构造了一个反应函数，使它位于同一个线程上。

在 RxJava 中，如果没有声明线程更改，那么反应链在同一个线程中同步运行。这极大地简化了测试，同时也避免了在视图模型中更改线程。让我们看看这意味着什么。

10.7　同步或者异步

如果回顾 RxJava 的线程系统，你可能还记得一些代码被推送到另一个线程上，使其异步执行。如果在创建的测试中出现这种情况，那么测试将失败。

10.7.1　尝试测试一个行为异常的函数

测试行为异常的函数如图 10-8 所示。

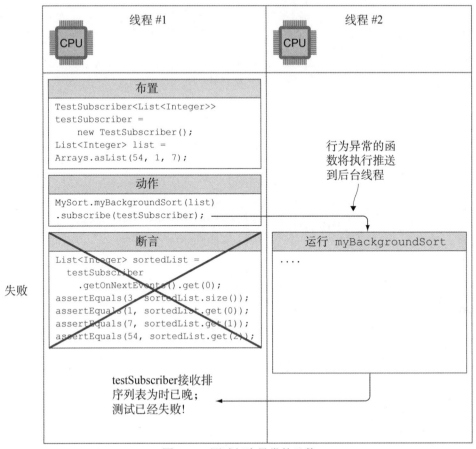

图 10-8　测试行为异常的函数

谁来决定线程？

通常，线程是高级程序逻辑具有的功能。简单的操作通常不应该使用 observeOn 或 subscribeOn 来更改线程。之所以称其表现异常，是因为我们并不真正希望它会更改线程；相反，如果没有运行测试，我们可以自己更改线程。

10.7.2　测试单线程 RxJava 函数

如果我们正在测试的函数不执行任何 observeOn 或 subscribeOn 调用，那么测试它就会变得非常容易。当 observable 链激活时(在创建订阅时)，observable 与调用者在同一个线程上运行。在这种情况下，mySort 会阻塞线程直到线程准备就绪，就像同步代码中通常所做的那样(见图 10-9)。

在本例中，因为已经有了 FRPobservable，因此可以更改线程。在测试中，没有理由这样做。

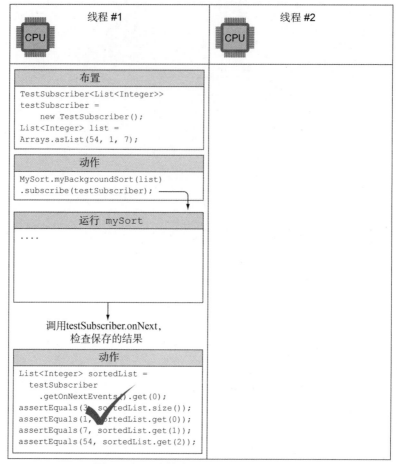

图 10-9 测试单线程 RxJava 函数

茶歇

尝试使用 TestObserver 的测试功能。可以从在线代码存储库中打开一个示例作为起点：本示例将指导你为已经存在的代码编写测试。

该示例不属于测试驱动的开发，即首先编写测试，但它对实践很有帮助。尝试捕获 BlackBox 类中的静态示例函数执行的所有相关操作。

不同的测试方法

在 BlackBox.java 类中，你将找到一些方法。按照说明编写测试：

sortList

- 检查将 null 赋给 sortList 函数时会发生什么。预期的结果是作为错误输出的 NullPointerException(如果在 sortList 中未处理错误，则测试将会失败)。

splitWords

splitWords 函数在字符串中的空格处拆分字符串。它返回的 observable 按顺序输出单词。尝试以下测试：

- 测试单个单词。
- 测试超过三个单词的句子。
- 检查输入为 null 时 splitWords 是否出错。

openStream

openStream 函数创建一个 observable，输出提供给它但尚未结束的数据。它也不提供任何值。这个函数并不是很有用，但要确认它是否具有这样的功能。

解决方案

所有任务都使用 TestObserver 检查 observable 返回的结果。

sortList

可以使用 assertError 函数，该函数获取异常的实例或者作为错误输出的类。在本例中，它是 NullPointerException：

```
// 断言
testObserver.assertError(NullPointerException.class);
testObserver.assertNoValues();
```

splitWords

可以使用 assertCompleted 和 assertValue 检查某个单词。不必单独检查计数：

```
// 断言
 testObserver.assertComplete();
testObserver.assertValue("pineapple");
```

对于多个单词，可以使用该函数版本来获取多个参数并检查它们是否准确无误：

```
// 断言
testObserver.assertComplete();
testObserver.assertValues(
  "Once", "upon", "a", "time");
```

错误情况与 sortList 相同。

openStream

openStream 函数有些特殊，但是并不难测试。确认没有终端事件和值：

```
// 断言
testObserver.assertNotTerminated();
testObserver.assertNoValues();
```

10.8　编写视图模型的测试

可以使用一些已经编写的代码。以前，你专注于学习如何让它发挥作用，但可以回溯编写一些测试作为示例。有时可以在代码之前编写测试，有时则可以用它确保代码不会因为其他更改而中断(见图 10-10)。

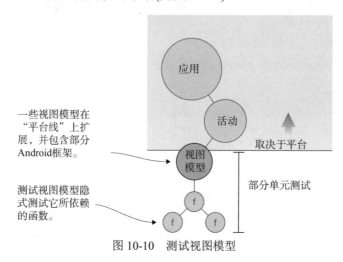

图 10-10　测试视图模型

10.8.1　四子棋游戏视图模型

视图模型的复杂度处于中等水平；可以为它们编写单元测试，但通常不能覆盖所有执行路径。在本例中，我们将检查一些基本情况，以防御性地确认更改应用的其他部分不会破坏应用。

模拟视图模型输入

视图模型通常将输入作为构造函数参数。在测试中创建可控的伪代码。

我们稍微重构了 GameViewModel 类，现在构造函数中包含了三个参数。

GameViewModel.java

```
public GameViewModel(
    Observable<GameState> activeGameStateObservable,
    Action1<GameState> putActiveGameState,
    Observable<GridPosition> touchEventObservable) {
```

10.8.2　GameViewModel 输入的作用

要查看视图模型中的操作，首先来看构造函数中的这些参数。

1. Observable <GameState> activeGameStateObservable

第一个参数是始终具有最后一个状态的 BehaviorObservable。我们获得的参数都具有这种性质。

测试实现：BehaviorSubject

2. Action1<GameState> putActiveGameState

该函数允许视图模型根据计算来更新游戏状态。我们假设这在第一个参数中体现，不过视图模型无法使用，因为它位于存储中。

对于测试来说，只需要确认是否调用了此函数：毕竟，它不会返回任何结果。稍后我们将了解更多细节，但是测试框架 Mockito 提供了一种方便的方法来创建可用的测试对象——即模拟包装器。

测试实现：Mockito.mock(Action1.class)

3. Observable<GridPosition> touchEventObservable

最后，游戏网格上用户的触摸事件对应一个 observable。每当检测到触摸时，就会触发该 observable，然后它在被触摸的游戏网格上输出坐标。

测试实现：PublishSubject

RxJava 测试实现

在本例中，需要在测试中实现视图模型的三种依赖项。它们很常见，可以对所有视图模型使用这些准则。

有状态的 observable：BehaviorSubject

observable 事件：PublishSubject

函数：相同类的模拟函数

10.9　选择测试什么

我们首先测试视图模型中空游戏的初始状态(见图 10-11)。最初，从模型中获取 activeGameStage。在 MainActivity 中建立连接。

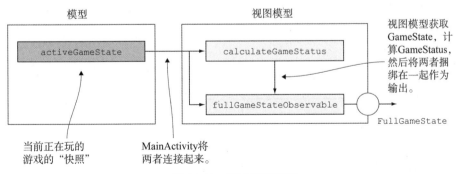

图 10-11　测试初始状态

构造 FullGameState 的单元测试

在单元测试中处理所有这些问题的方法是提供有效的视图模型"伪"输入，并在输出中附加一个 TestObserver，以便稍后检查输出的结果(见图 10-12)。

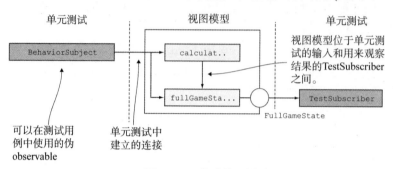

图 10-12   构造单元测试

我们仍然需要为视图模型提供另外两个依赖项，但在这个特定的测试用例中不会主动使用它们。

10.10   测试 GameViewModel 初始状态

现在可以尝试为视图模型编写第一个单元测试。我们将逐步完成它。

10.10.1   设置测试用例

为了方便起见，可以为测试用例创建一种@Before 方法。它将在文件中的每个测试用例之前执行。这样能够在不重复样板代码的情况下设置视图模型。这是单元测试中的标准流程，但如果你不熟悉它，请务必注意。

GameViewModelTest.java

```java
public class GameViewModelTest {
    GameViewModel gameViewModel;
    BehaviorSubject<GameState> gameStateMock;
    Action1<GameState> putActiveGameStateMock;
    PublishSubject<GridPosition> touchEventMock;

    @Before
    public void setup() {
        gameStateMock = BehaviorSubject.create();
        putActiveGameStateMock =
            Mockito.mock(Action1.class);
        touchEventMock = PublishSubject.create();
```

所有测试用例中可用的变量。GameViewModel 及其所有依赖项。

这种方法创建了指定类的模拟实例。其类型仍然相同。

```
gameViewModel = new GameViewModel(
    gameStateMock,
    putActiveGameStateMock,
    touchEventMock
);
}
```

创建GameViewModel的
实例。如果需要测试构
造函数，则不能在此处
执行该操作。

有了这些，就可以继续编写测试用例(测试用例只是单个测试函数的另一种名称)。

10.10.2　第一个视图模型测试用例

在建立视图模型之后，编写测试与你之前看到的没有太大不同。我们将通过声明定义了视图模型的函数来开始测试。

GameViewModelTest.java

```
@Test
public void testInitialState() {
    // 布置
    TestObserver<FullGameState>
        testObserver = new TestObserver<>();
    gameViewModel.getFullGameState()
        .subscribe(testObserver);

    // 动作
    gameViewModel.subscribe();
    gameStateMock.onNext(EMPTY_GAME_STATE);
```

在测试视图模型的反
应之前，一定要记住
订阅视图模型。因为
有了BehaviorSubject，
也可以在订阅之前为
它提供一个空游戏，
这样看起来会更清楚。

断言所发生的操作需要退一步思考。视图模型已经有点复杂了，它既可以计算 GameStatus(游戏结束了，等等)，也可以根据用户输入更新 GameState。

在该测试中，我们不期望根据用户输入进行任何更新(见图 10-13)。

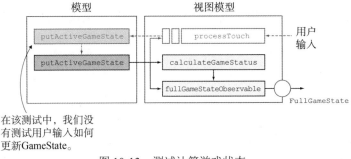

图 10-13　测试计算游戏状态

验证没有调用函数

实际上，我们的目标是仅当用户输入更新了 GameState 时才调用

putActiveState。在本例中，由于只设置了初始状态，因此函数应该保持未调用。

幸运的是，Mockito 模拟包装器支持这样做。语法有点特殊。首先，请记住 Action1 类有一个名为 call 的方法，用来调用它。

```
Consumer<T> {
  apply(T value)
}
```

使用 Mockito，可以验证从未使用任何参数调用过 call 方法(也可以指定参数)。

GameViewModelTest.java testInitialState(续)

```
verify(putActiveGameStateMock, never())
  .apply(any());
```

这是 Mockito 库的语法。调用 Mockito.verify(在此处静态导入)，然后告诉它你希望从未使用过任何参数调用该 call 方法。

使用你已经了解的技术测试其余部分：

```
testObserver.assertValueCount(1);
FullGameState fullGameState =
    testObserver.values().get(0);
assertFalse(fullGameState.getGameStatus().isEnded());
assertEquals(EMPTY_GAME_STATE,
    fullGameState.getGameState());
}
```

只需要确认 GameStatus 是否也被正确计算为正在进行中。

> **是否可以从视图模型中删除用户输入处理？**
> 视图模型最终具有许多功能。例如，实际上可以把用户输入处理转移到模型中，将它保留在视图模型中，但是在 10.11 节，我们把视图模型中的硬逻辑提取到一个单独的实用程序类中。然后视图模型成为逻辑的容器，但是可以在没有视图模型的情况下测试用户输入逻辑。

10.11　测试部分 observable 链

作为单元测试的另一个示例，我们将仔细研究视图模型的输入处理。这在之前的测试中没有介绍，它用来处理四子棋游戏的用户触摸处理(见图 10-14)。

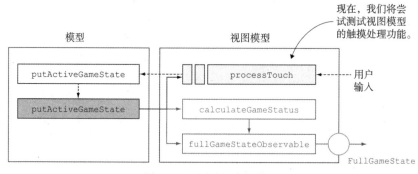

图 10-14　测试用户触摸处理

10.11.1　提取链

这次，不用测试整个视图模型，而是取出要测试的特定位，并将其作为静态函数放入另一个类中(见图 10-15)。

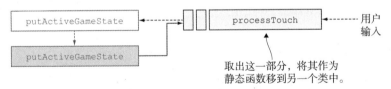

图 10-15　提取链

> **静态函数**
>
> 在 Java 中，静态函数也称为类函数。该函数不需要实例即可运行，因此也无法访问任何实例变量。这些是提取独立逻辑块的良好特性。

10.11.2　作为静态函数的部分反应链

静态函数并不神奇，但是必须注意要将它们所需的全部依赖项作为参数提供。毕竟，它们无法访问未得到的任何变量。

> **如果从静态函数访问静态变量呢？**
>
> 除了常量(static+final)之外，不建议使用静态变量。说真的，别这么做。

在本例中，可以将逻辑移入 GameUtils.java，因为我们已经有了一个通用的实用程序类。可以在任何地方使用静态函数，因为除了潜在地相互依赖之外，它们不依赖于任何变量。

GameUtils.java

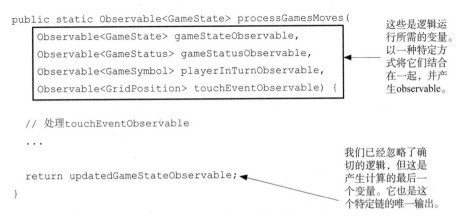

然后，GameViewModel 将在其 subscribe 函数中调用该函数，并保持功能不变。

GameViewModel.java subscribe 函数

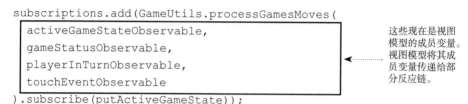

```
subscriptions.add(GameUtils.processGamesMoves(
    activeGameStateObservable,
    gameStatusObservable,
    playerInTurnObservable,
    touchEventObservable
).subscribe(putActiveGameState));
```

这些现在是视图
模型的成员变量。
视图模型将其成
员变量传递给部
分反应链。

10.12 测试四子棋游戏放置逻辑

作为复习，规则规定了当用户触摸网格列时标记的放置。找到第一个空的网格图块，或者，如果列已满，则忽略触摸。

10.12.1 放置逻辑的测试用例

对于一个简单的测试用例，尝试将标记放置在网格的左上角(0,0)处，并期望它落到第一行的底部。

还可以选择网格尺寸，因为我们创建了逻辑，所以它始终与 GameState 一起传递。为了进行测试，我们将使用 3×3 的网格。使用较少的网格图块来定义逻辑案例会更容易，此时，你必须相信 7×7 是可行的(见图 10-16)。

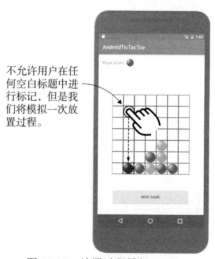

不允许用户在任
何空白标题中进
行标记，但是我
们将模拟一次放
置过程。

图 10-16 放置过程模拟

processGameMoves 函数

我们要测试的函数就是之前提取的函数。它具有四个参数(依赖项)的签名。

```
public static Observable<GameState> processGamesMoves(
```

```
Observable<GameState> gameStateObservable,
Observable<GameStatus> gameStatusObservable,
Observable<GameSymbol> playerInTurnObservable,
Observable<GridPosition> touchEventObservable) {
```

10.12.2　模拟依赖项

这 次，需 要 在 单 元 测 试 中 实 现 四 个 依 赖 项。前 三 个 依 赖 项 将 使 用 BehaviorSubject 进行模拟，最后一个使用 PublishSubject 进行模拟，因为它是唯一 的 observable 事件(见图 10-17)。

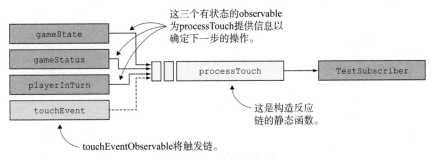

图 10-17　模拟依赖项

设置依赖项的方法与之前相同。可以使用@Before 函数初始化所有测试中的 依赖项。

接下来，我们将为该案例编写测试。从一个空网格开始，然后在(0，0)处放 置一个标记。希望它落到该测试中使用的 3×3 网格的底部。

GameUtilsTest.java

```
@Test
public void processGamesMoves_testMarkerDrop() {
  // Assemble
  gameStateMock.onNext(EMPTY_GAME_STATE);
  gameStateObservable.subscribe(testObserver);

  // Act
  touchEventMock.onNext(new GridPosition(0, 0));

  // Assert
  testObserver.assertNotTerminated();
  testObserver.assertValue(
      EMPTY_GAME_STATE.setSymbolAt(
        new GridPosition(0, 2), GameSymbol.BLACK)
  );
}
```

通过将GridPosition实例 发送到touchEventMock 来执行测试用例。

你可能还记得， setSymbolAt返 回GameState的 新实例。我们 还为GameState 实现了一个equal 函数。

10.13　本章小结

本章的技术性很强，有很多关于 RxJava 的细节。有时候，你需要知道它的工作原理，才能理解它所带来的好处。

你了解了如何成功测试视图模型以及作为静态函数的普通反应链。可以用类似的方式测试模型，不过有时需要在模型中选择模拟和不模拟的部分。首先考虑为什么要测试，然后确定要测试的内容。之后，会更容易选择正确的方法。

反应式编程和 TDD

可以采用测试驱动开发的方式在代码之前编写测试。但是对于反应式编程来说，编译器是你的朋友，当你找到了可以编译的解决方案后，测试通常会有效。不过，由你自己决定如何在开发中使用测试。

测试异步操作

这不是一本关于 RxJava 测试的书，所以我省略了一些内容。特别是，本章没有介绍如何测试与时间相关的操作。在 RxJava 中，如果使用 TestScheduler，则可以在单元测试中随意地更改时间。

我们没有介绍 TestScheduler，因为它们并不常用，通常用例是与搜索相关的超时，或者可能是动画。但是对于架构而言，这些类型的输入处理函数会更加详细。

第 II 部分的结尾

现在，你应该了解了反应式应用中使用的架构组件类型。在本书的第 III 部分(也是最后一部分)中，我们将更深入地研究网络和动画等领域。

你可以随时返回到第 II 部分，作为对架构公共部分的参考。

第III部分 | 高级 RxJava 架构

本部分内容

我们将在本书的最后一部分深入研究使用 RxJava 构建的复杂示例应用及其架构。

第 11 章和第 12 章介绍了如何使用 WebSocket 协议(通常称为 WebSocket)创建实时聊天应用。你将会知道在何处为传入的消息附加处理程序，以及如何使应用的状态保持最新。

第 13 章重点介绍在视图模型中包含动画状态并在不同传入值之间进行转换的特殊情况。

最后，第 14 章解释了功能完备的地图客户端的内部工作机制。你会了解如何将复杂的视图输出建模到反应式系统中。

"问题的出现，不是止步的信号，而是前进的指示。"

——Robert H. Schuller

第11章 | 高级架构聊天客户端 1

本章内容

- 配置使用 WebSocket 的聊天客户端
- 将监听器封装为 observable
- 从 observable 中累加值
- 管理视图模型生命周期

11.1 使用 WebSocket 的聊天客户端

我们将使用即时消息聊天客户端示例来探索不能在存储或视图模型中使用的应用的公共要素。该示例分为两章，更复杂的部分将在第 12 章介绍。

在学习这个示例时，你还将了解处理生命周期和视图绑定的更高级技术。

聊天客户端 UI

现在要让 UI 保持美观和简单。只显示一个消息列表(包括已发送的消息)和一个带有 SEND 按钮的文本字段(见图 11-1)。

聊天室开始时也是匿名的，不过稍后可能会改变。

图 11-1 聊天客户端 UI

因为 UI 是基础，所以首先要解决最棘手的部分：通过网络发送和接收消息。

首先，我们学习如何以非反应的方式创建基本的应用，然后重构它以增加新功能。

11.2 如何传输消息

需要以某种方式传输聊天消息。假设已经有了服务器，那么在互联网上传输数据时会使用 HTTP。

使用传统的 HTTP 发送数据

正如你已经看到的，Web 中的客户端发送一个 HTTP 请求，服务器用最新的数据对其进行响应。HTTP 连接在交换之后关闭。

在 HTTP 请求之间，不会传输任何数据，也不会打开任何活动连接(见图 11-2)。可以用这种方式发送消息，但是接收消息呢？

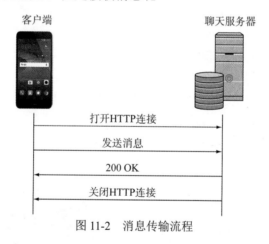

图 11-2   消息传输流程

HTTP 连接是否必须始终关闭？

底层网络层执行优化以最大限度地减少新连接。通常，如果有新请求传入，则连接保持打开状态。但这里的重点是，即使连接保持打开，客户端也总是需要请求新信息。

11.3 WebSocket

客户端向服务器发送请求后，只有服务器才能响应。传统的 HTTP 无法让服务器启动交换，例如在我们的示例中，当有新消息可用时(见图 11-3)。

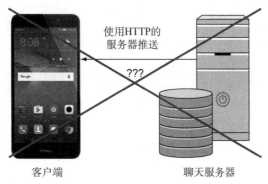

图 11-3　HTTP 服务器推送

解决方案

这就是 WebSocket 的用武之地。从概念上讲，它打开了客户端和服务器之间的可靠连接。当连接处于打开状态时，客户端和服务器都可以互相发送消息，并且这些消息会立即得到处理(见图 11-4)。

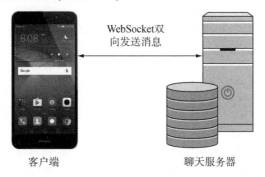

图 11-4　使用 WebSocket

这样不仅可以发送消息，还可以实时接收消息。具体如何实现 WebSocket 是另一本书的主题，对于我们来说，只需要知道可以使用 WebSocket 发送和接收数据。

11.4　作为广播者的 WebSocket

让我们从最重要的部分开始，即创建一个连接以测试 WebSocket 本身是否有效。这样做是为了在开始创建 UI 之前准备好构建块。

WebSocket 的后端

对于本例，我们将使用自定义后端。它从一个客户端接收消息，并将其发布给所有客户端，包括发送该消息的客户端(见图 11-5)。

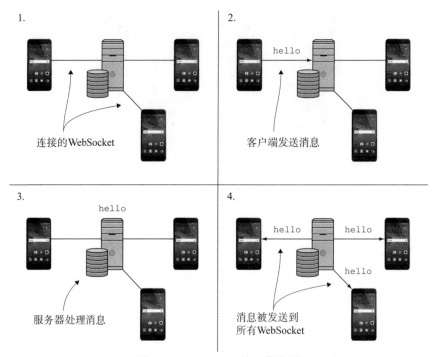

图 11-5　WebSocket 的工作流程

WebSocket 是反应式的吗?

此处的过程类似于 PublishSubject。实际上,从概念上来说,服务器是到所有客户端的发布-订阅链接。

与 RxJava 的不同之处在于,连接无法保证,并且可能会意外失败。通常,当在同一台计算机上执行时,只要程序正在运行,订阅就会实现预期的效果。

不过,正如你所见,WebSocket 确实可以与 RxJava 很好地匹配!

11.5　连接到服务器

就代码而言,连接是如何实现的?我们已经在 Node.js 中创建了一个简单的测试后端,可以在在线示例中找到它。但是你需要创建自己的服务器实例。不过,这不需要事先了解;只需要按照在线说明进行操作即可。

1. WebSocket Android 库

尽管这很有趣,但是我们不想重新建立连接,因此将使用一个库来建立与后端的连接。通过将依赖项添加到 gradle 文件中来包含库。

```
compile 'com.github.nkzawa:socket.io-client:0.3.0'
```

此依赖项是名为 socket.io 库的 Android 分支。它可以完成预期的功能: WebSocket。

2. 第一次连接

使用 socket.io 并不太复杂；你需要创建一个套接字并打开连接。之后，可以发送和接收消息。END_POINT_URL 是前面提到的服务器 URL，只是放入了一个常量。我们将记录连接事件以查看它是否有效。

结束后，还必须关闭连接。

MainActivity:onCreate

```
socket = IO.socket(END_POINT_URL);
socket.on("connect", args ->
  Log.d(TAG, "Socket connected"));
socket.connect();
```

MainActivity:onDestroy

```
socket.disconnect();
```

发送和接收消息

在 WebSocket 打开后，就可以开始发送和接收消息。你已经知道了接收消息的机制：可以声明一个处理程序，每当套接字中的消息到达时都会调用该处理程序。

发送是通过 emit API 完成的，它接收消息的类型以及消息本身。两者都是字符串(见图 11-6)。

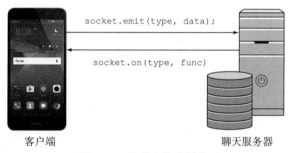

图 11-6　发送和接收消息

对于消息，我们将使用服务器定义的类型 chat message。要测试发送，可以首先为此类消息添加监听器。

```
socket.on("chat message", args ->
  Log.d(TAG, "chat message: " + args[0].toString()));
```

此后，每当你(或其他客户端)发送消息时，都会看到日志记录。请记住，所有连接到 WebSocket 的客户端都会接收发送的消息。

```
socket.emit("chat message", chatMessageJsonString));
```

因为只能发送字符串，所以需要序列化消息。接下来，你将看到如何创建序列化的 JSON 字符串。

11.6   ChatMessage 结构

你已经看到了聊天消息所使用的数据类型，这是你自己定义的。

聊天消息有三个要素：消息 ID、时间戳和消息本身。下面是伪代码：

```
class ChatMessage {
  String id
  long timestamp    ◄────────
  String message
}
```

现在我们把事情简单化了，甚至不保存发送消息的人。稍后可以添加这些字段。

我们将在客户端生成 ID；这是为了稍后跟踪消息。如果许多客户端发送相同的消息，你就会知道哪一个是你发送的消息。

每当创建消息时，也会在客户端创建时间戳。构造函数如下所示：

```
public ChatMessage(String message) {
  this.id = UUID.randomUUID().toString();
  this.timestamp = new Date().getTime();
  this.message = message;
}
```

将对象转换为 JSON

还需要将 ChatMessage 序列化为 JSON，如下所示。

```
{
  "id": "aa4cdec6-5069-4055-8770-e28be9499ef3",
  "timestamp": 1484143186210,    ◄────────
  "message": "Hello World!"
}
```

在本例中，我们省略了时区。在实际应用中，这是必要的。

1. Gson 解析器

使用名为 Gson 的库来执行序列化和解析。在本例中，它接收一个对象并返回其 JSON 格式的字符串表示。它也可以反过来解析 JSON 字符串。

Gson 使用一些黑魔法和反射来找出类包含的对象，并进行解析。可以为它定义一些配置，但此时不需要使用它们。

2. 使用 Gson

首先需要创建一个 Gson 实例，然后使用该实例。为了提高效率，通常需要保留创建的 Gson 实例，并在下次再次使用它。

```
ChatMessage chatMessage =
  new ChatMessage("Hello World!");

Gson gson = new Gson();
String chatMessageJsonString = gson.toJson(chatMessage);
```

末尾的字符串是 ChatMessage 实例的字符串表示形式。我们将使用它将数据从套接字发送到服务器，然后服务器执行相反的操作，再次将字符串读取到对象中。

3. 包含 Gson 依赖项

Gson 不是默认 Android 工具集的一部分，因此需要显式地导入它。在 app gradle 文件中，添加一行代码以告知编译器需要 Gson。

build.gradle(app)

```
dependencies {
    ...
    // Gson 序列化程序
    compile 'com.google.code.gson:gson:2.4'
```

11.7　发送 ChatMessage

现在，将消息转换为可以通过套接字发送的字符串，然后发送这些字符串。

```
String chatMessageJsonString = gson.toJson(chatMessage);
socket.emit("chat message", chatMessageJsonString);
```

最后一行代码最终将消息发送到套接字，然后将其发布到连接到服务器的所有套接字。

11.7.1　消息数据流

注意，在应用中，只将创建的 ChatMessage 发送到套接字。我们有意不在本地保存它。这样，每个连接的聊天客户端中显示的所有消息都是相同的：它们只显示在套接字中接收的 ChatMessage 实例(见图 11-7)。

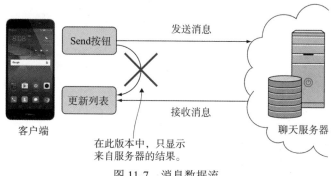

图 11-7　消息数据流

为什么要这样限制消息流？为什么不直接把列出的消息放在发送消息的设备上呢？

显示尚未发送的消息需要额外的逻辑来处理错误情况。理想的解决方案可能是某种挂起状态。

　　不过，就目前而言，根据应用的使用情况，更合理的做法是不要让用户产生发送消息的错觉。

11.7.2　发送 ChatMessage 时的错误

　　在此实现中，我们将忽略任何错误。如果消息发送失败，那么消息会丢失。发送后，将完全失去对消息的引用(见图 11-8)。

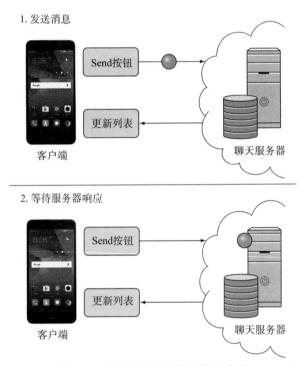

图 11-8　发送消息并等待服务器响应

　　在第 12 章中，我们将使应用更好地处理错误情况。我们选择的方法保证了每个客户端都能看到相同的消息，但如果互联网连接断开，就会遇到麻烦。

11.7.3　运行应用

　　我们编写的所有代码都可以转到 onCreate。应用现在只会打开连接、添加监听器并发送消息(将在监听器中接收)。

在发送消息之前是否需要等待连接？
WebSocket 使用的库是智能的，即使在连接打开之前，也可以发送消息。socket.io 库将自动对它们进行排队。

11.8 将监听器包装到 observable 中

在监听器中使用 socket.on 还需要使用 socket.off 释放监听器。

这意味着 onDestroy 活动中有匹配的调用。

MainActivity:onDestroy

```
socket.off("chat message", listener);
socket.disconnect();
```

非常简单，不过需要使用 listener 函数。但是，因为你希望使用 RxJava 进一步处理消息，所以让它的功能更符合预期。

11.8.1 包含 Observable.create 的监听器

我们已经在文件浏览器示例中创建了一个监听器：在 subscribe 函数中定义它，并将所有接收到的值传送给 emitter。

```
Observable<String> createListener(Socket socket) {
  return Observable.create(emitter -> {
    socket.on("chat message", args ->
      emitter.onNext());
  }
}
```

你可以使用此方法，而不是创建监听器。以下是监听器声明：

```
socket.on("chat message", args ->
  Log.d(TAG, "chat message: " + args[0].toString()));
```

这样就简单多了：

```
createListener(socket).subscribe(chatMessage ->
  Log.d(TAG, "chat message: " chatMessage));
```

11.8.2 取消订阅时释放监听器

监听器创建完成后，需要以某种方式调用相应的 socket.off 函数。

在 RxJava 中，当所创建的订阅被释放时，就完成了任务；需要保存 Disposable 并在断开套接字连接之前处理它。

MainActivity:onCreate

```
messageSubscription =
  createListener(socket).subscribe(...);
```

MainActivity:onDestroy

```
messageSubscription.dispose();
```

现在的问题是，释放订阅后如何清理代码？

订阅清理代码

幸运的是，这不是一个常见问题，RxJava 有一种解决方案。在 subscriber 中添加取消订阅时执行的任意代码。

从技术上讲，通过向 subscriber 添加新订阅来实现该操作，所包含的代码将在取消订阅时被触发。

如果听起来有些复杂，则代码至少相对较短。必须保留对监听器的引用并调用 socket.off：

```
Observable.create(emitter -> {
  final Emitter.Listener listener =
    args -> emitter.onNext(args[0].toString());
  socket.on("chat message", listener);
  emitter.setDisposable(Disposables.fromAction(
    () -> {
      socket.off("chat message", listener);
    }
  ));
});
```

 BooleanSubscription 只是一个实用程序，用于创建释放订阅时执行的代码。

茶歇

在 Jake Wharton 的 RxBinding 库中可以找到许多 RxJava 包装器。但有时需要你自己编写代码，或者出于其他原因需要能够清理代码。

让我们尝试使用你已经了解的清理机制；从前面的代码开始。

(1) 为 ListView 的 item click 事件创建一个 observable 包装器
函数应具有以下签名：

```
Observable<View> itemClicks(ListView view)
```

输出的 View 是 item view 的 click 事件。

在取消订阅时，希望自定义 observable 释放监听器。

(2) 创建一个整型 observable，跟踪其 subscriber 的数量，并将该数字作为第一个值输出给新 subscriber

这只是一个 observable，因此它不依赖于任何输入(例如视图)：

```
Observable<Integer> createCountingObservable()
```

这里只返回创建的 observable。

请记住，只为每个 observable 创建一次 subscribe 函数，因此所有 subscriber 都共享该函数。这次不使用 subscribe 函数的 lambda 表示法，就可以创建由所有后续 subscriber 共享的成员变量。请记住，lambda 表示法是匿名类的简写。

在这个练习中，忽略可能存在的任何线程问题。

解决方案

以下是本次茶歇中两个练习的解决方案。

(1) Item click 监听器

这里需要设置监听器并确保清理代码时监听器保持不变。

```
Observable.create(emitter -> {
    AdapterView.OnItemClickListener listener =
     (adapterView, view, i, l) ->
       subscriber.onNext(view);
    listView.setOnItemClickListener(listener);
    emitter.setDisposable(Disposables.fromAction(
        () -> {
          if (listView.getOnItemClickListener()
            == listener) {
          listView.setOnItemClickListener(null);
        }
    })
    );
});
```

(2) observable 计数

扩展 lambda 之后，计数任务变得更加容易。

```
Observable.create(
  new ObservableOnSubscribe<Integer>() {
    int count = 0;

    @Override
    public void subscribe(
        ObservableEmitter<Integer> emitter) {
      emitter.onNext(count++);
      emitter.setDisposable(Disposables.fromAction(
          () -> count--
      ));
    }
  }
);
```

11.9　基本 UI

现在，可以发送和接收硬编码的消息。让我们创建你之前看到的简单 UI，并查看消息列表以确定发送消息的可能性。

让我们再回到 UI 设计(见图 11-9)。

图 11-9　基本 UI 设计

这里没有特别之处。只需要在 XML 中创建组件。我们将使用传统的 ListView，因为它的代码比 RecyclerView 少。不过，你也可以使用升级版。

我们不会在这里介绍所有 UI XML；你可以在在线存储库中找到它。唯一不同的是，在 ListView 中使用 stackFromBottom="true"。这样，它就具有即时通信工具的功能。

SEND 按钮

因为我们已经可以在日志中看到已发送的消息，所以可以通过实现 SEND 按钮来启动 UI(见图 11-10)。

图 11-10　SEND 按钮

因为我们已经有了发送消息的方法，所以可以添加监听器并通过它进行发送。在 Android 上，监听器始终在 UI 线程上执行，你根本不用担心。

MainActivity:onCreate

```
EditText editText =
   (EditText) findViewById(R.id.edit_text);

findViewById(R.id.send_button)
  .setOnClickListener(event -> {
   String message = editText.getText().toString();
   ChatMessage chatMessage = new ChatMessage(message);
   socket.emit("chat message", gson.toJson(chatMessage));
  });
```

现在，它将向套接字输出消息，如果连接正常，你会立即看到服务器推送回相同的消息。即使 UI 中无法显示消息，也可以看到日志记录。

11.10　显示消息

我们的目标是在创建的 ListView 上显示应用运行期间收到的所有消息列表。使用 ArrayAdapter 显示它们。我们将为这些 item 创建一个默认的 Android布局。

现在，继续在 MainActivity 中叠加所有操作。在逻辑变得更复杂之后，我们将开始逐步引入反应式架构来解决日益复杂的问题。

11.10.1　绘制视图模型和视图

在我们的示例中，唯一呈现数据的视图是 ListView，因为 EditText 和 Button仅用于发送。例如，稍后可以根据网络连接禁用 SEND 按钮，但是在出现类似的情况之前，可以不去管它。

在我们的反应式方法中，应该考虑绘制视图时所需的完整数据集。它是一个数据项列表，因此字符串列表似乎足以绘制所有视图(见图 11-11)。

我们之所以花时间思考一些看似简单的事情，是因为建立连接的直观方法是错误的。有时在进行反应式编程时，最好先退后一步，从头开始分析情况。

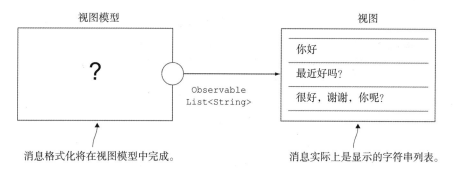

图 11-11　绘制视图模型和视图

所以，请耐心读下去，因为我们需要完成一些步骤，最终创建连接。

11.10.2　创建 ArrayAdapter

MainActivity:onCreate

```
ArrayAdapter<String> arrayAdapter =
  new ArrayAdapter<>(
    this, android.R.layout.simple_list_item_1);
```

适配器不支持大部分布局或格式，但对我们来说，这很好。自定义适配器和布局在呈现时具有更大的灵活性。

由于 ArrayAdapter 仅用于呈现，因此在语义上将其与 ListView 分组在一起。整个结构如图 11-12 所示。

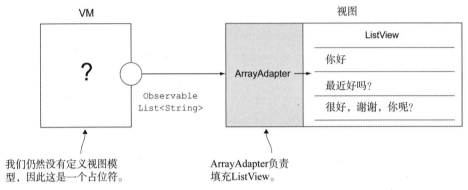

图 11-12 创建 ArrayAdapter

使用 ArrayAdapter

ArrayAdapter 使用的接口是普通数组的接口。我们需要一种方法能够基于收到的新数据集重新绘制整个列表。这里漏掉了几个代码段，更新的代码如下所示。

```
items -> {
  arrayAdapter.clear();
  arrayAdapter.addAll(items);
}
```

> **当收到新消息时，不能直接在适配器上调用.add 吗？**
>
> ArrayAdapter 确实能够添加单数项。在此阶段，可以逐条添加消息。但是你稍后会知道为什么无法扩展该解决方案——适配器需要跟踪 item 事件，而适配器直接与视图绑定。

11.11 视图模型

我们从视图开始了解视图模型中需要生成什么类型的数据。最后，你需要的是消息列表。

前面已经将事件监听器包装到 observable 中，因此可以将其用作视图模型的输入。不过，请注意，它会逐条提供消息。需要一种方法将消息聚合到单个列表中。这也是图 11-13 中箭头看起来有点不同的原因：它代表的不是状态，而是事件。

图 11-13　套接字-视图模型-视图

11.11.1　设置

我们将为视图模型创建一个占位符，然后填写逻辑。

```
class ChatViewModel {
  BehaviorSubject<List<String>> messageListSubject;

  public ChatViewModel(Observable<String>
    chatMessageObservable) {
    ...
  }

  public Observable<List<String>> getMessageList() {
    return messageListSubject.hide();
  }
}
```

11.11.2　初步实现

现在，可以将传入消息的日志记录逻辑移到视图模型中，而不必考虑取消订阅和断开连接；稍后我们再讨论这个问题。

将逻辑放入 ChatViewModel 的构造函数中：

```
public ChatViewModel(
  Observable<String> chatMessageObservable) {
  chatMessageObservable.subscribe(chatMessage ->
    Log.d(TAG, "chat message: " chatMessage));
}
```

这将再次记录传入的消息。

解析和累加

在我们的视图模型中，有消息 JSON 的输入和 ListView 中显示的格式化字符串列表的输出。你需要从 JSON 获取实际消息，并累加传入的消息。

例如，当前从套接字中传入的消息如下所示：

```
{
  "id": "aa4cdec6-5069-4055-8770-e28be9499ef3",
  "timestamp": 1484143186210,
  "message": "Hello World!"
}
```

要解析它，返回到 Gson 库并使用 toJSON 的逆操作。它获取 JSON 字符串和要解析的类：

```
ChatMessage chatMessage =
Gson.fromJSON(json, ChatMessage.class);
```

我们很快将把所有处理步骤放在一起。

11.12 累加 ChatMessage

observable 会在消息到达时提供最新消息。你需要之前收到的所有消息的累加列表(见图 11-14)。

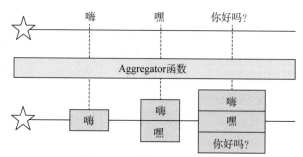

图 11-14 累加 ChatMessage

请注意，在本例中，observable 根本不会结束。你不知道套接字何时关闭，但另一方面，当套接字关闭时，显示的消息并没有任何异常。

弹珠图

为了使图形更简洁，可以再次使用弹珠格式。这里同样的对话被抽象成弹珠(见图 11-15)。

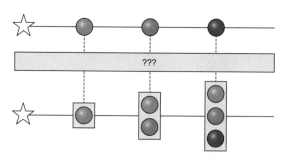

图 11-15 消息弹珠图

RxJava 操作符 scan

很遗憾，这次没有现成的操作符可以直接使用。但是，可以使用高级操作符 scan

并根据自己的需求进行设置。当需要进行累加时，它是一个功能强大的操作符。

scan 可以定义一个以某种组合方式累加值的函数。伪代码描述的操作符如下所示：

```
scan(
  initialValue,
  (accumulatedValue, newValue) -> {
    ... Calculate newAccumulatedValue
    return newAccumulatedValue;
  }
)
```

让我们把它分解。首先是 initialValue。它就像是累加的第一步。在我们的例子中，这是一个空列表，在开始时，根本没有消息。

使用 scan 的弹珠

如果使用 scan 绘制另一张图片，则必须将初始值添加为空列表。它在任何其他值之前输出。accumulator 函数在中间定义。它将弹珠添加到之前弹珠的列表中(见图 11-16)。

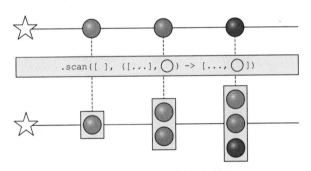

图 11-16　scan 操作符弹珠图

11.13　整合消息处理

你看到了使用 scan 累加的弹珠图。请注意，该函数接收两个参数：先前累加的值(在我们的示例中是一个数组)和刚刚到达的新值。这两种参数类型不需要相同。

你需要接收之前消息的数组，并返回一个添加了新消息的新数组(见图 11-17)。

图 11-17　消息整合函数

如果重命名函数参数，则函数的用法会变得更加清晰。

```
static List<ChatMessage> arrayAccumulatorFunction(
    List<ChatMessage> previousMessagesList,
    ChatMessage newMessage) {

  List<ChatMessage> newMessagesList =
    new ArrayList<>(previousMessagesList);
  newMessagesList.add(newMessage);
  return newMessagesList;
}
```

这是你之前在 scan 中看到的函数。它从一个空列表开始，并在列表末尾添加接收到的每个弹珠，从而生成一个新列表。

当我们在后面把所有部分整合起来时，你就会知道它的用法。

ChatViewModel 构造函数

现在，把所有内容都放到 ChatViewModel 构造函数中。

最后是将 ChatMessage 类型转换为字符串。可以使用 flatMap 完成该操作，它打开列表并“循环”遍历所有数据项，然后使用 toString 函数转换它们。它使用 toList 函数将转换后的 ChatMessage 重新收集到列表中。

```
public ChatViewModel(
    Observable<String> chatMessageObservable) {
  Gson gson = new Gson();
  chatMessageObservable
          .map(json ->
                  gson.fromJson(json, ChatMessage.class))
          .scan(new ArrayList<>(),
                  ChatViewModel::arrayAccumulatorFunction)
          .flatMap(list ->
                  Observable.from(list)
                          .map(ChatMessage::toString)
                          .toList())
          .subscribe(messageList::onNext);
}
```

如果回到原图，则可以用前面的实现替换问号(见图 11-18)。

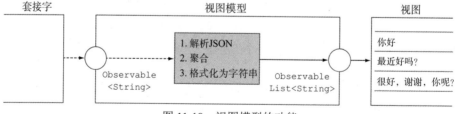

图 11-18　视图模型的功能

这些是视图模型的功能。稍后你将看到其中一些功能可能会被转移到应用的其他模块，但重要的是，只要视图保持不变，就不需要更改视图模型的输出。

11.14　使用视图模型中的值

你已经了解了视图模型的所有者或容器如何管理数据和视图之间的连接。视图模型有意与视图分离，以提高模块性和可测试性。

视图和视图模型是活动(或片段)的同等部分，彼此之间并不直接了解(见图 11-19)。

活动

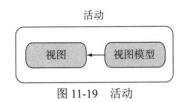

图 11-19　活动

建立连接的方法是订阅视图模型的输出并更新 subscriber 函数中的视图。

MainActivity:onCreate

```
viewSubscriptions.add(
  chatViewModel.getMessageList()
    .observeOn(AndroidSchedulers.mainThread())
    .subscribe(list -> {
    arrayAdapter.clear();
    arrayAdapter.addAll(list);
    })
);
```

MainActivity:onDestroy

```
viewSubscriptions.clear();
```

11.15　视图模型生命周期

在视图模型实现中还需要释放对 chatMessageObservable 的订阅。毕竟，我们添加了取消订阅时需要执行的 socket.off 代码，但是对于当前实现，永远不会取消订阅。

到目前为止，我们释放了视图模型和视图之间的连接，但是这里还需要处理模型和视图模型之间的订阅。

在建立视图模型之前，已经有了与 Android Activity 生命周期相关的 subscribe 和 unsubscribe。

保存所创建的订阅并合理地释放它。

MainActivity:onCreate

```
messageSubscription =
```

```
createListener(socket).subscribe(...);
```

MainActivity:onDestroy

```
messageSubscription.dispose();
```

可以对视图模型执行类似的操作。我们将把订阅代码从视图模型的构造函数中移出，并创建另一个保存订阅的函数，以便稍后释放。

因此，将前面的代码改为调用视图模型实例中的函数。

MainActivity:onCreate

```
viewModel.subscribe();
```

MainActivity:onDestroy

```
viewModel.unsubscribe();
```

11.16   创建视图模型生命周期

一般来说，所有订阅内容都需要有一个生命周期。在本例中，视图模型订阅提供给它的 observable，并与套接字绑定。不过，视图模型本身并不知道这一点，但原则上应该释放 observable 之外的所有订阅(见图 11-20)。

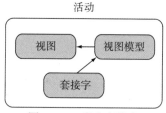

图 11-20   绑定套接字

11.16.1   使视图模型了解其订阅

问题是所有方法都在构造函数中，实际上我们抛弃了 subscribe 方法返回的订阅。

```
public ChatViewModel(
    Observable<String> chatMessageObservable) {
  Gson gson = new Gson();
  chatMessageObservable
        .map(json ->
              gson.fromJson(json, ChatMessage.class))
        .scan(new ArrayList<>(),
              ChatViewModel::arrayAccumulatorFunction)
        .flatMap(list ->
              Observable.from(list)
                    .map(ChatMessage::toString)
                    .toList())
        .subscribe(messageList::onNext);
}
```

11.16.2　Subscribe 和 Unsubscribe 方法

目标是将订阅创建移入视图模型的 Subscribe 方法，并在 CompositeDisposable 中收集订阅。然后，当调用 Unsubscribe 时，CompositeDisposable 会被释放。

可以将活动(或片段)的生命周期 onCreate 和 onDestroy 方法与视图模型的方法(subscribe 和 unsubscribe)有效地匹配(见图 11-21)。

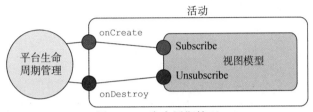

图 11-21　生命周期管理

创建视图模型后，我们将保存 chatMessageObservable，以便需要时使用。

```
public ChatViewModel(
    Observable<String> chatMessageObservable) {
  this.chatMessageObservable = chatMessageObservable;
}
```

然后在 subscribe 函数中，使用它并保存订阅。这与你之前在构造函数中使用的链相同。

```
public void subscribe() {
    subscriptions.add(chatMessageObservable.map(json ->
        ... the chain that used to be in constructor
    );
}
```

在 unsubscribe 中，只需要释放这个保存的订阅。

```
public void unsubscribe() {
    subscriptions.clear();
}
```

你可在在线代码存储库中找到整个视图模型代码。

11.17　本章小结

本章可能与前面的一些章节类似，但是我们仍然学习了新技术，并且更加熟悉视图模型。每个应用都略有不同，需要调整所采用的方法。视图模型是建立架构的一个很好的起点。如果应用的视图模型开始变得过大，则可以将部分代码扩展到其他组件中，例如模型。

11.17.1　取消订阅时的清理

我们已经知道了如何在取消订阅后清理 observable。不需要经常这样做，但当需要时这是无法回避的。

当你需要了解最新情况时，附加这些额外的"清理"订阅具有强大的功能，并且当你不确定为什么要取消订阅 observable 时，也可以用它进行调试。

11.17.2　视图模型和架构

我们还没有了解架构中的新组件，甚至没有实现存储。我现在尽量避开技术细节，以便在第 12 章提出更重要的观点。

这里的重要结论是如何将视图模型绑定到另一个容器的生命周期。这是在架构中建立模块层次结构的基础，我们将在第 12 章中使用该策略。

第**12**章 高级架构聊天客户端 2

本章内容

- 聊天客户端的挂起消息状态
- 具有多个输入的存储
- 初始化 REST API 中的存储
- 作为业务逻辑容器的模型层

12.1 视图模型、存储和模型

在第 11 章,我们谈论的主题是存储。它是一种功能强大的工具,用来在易于识别和维护的位置隔离状态。

本章我们将扩展所创建的聊天客户端并使用存储提高灵活性。在第 11 章,我们将所有操作都放入一个大视图模型中,虽然这样有效,但它不具有扩展性。

除了存储,我们还将在存储周围创建一个可以处理应用通用业务逻辑的层。通常,这一层被称为模型,稍后你会了解它。

12.1.1 聊天客户端概述

为了提醒自己查看聊天客户端中的内容,首先了解目前为止所创建的 UI。它具有消息列表、文本输入和发送消息的按钮(将被其他连接的客户端接收),如图 12-1 所示。

图 12-1　聊天客户端 UI

从整体上看，它不是一个复杂的软件，对于我们来说，这是一件好事。当使用较少的代码分解应用的核心功能时，通常会更容易理解模式。

12.1.2　聊天客户端架构

目前，我们已经有了视图模型和视图的基本反应式架构。视图模型连接到WebSocket，为数据创建双向管道。要进一步了解 WebSocket 的工作原理，请参阅第 11 章的开头，现在细节已经不重要了(见图 12-2)。

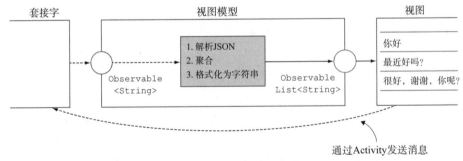

图 12-2　聊天客户端架构

在本例中，我们选择不通过视图模型而是直接从按钮 click 处理程序发送消息。这是在 onCreateMainActivity 块中注册的。

代码结构

将视图模型分离为一个独立的模块。所有其他代码都在名为 MainActivity 的Android 母类中。

代码实现了视图的初始化以及将视图连接到视图模型(见图 12-3)。

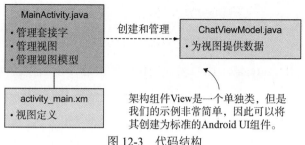

图 12-3　代码结构

　　总而言之，代码是简洁的，如果功能保持不变就好了。接下来，我们将添加更多功能。

12.2　消息挂起状态

　　我们要实现的第一个重大改进是传出消息的挂起状态。在服务器成功确认消息之前，消息将以不同的视觉样式显示(见图 12-4)。

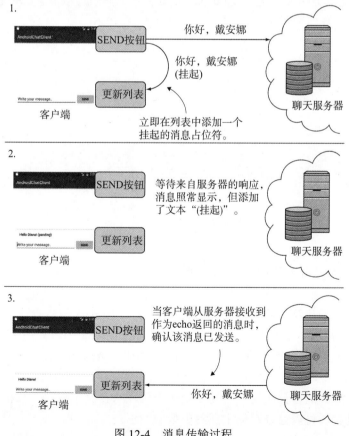

图 12-4　消息传输过程

12.3　处理状态更新

我们当前使用 aggregator 函数来处理传入的消息，该函数接收新消息并将它们附加到列表的末尾。你可能还记得以前的这张图(见图 12-5)。

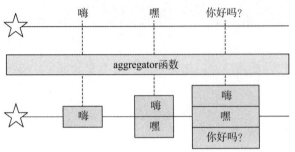

图 12-5　处理消息

这仍然有效，但现在我们面临一个问题：在最初消息处于挂起状态的情况下，需要确认消息传递并更新它。aggregator 函数会在末尾附加该消息，从而导致重复。

如果你试图使用该函数，它就会这样做(见图 12-6)。

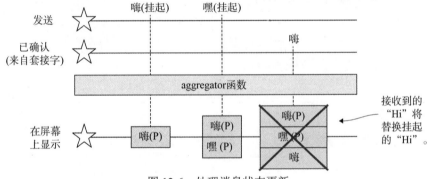

图 12-6　处理消息状态更新

12.4　作为 aggregator 的存储

要想知道如何解决问题，让我们看一下 aggregator 函数本身。它封装了一个 RxJava.scan 操作符，将状态保存在已经接收到的消息列表中(见图 12-7)。

如果回过头来查看存储，那么这个特定的 aggregator 看起来很像存储(见图 12-8)。

与之前看到的存储相比，不同之处在于可以从存储中获取具有相同 ID 的数据流。但是我们可以公开存储中任何类型的输出。

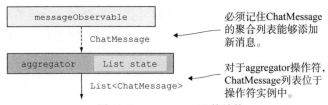

图 12-7　aggregator 函数结构

图 12-8　aggregator 和存储

12.4.1　aggregator 是存储吗

这样代码在语义上就变得更复杂。许多反应操作符都保存状态，例如.distinctUntilChanged，它过滤 observable 中的重复值。如果要根据最后一个值进行过滤，该操作符需要知道之前的值。

aggregator 是一种包含状态的存储，但状态的访问权限有限，这是一件好事。aggregator 只能从源 observable 中获取值，而不能从其他地方获取值。

12.4.2　将 aggregator 切换到存储

现在状态逻辑变得越来越复杂，最好不要使用单个 aggregator 函数，转而使用存储。好处如下：

- 存储可以在应用的不同部分之间共享。
- 复杂状态的存储位置更加清晰。
- 可以轻松地持久化存储。

下面是使用了 aggregator 的 ChatClient。注意，所有操作都绑定在视图模型中。这并不一定是坏事，但是随着程序变得越来越复杂，最好保持视图模型的合理精简。

aggregator 中的数据流(见图 12-9)

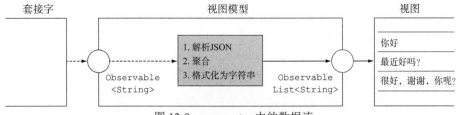

图 12-9　aggregator 中的数据流

需要从视图模型中取出累积部分，并将其提取到存储中。但是不建议在存储中进行解析，因此需要为该操作添加另一个框。你很快就会看到对应的代码。

存储中的数据流(见图 12-10)

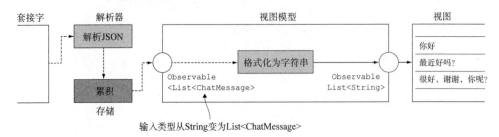

图 12-10　存储中的数据流

12.5　存储的代码

如果你对所编写的代码感到困惑，请不要担心。现在我们来了解它们的作用，然后继续实现存储。

请注意，此时还没有解决最初确认挂起消息的问题。抓紧时间。

之前流程中不同部分的文件和类(见图 12-11)

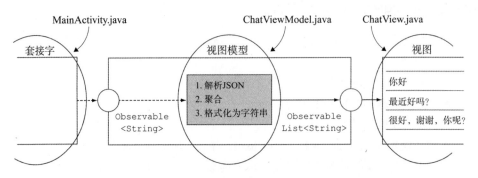

图 12-11　之前流程中不同部分的文件和类

这是非常简单的三个类。然后添加新类，即存储。

新流程中不同部分的文件和类(见图 12-12)

在新流程中，有一个新类：ChatStore。但是解析器代码已经移到 Activity 中了！这不是一种糟糕的做法吗？

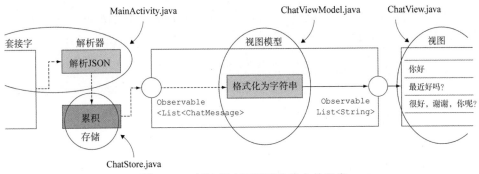

图 12-12 新流程中不同部分的文件和类

12.5.1 解析器的故事

公平地说，除了创建 Gson 实例之外，解析代码只有一行。因此，将此代码行放入 Activity 中是非常安全的。这种小段代码的主要问题是它们最终会开始累积。即使现在并不危险，稍后你也会知道在何处将解析器放入扩展性更高的架构中。

12.5.2 最初的存储实现

此时，存储的代码并不多，而这正是我们需要的。如果可能的话，最好先进行架构重构，然后再更改它所支持的功能。但是，随着我们进行更多的反应式编程，你将会看到有必要提取的模式和模块。

在第一个存储中，不会出现异常，只是简单地复制 aggregator 中的操作。请注意，存储总是将新值附加到列表的末尾，并向所有 subscriber 输出完整的列表。

最初的存储实现

```
public class ChatStore {
    private List<ChatMessage> cache =
            new ArrayList<>();
    private PublishSubject<List<ChatMessage>> subject =
            PublishSubject.create();

    public void put(ChatMessage value) {
        cache.add(value);
        subject.onNext(cache);
    }

    public Observable<List<ChatMessage>> getAll() {
        return subject.hide();
    }
}
```

12.5.3 更新的视图模型

减少了功能的视图模型变得简单(见图 12-13)。

你甚至可能会问这是否值得，但最好还是保持不变。视图模型非常有用，因为总是有与 UI 相关的代码不能在存储中使用。

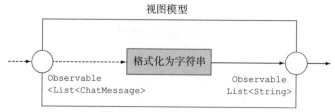

图 12-13   更新的视图模型

简化的视图模型代码

```
public ChatViewModel(Observable<List<ChatMessage>>
    chatMessageObservable) {
  this.chatMessageObservable = chatMessageObservable;
}

public void subscribe() {
  subscriptions.add(chatMessageObservable
    .flatMap(list -> Observable.fromIterable(list)
      .map(ChatMessage::toString).toList())
      .subscribe(messageList::onNext)
  );
}
```

视图模型的输出。这里没有包含代码，但它向视图公开了 BehaviorSubject。

在此代码清单中，可以为视图模型提供完整的存储，而不仅仅是聊天消息的 observable。这在很大程度上是一个需求问题，通常情况下，代码模块之间最好保持分离。在本例中，视图模型不会将聊天消息放入存储中，而只是使用它们。

> **将消息放入视图模型的存储中是个好主意吗？**
>
> 这是一个很好的问题，并且有不同的意见。我们稍后会讨论其中的一些问题，但是简而言之，视图模型的存储中不包含消息会更加清晰。这使得每个模块只能处理传入或传出的数据。
>
> 但是，如果涉及的代码行不太多，那么在视图模型中执行所有操作可能会更方便。

12.5.4   更新的 Activity 代码

该应用的主要 Activity 是增加越来越多的功能，但是现在我们不断扩展它的功能。

首先，需要 Activity 中的存储实例。这样，就可以将其保存，以便 Activity 的其他部分需要时使用它。

MainActivity 声明

```
public class MainActivity extends AppCompatActivity {
    private Socket socket;
    private ChatStore chatStore;
    private ChatViewModel chatViewModel;
    private CompositeDisposable viewSubscriptions =
            new CompositeDisposable();
```

已经开始增加初始化代码，但是请不必担心。还要注意，我们正在创建从套接字到存储的新订阅。

MainActivity onCreate

```
chatStore = new ChatStore();
viewSubscriptions.add(
    createListener(socket)
            .map(json ->
                    gson.fromJson(json, ChatMessage.class))
            .subscribe(chatStore::put)
);
```

你需要保存新订阅，并在 activity 销毁时释放订阅。以前，这是在视图模型生命周期中完成的，但由于视图模型不再负责聚合消息，因此现在将该订阅添加到 viewSubscriptions 中，以便在正确的时间释放。

茶歇

向客户端添加一个搜索，允许用户根据字符串字段中的任意字符串过滤消息。

练习

你看到的是一个 filter，它将搜索字段中写入的单词与列表上的消息内容相匹配。不会触发针对后端或类似内容的搜索。

可以在网上找到该练习：它已经有了搜索输入。你的任务就是扩展应用，让用户可以过滤它们的消息(见图 12-14)。

提示：

应该把这段代码放在哪里？虽然可以将其放在 MainActivity 中，但代码更多地与特定视图组件之间的连接有关。视图模型中通常包含了各种 UI 逻辑。

你需要确保代码中包含了所需的全部信息，然后在 subscribe 函数中进行过滤。有很多过滤消息的方法，但是要尽可能多地使用 RxJava。

图 12-14　搜索并过滤消息

解决方案

可以在视图模型中添加逻辑。要查看扩展的视图模型，可以画一幅小图(见图 12-15)。

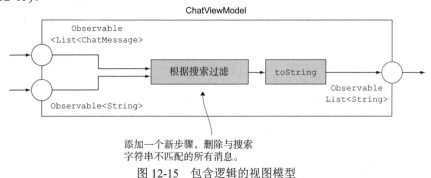

图 12-15　包含逻辑的视图模型

请注意，如果任何一个输入发生了变化，即如果用户更改了搜索字符串，或者如果你收到了新消息(不匹配搜索的新消息将不会显示)，则需要更新列表。

代码位

可以使用你已经学过的工具。我们希望根据搜索字符串进行过滤，因此需要创建一个 combineLatest。实现 combineLatest 操作符的函数，并手动循环访问数据项，也可以使用 RxJava 实现。

两种方法都可以，但是在本练习中，使用 RxJava 版本。

```
Observable<List<ChatMessage>> filteredChatMessages =
  Observable.combineLatest(
    chatMessageObservable, searchTextObservable,
    Pair::new)
  .switchMap(pair -> Observable.from(pair.first)
    .filter(chatMessage ->
        chatMessage.getMessage()
          .contains(pair.second))
    .toList()
  );
```

12.6　实现挂起的消息

要开始处理挂起的消息，首先需要一种方法来判断消息是否挂起。消息要么是挂起的，要么不是，所以一个布尔值就足够了。我们将在 ChatMessage 类型中添加此标志。

```
class ChatMessage {
  String id
  long timestamp
  String message
  bool isPending = true
}
```

默认情况下，将布尔值设置为 true，因为要创建的消息最初就是挂起的。

12.6.1　呈现挂起状态

布尔值为 true 时，默认情况下所有消息都处于挂起状态。但如何将它们显示给用户呢？

这就是使用视图模型的原因；它唯一的任务就是确定消息的格式。它用于在每条尚未确认已发送的消息末尾添加(挂起的)文本。

右侧可以看到挂起的状态。在确认消息到达之前，它们会一直挂起。我们将尽快解决此问题(见图 12-16)。

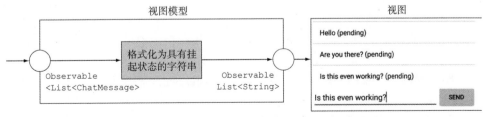

图 12-16　呈现挂起状态

12.6.2 聊天消息 format 函数

要在挂起的消息中添加额外的文本，需要在视图模型中创建一个新函数。可以把此逻辑移到视图中，但目前需要将其保留在视图模型中。

ChatViewModel 成员方法

```
private static String formatMessage(
    ChatMessage chatMessage) {
  StringBuilder builder = new StringBuilder();
  builder.append(chatMessage.getMessage());
  if (chatMessage.isPending()) {
    builder.append(" (pending)");
  }
  return builder.toString();
}
```

前面的代码使用 StringBuilder 在一定程度上进行了优化，不过在本例中几乎没有必要。可以在处理消息时使用该函数，而不使用 ChatMessage::toString。函数遍历接收到的所有消息，并将它们格式化为字符串。

部分 ChatViewModel subscribe 函数

```
chatMessageObservable
  .flatMap(list ->
    Observable.fromIterable(list)
      .map(this::formatMessage)
      .toList())
```

每次都会遍历所有消息。这不是性能问题吗？

由于消息数量少，格式化的影响微乎其微。但对于包含了更多消息的列表，性能可能会成为一个问题。

为了优化消息格式化，可以创建一个缓存策略。为每条消息创建唯一的散列并保存格式化结果。在某些情况下，可能需要将代码移入视图中，以便只处理当前显示的消息。

12.7 用确认的消息替换挂起的消息

现在，我们已经有了消息存储，并且可以向用户指示消息是否处于挂起状态。该方法并不完善，但如果你愿意，可以在下一次茶歇时让它更出色。

要了解希望完成哪些操作，让我们看一下 aggregator 在何处被替换为存储(见图 12-17)。

预期的行为是，新的确认消息将替换挂起的消息。然后，视图模型中包含完整的消息列表，进而更新视图中的信息。通过套接字到达的消息不再处于挂起状态。

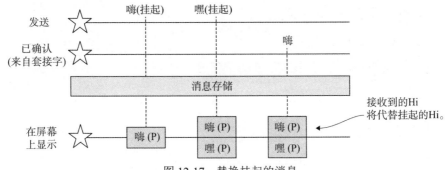

图 12-17　替换挂起的消息

也可以用箭头绘制相同的图：存储有两个输入和一个输出(见图 12-18)。

图 12-18　消息存储模型

12.7.1　消息 ID

在存储中，只需要知道收到的消息是否与发送的消息相同。如何做到这一点？

幸运的是，我们已经这么做了，不过是偷偷的。早些时候，为每条创建的消息添加了一个 ID 属性，该属性是唯一的。

```
class ChatMessage {
    String id
    ...
```

通常，最好根据 ID 区分数据对象，因为数据可能随时间而变化。就像橙子腐烂一样，但它仍然是同一个橙子，只是它的属性随着时间而改变。

12.7.2　消息更新流程

需要添加一种方法来将所有传入的消息标记为已确认。其中有些消息是由用户发送的，有些消息则来自其他用户。就存储而言，不需要区分；只需要使用两个通道来分别传送它们。

实际上，我们的类结构没有那么复杂，并且消息在创建时已经处于挂起状态。这里的要点是，在存储之前有一个层，它会根据消息到达的位置确保消息的状态正确(见图 12-19)。

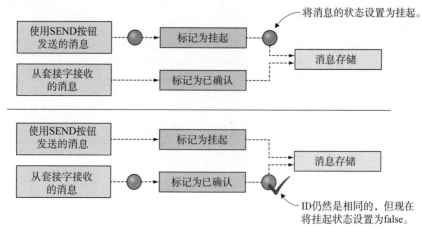

图 12-19　消息更新流程图

12.8　更新存储代码

你可能想知道存储的最新实现。这是一个普通的例子，在列表中添加了新数据项。

```
public void put(ChatMessage value) {
  cache.add(value);
  subject.onNext(cache);
}
```

这根本没有考虑消息的 ID：可能有重复的消息。之所以有引号，是因为我们还没有在存储中定义重复的含义，从存储的角度来看，列表中只有 ChatMessage 类型的对象。

12.8.1　使用映射避免重复

已有的存储可以满足我们的需求，但如果每个 ID 只包含最新消息，则需要对其进行更改。这听起来可能很复杂，但意味着在 ID 保持不变的情况下，挂起状态可能会发生变化(见图 12-20)。

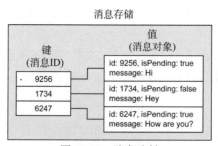

图 12-20　消息映射

设置值时，可以使用 ID 替换旧的 ID(如果存在)。

12.8.2　对映射进行编码

这里我们不会深入讨论太多细节，但是这个特定的存储接收消息并将(可能)更新的列表发送给所有 subscriber。

```
public class ChatStore {
  private Map<String, ChatMessage> cache =
    new HashMap<>();
  private PublishSubject<Collection<ChatMessage>>
    subject = PublishSubject.create();

  public void put(ChatMessage value) {
    cache.put(value.getId(), value);
    subject.onNext(cache.values());
  }

  public Observable
    <Collection<ChatMessage>> getStream() {
    return subject.hide();
  }
}
```

这里没有添加任何行，但是在功能方面非常重要。

12.8.3　副作用：消息顺序

你可能已经注意到，存储的输出变成了 ChatMessage 的集合。集合是一个无序列表，出现这种情况的原因是映射不依赖于数据项的插入顺序。可以说是因为运气，消息的顺序正确。

显然，需要对消息进行排序，但需要决定：存储是否保证消息按时间戳进行排序，还是在视图模型中进行排序？

在我们的示例中，将选择在视图模型中排序，因为顺序是必需的，只是因为它在 UI 中的显示方式不同。可以在线检查代码以查看其工作原理——在处理过程中增加了一个步骤。

12.9　挂起状态的处理代码

在进入挂起状态之前，需要将向存储中添加数据项的两条路径分离开来。让我们看看本章开头的流程(见图 12-21)。

添加代码

现在将这段代码放入 MainActivity 中，以查看它是否有效。但是 MainActivity

开始以惊人的速度增加，这就是应该进行单元测试的逻辑。因此，在初步证明了概念之后，我们将把逻辑移到一个单独的类中。

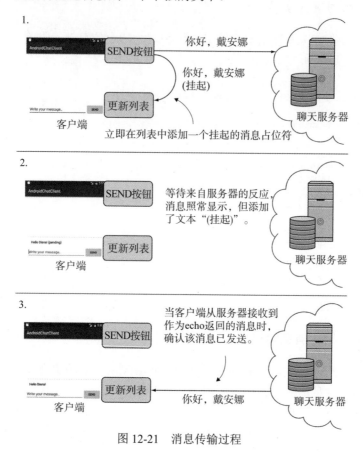

图 12-21 消息传输过程

消息确认逻辑

首先将消息作为挂起的消息放入存储中。因此，它会立即出现在用户的消息列表中(见图 12-22)。

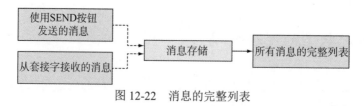

图 12-22 消息的完整列表

第一个入口点位于 SEND 按钮的 click 处理程序。注意，isPending 默认设置为 true。

```
sendButton
  .setOnClickListener(event -> {
```

```
ChatMessage chatMessage =
  new ChatMessage(editText.getText().toString());
chatStore.put(chatMessage);
socket.emit("chat message",
  gson.toJson(chatMessage));
});
```

另一个入口点是当从套接字接收消息时。需要将消息标记为未挂起，然后再将它们添加到存储中。可以向创建了新对象的 ChatMessage 添加函数样式 setter。不建议在反应式编程中修改对象。

```
createListener(socket)
  .map(json -> gson.fromJson(json, ChatMessage.class))
  .map(chatMessage -> chatMessage.setIsPending(false))
  .subscribe(chatStore::put)
```

茶歇

现在，我们有了一个重构的聊天客户端，它使用存储而不是 aggregator 操作符。

看起来似乎很麻烦，但要了解其中的一些好处，我们将在应用启动时实现加载服务器中的聊天记录。

HTTP API

事实证明，API 可以从服务器检索完整的消息历史记录。不过，这个历史记录并不会追溯到很久以前，所以不用担心加载时间。

在线代码存储库中的分支具有 API 样板代码。我们将使用 Retrofit HTTP 接口声明，该声明返回服务器的所有消息历史记录。

```
public interface ChatMessageApi {
    @GET("/messages")
    Observable<List<String>> messages();
}
```

你的任务是在应用启动时使用此 API，并在存储中包含历史记录。

> **你能创建一个更复杂的 aggregator 吗？**
>
> 如果想知道存储的必要性，可以创建一个满足新需求的复杂 aggregator，但它将成为一个无须承认的伪存储。在这些情况下，当链中开始有很多状态时，最好将其删除并创建一个存储。
>
> 另外，将内容插入 aggregator 中会很复杂，但使用存储，就很简单。

茶歇解决方案

设置并运行 HTTP API 后，就很容易加载消息。这里唯一的问题是，在载入历史记录之前是否应该关闭应用？如果用户在加载历史记录之前与 UI 进行交互，那么可能会无意中覆盖其中的一些消息。

在加载时使用 spinner 而不是列表来实现这种加载状态,这里我们认为延迟消息历史记录加载的潜在风险相当小。可以在创建 activity 后调用 API,然后将结果放入存储中。

MainActivity onCreate

```
/// Create APIs and Store
chatMessageApi = ...
chatStore = ...

loadOldMessages();
```

MainActivity loadMessages

```
private void loadOldMessages() {
  chatMessageApi.messages()
    .subscribeOn(Schedulers.io())
    .observeOn(AndroidSchedulers.mainThread())
    .subscribe(messages -> {
      for (String messageJson : messages) {
        ChatMessage chatMessage =
          gson.fromJson(messageJson, ChatMessage.class);
        chatStore.put(
          new ChatMessage(chatMessage)
            .setIsPending(false));
      }
    });
}
```

12.10　模型

我们将重构消息逻辑并将其移到一个新类中。这个类被称为模型,不过有时它也被称为数据层或类似的名称。

模型是存储周围的附加代码,我们不希望将其放入存储本身。目前,它们都被转储到 MainActivity 中,这并不理想。因为这样会在文件中累积大量不相关的代码。

12.10.1　作为容器的数据层

我们尝试将模型定义为除视图模型和视图之外的所有逻辑。这里省略了部分操作,例如解析,但是你可以在在线代码中看到详细信息(见图 12-23)。

> **从图还是代码开始比较好?**
>
> 代码规定了图可以表示的内容。在这里,我们获得了连接点和依赖项,并使用一个相当小的接口定义了模型。但是有时候,当开始实现时,你可能会发现忽略了某些操作,必须相应地调整计划。

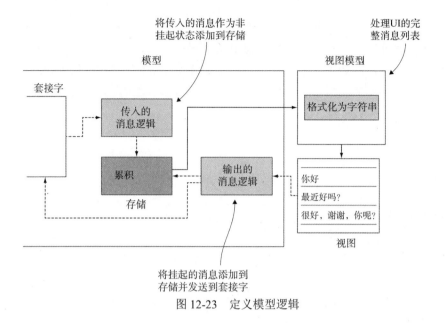

图 12-23　定义模型逻辑

12.10.2　简化的高级架构

　　幸运的是，我们遵循了良好的架构实践，并保持应用各部分之间的相对独立。最后，可以将高级架构绘制为典型的模型-视图-视图模型图。请注意，这里的特别之处在于构建模块时所依据的反应式原则(见图 12-24)。

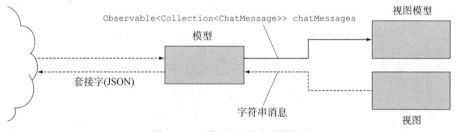

图 12-24　模型-视图-视图模型

12.10.3　频谱中的模型

　　如果你查看频谱，则可以更好地了解模型的作用。它负责应用中的状态管理和连接(见图 12-25)。

图 12-25　频谱模型

通常，我们会在内部进一步拆分模型，因为它很快就会成为一个大的功能块。同样，在本例中，存储为应用提供本地状态管理。

还应该注意的是，由于模型的重要作用，单元测试可以合理地涵盖它。

12.11   模型的代码

现在你将看到模型的代码。获取 MainActivity 中的模块以及连接代码。还需要保留创建的订阅，并将它们再次存储在 CompositeDisposable 中。

新 ChatModel 类

```
public class ChatModel {
  private Gson gson = new Gson();
  private Socket socket;
  private ChatStore chatStore = new ChatStore();
  private CompositeDisposable subscriptions =
    new CompositeDisposable();

  ...
```

我们不会介绍所有模型，因为模型中包含了已经编写的代码。但是，我们将讨论与外界的连接点，因为它们是最关键的。这里也有一些变化(见图 12-26)。

图 12-26   模型结构

CompositeDisposable 是否太多了？

如果你想知道自己创建的 CompositeDisposable 的数量，那么这个问题是不可避免的。每个独立创建订阅的模块也需要能够释放它们。如果从另一个角度看，当有一个状态模块时，例如使用了存储或套接字连接的模块，就很难避免将创建订阅作为一种设置。

连接代码

处理套接字消息的代码保持不变；只需要将其移动到 ChatModel 的 onCreate 函数。

部分 ChatModel onCreate 函数

```
subscriptions.add(
  createListener(socket)
    .map(json ->
      gson.fromJson(json, ChatMessage.class))
    .map(chatMessage ->
```

```
chatMessage.setIsPending(false))
    .subscribe(chatStore::put)
);
```

外部的函数有点不同。现在，该函数只接收应该被发送的字符串。发送方不需要知道任何关于时间戳和挂起状态的信息。

ChatModel 成员函数

```
public void sendMessage(String message) {
    ChatMessage chatMessage = new ChatMessage(message);
    chatStore.put(chatMessage);
    socket.emit("chat message", gson.toJson(chatMessage));
}
```

我们还将添加一些其他方法，使模型的所有者能够灵活地建立套接字连接。此外，还有一个 onDestroy 方法用于释放 CompositeDisposable。

12.12　模型生命周期

模型需要创建和销毁，因此它有一个生命周期。这意味着需要"有人"创建和销毁它。

就像视图模型一样，这里的模型是一个有状态模块。不过，它们是独立的，因为它们的生命周期不需要匹配。但是，对于初学者来说，需要将两者都放入 MainActivity 中(见图 12-27)。

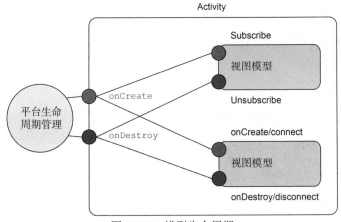

图 12-27　模型生命周期

这里的 Activity 是具有特定生命周期的平台容器。在 Android 中，Activity 是为执行特定任务(Activity)而创建的，并在完成后销毁。

无论如何，我们在图 12-27 中绘制的线条指示了生命周期方法的调用位置。

这里包含了 onCreate 和 onDestroy 主 Activity 中的所有操作。

> **那么 onStart、onStop、onResume 和 onPause activity 呢？**
>
> Android Activity 的生命周期要比创建和销毁模型更为复杂。走捷径可能会产生意外的后果。例如，你可能希望在 Activity 暂停时关闭套接字，或者禁用视图更新。不过，这是特定于 Android 的，并且可以在线查看 reark.io 项目示例中的各种选项示例。

简化的 MainActivity onCreate

```
// 创建 ChatModel
chatModel = new ChatModel();
chatModel.onCreate();
chatModel.connect();

// 创建 ChatViewModel
chatViewModel = new ChatViewModel(
  chatModel.getChatMessages());
chatViewModel.subscribe();

// 初始化视图等。
```

如果你想知道在将视图连接到视图模型之前是否要将视图模型订阅到模型，请记住我们使用的是行为 observable。新 subscriber(例如，视图)立即获取最新值。

销毁通常是创建的相反过程。

MainActivity onDestroy

```
chatViewModel.unsubscribe();
chatModel.disconnect();
chatModel.onDestroy();
```

切换生命周期容器

在 Android 上，一个应用可以由许多 Activity 组成，即使你的应用只有一个 Activity。如果它们都需要访问存储以及包含了存储的模型，那该怎么办？

可以将模型从 Activity 中删除，并将其分配给更高级别的容器。作为本章的最后一个主题，接下来你将看到如何做到这一点。

12.13 单例模块

虽然在我们的示例中不存在这种可能性，但你会了解如何将模型移到另一个生命周期中，同时仍然保持与视图模型的连接。

Android 和许多其他平台上存在一些共享了数据和逻辑的短期模块。在解决方案中，将模型从 Activity 中删除并在应用中创建它(见图 12-28)。

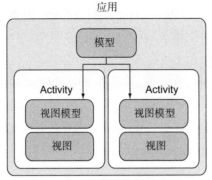

图 12-28　在应用中创建模型

模型的创建与应用绑定在一起。不过，应用有点特殊，因为我们无法控制何时关闭它。如果选择在应用的整个生命周期中保持套接字打开，那么需要接收无法显式关闭该应用的事实(见图 12-29)。

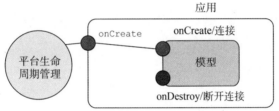

图 12-29　模型生命周期管理

```
public class ChatApplication extends Application {
  private ChatModel chatModel;

  @Override
  public void onCreate() {
    super.onCreate();
    chatModel = new ChatModel();
    chatModel.onCreate();
  }

  public ChatModel getChatModel() {
    return chatModel;
  }
}
```

了解模型

现在我们已经将模型移动到应用的超级作用域，但如何在视图模型中使用它呢？在本例中，可以从包含了视图模型的 Activity 中获取对应用的引用。这是特定于 Android 的，但在每个平台上都有不同方法实现依赖项。

MainActivity onCreate

```
ChatModel chatModel =
```

```
((ChatApplication) getApplication()).getChatModel();
```

你无须关注视图模型中模型的生命周期。它是在应用中完成的。你只需要处理自己创建的模块生命周期。

> **可以使用 Dagger 管理依赖项吗？**
>
> 当然可以！Dagger 是一个用于依赖项注入的库。它可以在反应式架构中使用，是管理作用域的强大工具。不过 Dagger 是另一本书的主题，在这里我们不会深入探讨。

12.14　用于生产的 Android 工具

在本书中，我们一直在有意识地避免使用太多的库，以便将重点放在 Rx 上。但是有一些库和工具可以用于真正的开发。

12.14.1　Dagger

http://square.github.io/dagger/

如果你使用过 Dagger，那么可能已经在思考为什么要用它进行依赖项管理。答案很简单，因为 Dagger 本身具有强大的功能。

Dagger 允许你声明模块的注入位置：例如，模型可以被自动注入所需要的任何位置。关键是用户不需要知道模块来自哪里。

我建议在较大的生产设置中使用 Dagger。

12.14.2　Subject

Subject 在生产使用中有点棘手。在 RxJava 1.x 中，容易出现 MissingBackpressure-Exception，这表明有太多的数据需要处理。你应该注意从服务器接收的数据，并在需要时实现背压处理(有关更多信息，请参阅 ReactiveX 文档)。

RxJava 2.x 已经为此提供了解决方案，而更新后的 Observable 实际上没有解决方法。

对于视图模型输出，还可以尝试使用 RxProxy，它解决了传统 subject 中的一些问题。

https://github.com/upday/RxProxy

12.14.3　意外终止 observable

有时会遇到的另一个问题是，如果发生意外错误，终止时会丢失整个 subject/observable。对于这些情况，可以尝试实现错误处理，或者使用 materialize 将 observable 转换为通知。这是另外一个话题，不过如果你遇到这一问题，看看它的解决方法。

12.14.4　声明错误处理程序

错误处理总是有些困难，主要是因为有一个困难的问题，"如果出现错误，应该怎么做？"不过，至少需要声明一个错误处理程序。

```
.subscribe(subscriber, errorHandler);
```

如果没有声明错误处理程序，并且出现错误，则默认实现会导致应用崩溃。如果你不确定要做什么，或者这一问题无关紧要，可以将其记录下来。

12.14.5　日志记录和线程

如果你觉得线程复杂，那么可以使用 Log 函数并同时打印线程名称。可以使用 Thread.currentThread().getName()获取名称。

12.14.6　存储

应用的核心是存储。通常，我们将为每种类型的数据创建一个存储。存储也称为存储库，你可能会在其他资源中看到它。

大多数存储保存数据对象列表，它们类似于数据库表。在生产软件中，你可能希望使用 reark.io 之类的库或者更新的 https://github.com/NYTimes/Store。还可以考虑商业解决方案，比如 Realm，或者使用 SqlBrite。

reark.io

在 reark.io 的存储中可以使用传统的 SQLite ContentProvider，能够获取 Android 应用的所有进程中的更新。如果有后台进程或者小部件，这种方法尤其有用。

不过，你可以先从简单的存储和最少的设置开始，然后再升级到 SQLite。

12.15　本章小结

本章的内容很多，汇总了你之前看到的许多概念。下面是一些建议，告诉你该怎么做。

12.15.1　视图模型

视图模型是反应式逻辑容器的俗称。它们的作用是在逻辑和视图之间创建一个层。

- 可以使用另一个库创建从视图模型到视图层的绑定。
- 视图模型包含了返回到模型中的输入和数据，在某些反应式框架中，它们是分离的。

12.15.2 模型

模型没有明确的最佳形式。它可以被构造成一个存储周围的分层包装器,甚至可以被构造成一个单独的数据处理层。通常,可测试性提供了很好的指导。

12.15.3 表示器

在 Android 上,表示器是当今架构的流行部分。但它并不是反应式应用的关键部分,因此我们没有看到它的实际应用。

就 RxJava go 架构而言,表示器最适合用于复杂视图,作为从视图中提取呈现逻辑的一种方式。因此,它应该位于视图和视图模型之间(见图 12-30)。

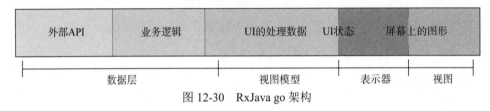

图 12-30　RxJava go 架构

我们的目标仍然是保持视图的浅层次性,但是当子组件的数量过多时,需要使用表示器。

第13章 | Rx 转换

本章内容

- 使用 Rx 和视图模型创建动画 UI
- 创建参数化转换
- 理解视图和视图模型之间的界线

13.1 状态之间的转换

本章介绍反应式编程技术，其中包含一些数学知识，但我们都会解释，因此请坚持读完本章。

在 UI 中，经常会遇到中间状态，例如，下拉菜单并没有完全打开，而是"开放"的。我们可以动画处理从关闭状态到打开状态的过程(见图 13-1)。

图 13-1 下拉菜单状态

动画有不同的制作方法，我们先来看看这些方法。

13.1.1 "即发即弃"策略

在动画速度相对较快(小于 300 毫秒)的情况下，无论用户执行什么操作，都可以启动动画并让它完成。我们称之为"即发即弃"策略。这很简单，而且确实是制作 UI 动画的典型方法(见图 13-2)。

图 13-2 "即发即弃"策略

"即发即弃"的方法有其局限性，而且动画时间越长，这些限制就越明显。

如果一个用户不耐烦地多次快速单击，就会出现严重的问题。如果用户在动画完成之前单击，会发生什么情况？

13.1.2 小故障

在动画开始后忘记动画状态适用于较短的动画。对于稍长的应用动画，如果用户单击速度太快，或者应用状态因外部原因(例如传入的通知)而变化，那么 UI 就会出现小故障。

一般来说，问题总是相同的：需要在旧动画完成之前启动一个新动画。你唯一的选择是重置动画(见图 13-3)。

图 13-3 启动动画过程

出了什么问题

实际上，步骤 3 和步骤 4 紧挨在一起，因此很难理解发生了什么。通过画图 13-4 来详细分析。

用户认为下拉菜单的"开放度"大幅上升是一个小故障。下拉菜单突然从半开放状态跳转到完全开放状态。

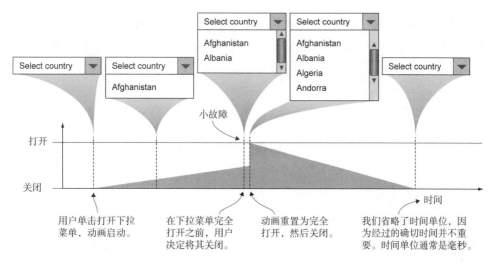

图 13-4　动画启动过程分析

13.2　应该是怎样的

你希望从中断处继续执行动画。在我们的示例中，下拉菜单从未完全打开，因为用户单击速度很快，并且在打开时单击 Close 按钮。

在这种情况下，下拉菜单必须在打开过程中关闭(见图 13-5)。

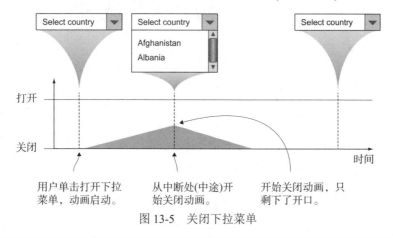

图 13-5　关闭下拉菜单

队列转换

除了"即发即弃"之外，还有第三种处理动画和转换的方法。在启动一个新动画之前，可以完整地执行每个动画。这就是 CSS 转换的工作方式。

我们不会在本书中讨论排队的动画，因为 Android 没有提供对它们的固有支持，从用户的角度来看，排队只是少数情况下的预期行为。

> 作为用户，当你明确要求关闭下拉菜单时，为什么会在再次关闭之前看到它完全打开？排队的唯一理由是，它总比"即发即弃"要好，但如果需要为此付出努力，最好还是用正确的方法来实现！

13.2.1　更复杂的场景

还可以有更复杂的序列，因为用户在下拉菜单关闭时还会再次打开它。当然，在下拉菜单中，这是不太可能的，但是滑动菜单或需要较长时间才能转换的菜单中会出现这种情况。

1. 细节质量

一般来说，当 UI 运行速度较慢时，它们的可靠性会更高。通常，用户还会通过快速或意外的交互"测试"UI。我们创建的解决方案具有健壮性，并且能够处理所有情况。

2. 来回

如果用户的行为不可预测，或者只是改变了主意，那么可能会得到一个在打开和关闭之间来回切换的"开放度"图(见图 13-6)。

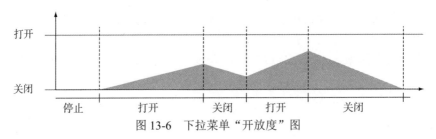

图 13-6　下拉菜单"开放度"图

13.2.2　UI 状态不是真或假

这里有两个要点。首先，动画状态，也就是 UI 状态，不能用简单的 true 和 false 值来表示。其次，需要跟踪动画状态，并始终从中断处继续执行。想想如果使用"即发即弃"策略会出现什么情况！

你可能会说这是一个夸张的示例，但实际上并非如此。用户经常试图故意破坏 UI。他们只是在快速单击或注意到故障时才会了解它的表现，并试图重现它。我们的任务并不是创建可以被破坏的功能，如果动画时间太长并且无法正确完成，通常最好不要设置动画。

我们现在将学习如何使动画生效。引入介于 1.0 和 0.0 之间的状态，而不是 true 和 false。

13.3   使用一个数字的动画进度

在深入讨论本章的反应式部分之前，让我们再做一些研究，首先必须对问题有一个扎实的理解，然后才能提出解决方案。如果你已经知道如何使用从 0.0 到 1.0 的浮点数描述动画进度，那么可以跳过这一部分；否则，需要学点数学知识。

开放度百分比

我们引入的第一个概念是下拉菜单打开的百分比。

你可以看到百分比始终在 0%～100%之间，其他任何值都没有意义(见图 13-7)。

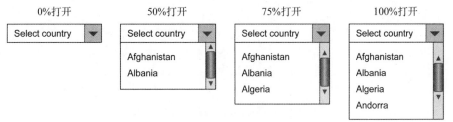

图 13-7   开放度百分比

比率

为了简单起见，需要将百分比转换为浮点数，因此 0%为 0.0，100%为 1.0。按照这种方式，如果想获得一个数字的 50%，则可以将其乘以 0.5。

下面是一些使用 Java 表示法的示例：

0% = 0.0 100% = 1.0 84.5% = .845

在编程中，我们通常会调用类似于这些比率的数字。有时只使用字母 r 表示它们。

如果在图 13-8 中应用这些知识，则可以将垂直轴从 0.0 更改为 1.0。它仍然是同样的"开放度"图。

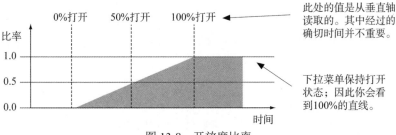

图 13-8   开放度比率

13.4　反应参数化

了解了其他内容之后，我们再来讨论反应式编程。动画和转换的参数化对我们来说很有趣，因为它们很好地兼容了我们的反应式范例和视图模型。

我们在靠近视图的位置进行操作，并且建立了视图模型和视图之间的界限。动画逻辑非常复杂。如果所做的操作非常重要，那么最好从视图中提取该逻辑(见图 13-9)。

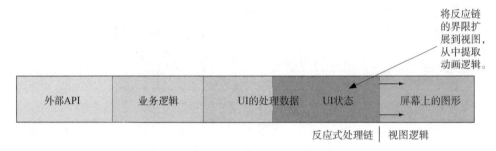

图 13-9　反应式处理链与视图逻辑

使用一个 observable 保存转换的状态，即 0.0~1.0 之间的比率。把这个 observable 放入视图模型中。另一方面，关联的视图知道如何根据所接收到的比率绘制特定的状态。不过请注意，视图甚至没有意识到它已经被动画处理。它只是在每个动画帧上接收一个新值(见图 13-10)。

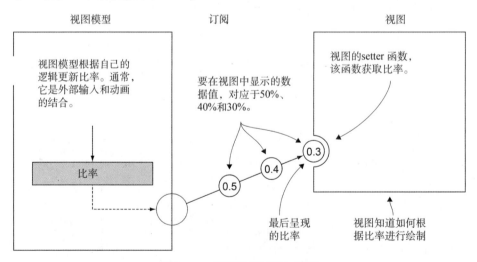

图 13-10　关联视图模型与视图

13.5　示例：风扇小部件

　　下拉可能不是最好的示例，因为它在大多数平台上都有很好的实现，而且动画速度相当快，并且相互独立。

　　但是，当你创建自定义组件时，情况会发生变化。作为示例，我们将创建一个风扇小部件，在单击时展开它包含的选项(见图 13-11)。

　　几年前来自 Futurice 的马库斯·伯格(Markus Berg)发明了最初的风扇，它能够对鼠标光标的悬停做出反应。但是在移动设备上，通常没有悬停触发器，因此需要进行单击。你会发现，如果需要，可以很容易地更改触发器的来源。

图 13-11　风扇小部件示例

打开风扇

　　与往常一样，可以选择几种方法。就个人而言，我希望尽快在屏幕上显示图片，因此我倾向于使用用于演示的视图。

　　你已经在图 13-12 中看到了风扇的关闭状态和打开状态，但是我们来分析一种更复杂的状态：打开状态(见图 13-12)。

　　为了简单起见，我们将定义每个风扇项，使其从上一个风扇项顺时针打开20°。这并不适用于所有风扇项，但在特殊情况下，可以灵活地调整该值。

　　再次注意，此时我们绘制的是在反应式输出中使用的逻辑。无论使用的是哪种平台，几何学和数学都是一样的，但是当你了解了细节之后，就会选择 Android 作为示例。

　　如果你以前没有创建过如此复杂的 UI 组件，那么现在是开始学习的绝佳时机。我们将逐步完成所有必要的步骤。

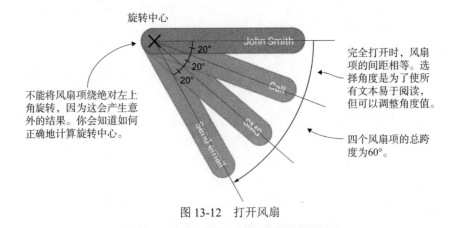

旋转中心

不能将风扇项绕绝对左上
角旋转，因为这会产生意
外的结果。你会知道如何
正确地计算旋转中心。

完全打开时，风扇
项的间距相等。选
择角度是为了使所
有文本易于阅读，
但可以调整角度值。

四个风扇项的总跨
度为60°。

图 13-12　打开风扇

> **听起来像是复杂的数学——有必要吗？**
>
> 你通常不需要深入研究这种数学知识，但是在这里，我们将作为一个例外并进行更深入的介绍。如果你对细节不感兴趣，可以下载包含数学知识的代码部分，并按原样使用它们。

13.6　设置子视图的转换

假设已经有了视图的子视图。这些都是单独的风扇项，它们共同构成了风扇。

在 Android 上，ViewGroup(容器)可以逐个覆盖所有子视图的转换。有一个函数可以获取所需的视图角度和旋转中心。如果你并不熟悉旋转，这里会先讨论一些必要的细节。

13.6.1　每个子视图的总旋转角度

拉动风扇使其完全打开，因此对于每个风扇项，旋转角度都会增加20°。头部不旋转。

第二个风扇项(头部之后)的旋转将为 $2 \times 20° = 40°$(见图13-13)。

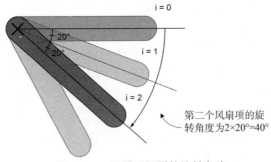

第二个风扇项的旋
转角度为2×20°=40°

图 13-13　设置子视图的旋转角度

因此，乘数是子风扇项的索引。角度的计算方法如下：

```
int rotationAngleDegrees = index × 20
```
魔数 20 代表度数

此处的索引从 0 开始，这意味着第一个风扇项位于 0°(水平)，第二个风扇项位于 20°，以此类推。

13.6.2　设置旋转中心

旋转中心听起来不错，但它只是将所有风扇项都连接在一起。它就像一个轴，所有风扇项围绕着它旋转。

可以尝试删除旋转中心对应的代码，看看会发生什么。在这种情况下，正确设置旋转中心非常重要(见图 13-14)。

图 13-14　设置旋转中心

1. 旋转中心的偏移量

在列表设计中，左侧是一个半圆。这个圆的中心是要旋转的中心。可以从子风扇项的高度计算旋转中心。如果将左上角视为零点，则中心位于高度的一半(见图 13-15)。

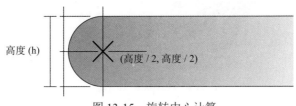

图 13-15　旋转中心计算

```
int rotationCenterX = child.getHeight() / 2
int rotationCenterY = child.getHeight() / 2
```

这是旋转中心的偏移量，我们将使用它调整视图的行为。

具体如何使用旋转中心?

我们不讨论数学知识，但一般来说可以分步执行操作。首先移动视图，使所需的旋转中心位于(0，0)。然后围绕(0，0)进行旋转。最后，将视图转换回原来的位置。

2. Android 设置子转换的方法

在很多平台上，可以用更简单的方法定义旋转，但是在 Android 上，必须使用一些特殊的技巧。

首先，创建自定义 ViewGroup 类，可以称之为 FanViewGroup。

在这个类中，我们将重写函数 getChildSaticTransformation，并接收 View 和 Transformation 子类作为参数。给定的转换是需要修改的，并在其中进行旋转。还必须返回 true 以表明确实应用了转换。

这里的语法并不完善，重要的是旋转部分的代码。可以将此代码放在自定义 ViewGroup 类中：

```
@Override
protected boolean getChildStaticTransformation(
    View child, Transformation t) {

  final float childIndex = indexOfChild(child);
  final float childHeight = child.getHeight();

  final int rotation = childIndex * 20;
  final int rotationCenter = childHeight / 2;

  Matrix matrix = t.getMatrix();
  matrix.setRotate(rotation,
    rotationCenter, rotationCenter);

  return true;
}
```

最终会得到如图 13-16 所示的结果。

当从下方移动风扇项时，头部应该保持不动。必须反转索引计算。

图 13-16　设置子转换

3. 反转子顺序

然后需要确保头部在最上方。方法是反转索引计算(见图 13-17)：

```
index = getChildCount() - indexOfChild(child) - 1
```

getChildCount()函数返回 ViewGroup 中子风扇项的总数。还必须减去 1，因为数组是从零开始的。

索引更改后，风扇项的顺序应该是正确的。通常，你可以在开发过程中进行一些尝试，并了解每种场景下的适用方法。在本例中，设计是预先确定的，所以不能改变。

图 13-17　反转索引计算

我们最终会得到想要的风扇，但风扇会永久打开。在茶歇后，你会看到如何将其附加到应用的反应逻辑！

> **矩阵是什么？**
>
> 矩阵是一种数学结构，可以保存视图的所有转换。这包括移动(平移)以及旋转和缩放。
>
> 虽然矩阵能够创建炫酷效果，但对我们来说，不需要了解它的作用。可以将矩阵视为一种类型，它包含了在屏幕上何处绘制子视图以及如何绘制的信息。

茶歇

在深入研究本章的反应式部分之前，先尝试一下视图转换，看看可以产生什么样的效果。

学习如何计算不同类型转换的好处在于，你很快就会看到如何对所有转换进行动画处理。

虽然你不应该手动计算，但是通常可以通过一定程度的努力来产生理想的效果：

(1) 创建一个转换，以显示底层的子项。看看是否可以通过逐一设置转换来创建"列表"。

提示：Matrix 类的 setTranslation 函数具有该功能。

可以根据需要在矩阵上调用任意多个函数。

(2) 尝试结合两种转换。如果调用任何 set 方法，它会重置其他所有操作，你应该在启动时执行此操作。

使用 pre 和 post 方法，可以"预先挂起"或者在已经定义的转换之上添加转换。例如，可以像以前一样首先旋转，然后使用 postScale 方法进行缩放。

提示：缩放方法使用了我们之前讨论过的比率。如果给定一个数字 1.0，不会发生变化，0.5 会变成 50%，2.0 则会显示 200%(两倍大小)。

图 13-18 所示是一个"列表"的示例，可以在其中水平和垂直地进行平移。垂直平移的幅度较大，以确保风扇项不会重叠。

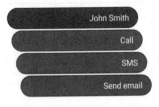

图 13-18 "列表"示例

13.7 使用 RxJava 和 Android 进行动画处理

希望你已经掌握了如何为反应逻辑构建视图。本书并没有介绍如何绘制视图组件，但是构造反应式程序的方法略有不同，因此我们将花费一些时间来了解。

在反应式编程中编写所有视图组件的关键是它们必须包含尽可能少的内部逻辑。在本例中，我们正在计划对风扇进行动画处理，但是刚刚创建的视图没有使用动画。稍后我们将在不修改视图的情况下添加动画。

参数化风扇视图

现在有了一个保持打开状态的静态视图。下一步需要提供对开放率的支持。实际上，可以为视图添加一个介于 0 和 1 之间的浮点数，期望以一种表示开放状态的方式重新绘制视图。

我们仍不会设置动画，但会对视图进行预处理，以便能够显示从 0 到 1 的任何开放度。通过将 setter 函数添加到自定义 ViewGroup 来完成该操作。

```
public void setOpenRatio(float r)
```

可以使用不同的数字测试生成的视图，以确保它是有效的(见图 13-19)：

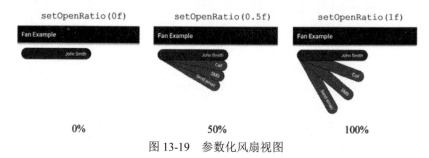

图 13-19　参数化风扇视图

我们将使程序逻辑化，这样就可以提供 0 和 1 之间的任意数字。这种视图称为参数化视图。提供一个数字和参数来表示它应该以多大的开放度进行绘制，而视图知道如何做到这一点。

13.8　更改 FanView 的代码

当 animator 使用新值调用 setOpenRatio 时，你希望(1)保存所提供的值，并且(2)触发对所有子转换的重新计算。注意，当动画正在进行时，该操作每秒会发生 30 次。

保存 openRatio

第一步很简单：向 FanView 添加一个字段

```
private float openRatio;
```

并将值保存在所创建的 setter 函数中：

```
public void setOpenRatio(float r) {
```

```
    this.openRatio = r;
    ...
```

接下来，重新绘制，或者使所有子类的转换无效。在 Android 上，有一个遍历所有子类的循环，告诉平台转换已经无效。

```
public void setOpenRatio(float r) {
    //保存最新的 openRatio 值
    this.openRatio = r;

    // 子类转换无效
    final int childCount = getChildCount();
    for (int i = 0; i < childCount; i++) {
      View view = getChildAt(i);
      view.invalidate();
    }
    invalidate();
}
```

应用比率

setChildStaticTransformation 中包含了添加比率的代码。以下是我们在茶歇之前已经想出的计算方法：

```
final float childIndex = indexOfChild(child);
final float childHeight = child.getHeight();

final float rotation = childIndex * 20;
final float rotationCenter = childHeight / 2;
```

值 rotation 和 rotationCenter 是最后应用旋转转换时使用的值。此代码始终将风扇完全打开。

执行参数化时，需要仔细考虑用来设置动画的值。在本例中，答案是 rotation 本身，而 rotationCenter 保持不变。

在这种情况下，操作相对简单：将旋转角度乘以 openRatio。这对所有子类都有影响，因为每个子类分别调用该函数。rotationCenter 保持不变。

```
final float rotation = childIndex * 20;
final float adjustedRotation = openRatio * rotation;
```

然后，我们将使用 adjustedRotation 而不是原始值。

```
matrix.setRotate(adjustedRotation,
    rotationCenter, rotationCenter);
```

在视图中保存变量不是很糟糕吗?

通常，我们会尝试尽量减少 View 类自身保存的值的数量，但在这些情况下它是不可避免的。因为 Android 平台稍后会调用 setChildStaticTransformation，因此在调用无效函数之后的某个时刻，必须同时将 openRatio 保存在某个地方。

但不应该将视图的 openRatio 公开为 getter。视图应该仅仅作为反应链的使用者，你很快就会看到这一点。

13.9　视图模型

我们做了大量的工作，最后才来讨论重要的部分。不过，通常情况下，在正确构建了周围的代码之后，逻辑的核心就不那么复杂了。

13.9.1　连接视图模型和视图

让我们看看本章开始时的情况。

我们已经完成了图 13-20 的右侧部分，为 openRatio 创建了一个端点。现在转到视图模型，并了解如何使其输出所需的 openRatio 状态。

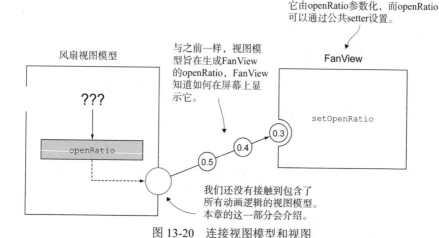

图 13-20　连接视图模型和视图

如果打开的 FanView 超过 1.0，怎么办？

要使 FanView 完全打开，需要将其 openRatio 值设置为 1.0，这相当于传统意义上的 false。另一方面，0.0 表示 FanView 已关闭。

从语义上讲，2.0 没有意义：绝不允许将 openRatio 值设置为 2.0。但是，在本例中，将 openRatio 设置为 2.0 只会将风扇扩展到所设置的值之外。如果要将风扇开得更大，请更改最大角度。

13.9.2　视图模型输入和输出

我们希望在用户单击风扇时展开它。因此，为视图模型提供一个 observable 的 click 事件。

此时，视图模型的输出是比率，其类型为 float。我们之前构建的视图知道如何基于 openRatio 显示它(见图 13-21)。

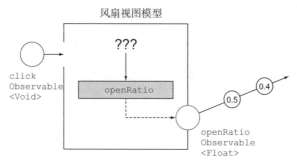

图 13-21　视图模型的输出是比率

视图模型创建代码

我们将创建视图模型，然后将其连接到视图。构建视图模型的方式与前面类似。这里唯一不同寻常的是，只能通过 openRatio 数字将两者连接起来，而视图根本不会得到布尔值。

如果视图需要知道它是完全打开的还是完全关闭的，则可以分别检查 openRatio 是否恰好为 1.0 和 0.0。

MainActivity.java onCreate

```
FanViewModel fanViewModel
   = new FanViewModel(clickObservable);

// 对实际的风扇进行绑定
fanViewModel
  .getOpenRatio()
  .observeOn(AndroidSchedulers.mainThread())
  .subscribe(fanView::setOpenRatio);
```

13.10　视图模型逻辑

在第一次迭代中，我们将使用 clickObservable 事件来切换风扇的打开或关闭(取决于其当前状态)。虽然目前还没有动画出现，但是请耐心等待，我们正在为此努力。

True 或 false

在内部，视图模型仍然需要知道风扇应该是打开还是关闭，它需要一个布尔值。但在本例中，布尔值根本不会公开，因为我们刚刚创建的视图呈现的是比率。

从语义上讲，这意味着风扇视图不需要"知道"openRatio 之外的任何值。从它的角度来看，布尔值已包含在此数字中(0 为关闭，1 为打开)。

不过，如前所述，我们将在视图模型中使用布尔值，并根据 click 事件进行切换。然后将布尔值转换为 0 或 1，分别表示 false 和 true(见图 13-22)。

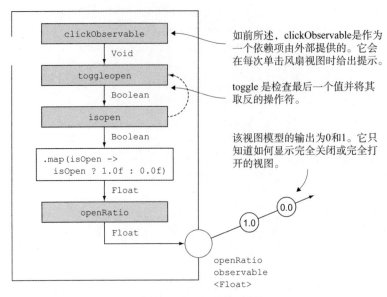

图 13-22   视图模型逻辑

简单情况下的视图模型处理流程

如果查看视图模型的 true/false 实现，可以看到视图模型在切换时立即将其 openRatio 从 0%更改为 100%。到目前为止，我们已经可以添加中间状态，而这正是下一步要做的(见图 13-23)。

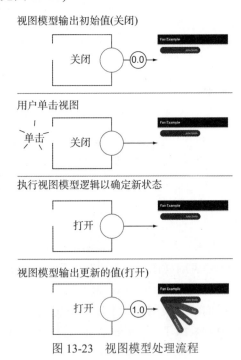

图 13-23   视图模型处理流程

13.11　在视图模型中激活参数化的值

终于到了这部分！我们已经设置完毕，以便从 0%平稳转换到 100%开放状态，即从 0.0 到 1.0。目前，只要请求打开风扇，openRatio 就会立即变为 1.0。同样，当请求关闭它时，openRatio 会立即变为 0.0(见图 13-24)。

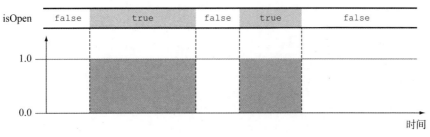

图 13-24　激活参数化的值

我们希望这个转换是平稳的。

在这里可以看到几个边界条件：

- 当 isOpen 布尔值发生变化时，分别将动画设置为 0.0 或 1.0，用于关闭和打开。
- 始终使用当前比率作为动画的起点。这就是避免故障的方法(见图 13-25)。

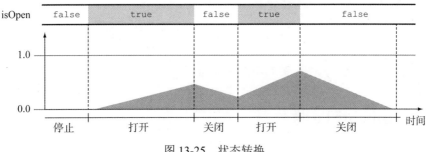

图 13-25　状态转换

- 如果动画正在进行，请在启动新动画之前将其取消。我们不希望对动画进行排队，如果真想这样做的话，也可以。

使用动画 openRatio 打开风扇

当使用动画观察风扇的打开顺序时，有两件事：布尔 isOpen 是 true 还是 false，以及风扇的 openRatio 是多少？

isOpen 将成为动画过程中风扇的目标状态(见图 13-26)。

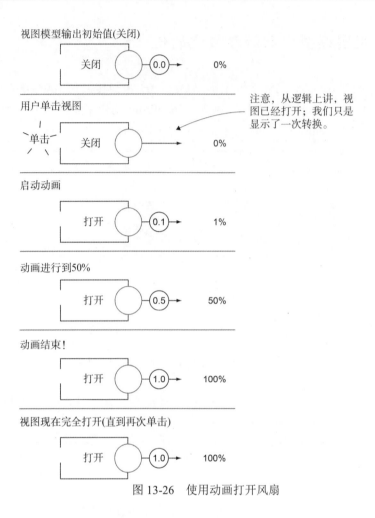

图 13-26　使用动画打开风扇

13.12　animateTo 操作符

从更抽象的角度讲,我们需要一种方法来"延迟"observable,使其随着时间的推移从一个值变为另一个值。这个过程就像挤压水管,水需要更长的时间才能流出。当该方法被简化为一个操作符时,看起来如图 13-27 所示。

animateTo 的视图模型逻辑

回到视图模型中,可以添加该操作符来创建转换,而不是直接输出目标值(见图 13-28)。

请注意,视图如何适应这种变化:它只需要接收更多的值,并且必须足够高效,才能按时绘制这些值。

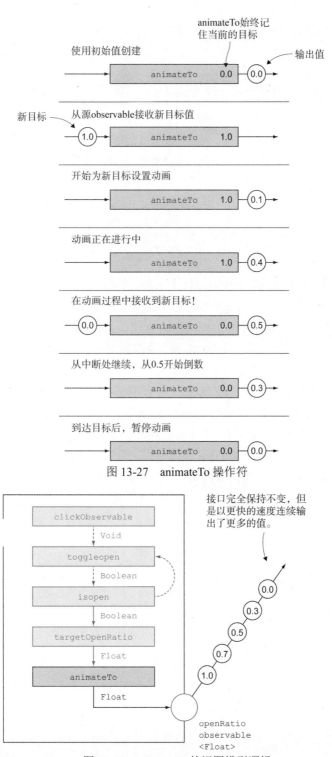

图 13-27 animateTo 操作符

图 13-28 animateTo 的视图模型逻辑

图 13-29 中的 openRatio 是动画的触发器。

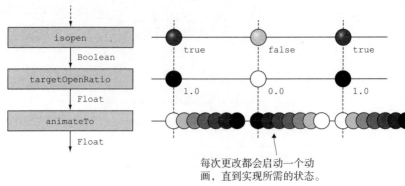

图 13-29　触发动画

13.13　Android 上的 animateTo 操作符

啊，太好了，我们完成了！但是还有一件事：没有所谓的 animateTo 操作符。

好消息是，这个操作符并不难生成。在在线示例中，实现了一个通用的 AnimateToOperator。它总是使用源中的最后一个值作为动画目标。只要该操作符获得新值，它就会停止正在执行的操作，并针对该值启动一个动画。

可以在动画中使用平台组件 ValueAnimator。它获取开始和结束时间，然后在这两者之间设置动画。它还与平台动画的自然更新频率同步，因此可以安全使用。

我不会在此处显示完整的代码，但核心部分是传入值的处理程序。

```
//重置任何现有的 ValueAnimator。
if (valueAnimator != null) {
  valueAnimator.end();
  valueAnimator = null;
}

// 在最后一个值和新目标之间创建新 animator
valueAnimator =
  ValueAnimator.ofFloat(
    (Float) lastValue, (Float) targetValue
  );

//跟踪更新并通知 subscriber
valueAnimator.addUpdateListener(...);

// 启动动画!
valueAnimator.start();
```

在视图模型中使用 animateTo

我们一直保留视图模型的代码，而这仅仅是因为代码易于编写。代码如此简单，以至于在给出合理解释之前显示它们会让人感到困惑。不过，下面是完整的视图模型：

```java
public class FanViewModel {

  private final BehaviorSubject<Boolean> isOpen =
    BehaviorSubject.createDefault(false);

  private final BehaviorSubject<Boolean> openRatio =
    BehaviorSubject.create();

  public FanViewModel(
    Observable<Void> clickObservable) {

    clickObservable
      .subscribe(
        click -> isOpen.onNext(!isOpen.getValue()));

    Observable<Float> targetOpenRatioObservable =
      isOpen.map(value -> value ? 1f : 0f);

    Obsevable<Float> animatedOpenRatioObservable =
      AnimateToOperator.animate(
      targetOpenRatioObservable, ANIMATION_DURATION_MS
    );

    animatedOpenRatioObservable
      .subscribe(openRatio::onNext);
  }

  public Observable<Float> getOpenRatio() {
    return openRatio;
  }
}
```

将目标状态另存为布尔值，以表明其是否处于打开状态。

要在视图中显示的 openRatio 百分比。

唯一需要的外部输入是用于在打开和关闭之间切换的 clickObservable。

在打开和关闭之间切换。

计算动画目标值并应用 animateTo 操作符。

将计算得到的 observable 镜像到公开的视图模型输出。这样，就可以获得 BehaviorSubject 功能。

公开此视图模型中的输出 observable。这是视图将要呈现的值。

13.14　添加暗淡的背景

接下来，添加一个额外功能，在风扇打开时使背景变暗。这类似于一个模态对话框，但因为它是一个示例，所以不必关心此处的用户体验。

还可以添加静态的图背景，以给人一种在真实应用中使用风扇的感觉(见图 13-30)。

风扇打开时，背景
逐渐变暗。最后，
它上面的层中黑色
比例为25%。

图 13-30　添加静态的图背景

视图由三个相互重叠的部分构成，如图 13-31 所示。

FanView　　　　　DimmerView　　　　　背景

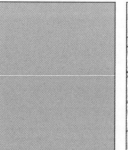

接下来，当风扇打开和关闭时，
我们将对这个dimmer视图的不
透明度进行动画处理。

图 13-31　背景视图

编码 dimmer

对 dimmer 进行编码可以使用不同的方法，但是我们将在这里使用一个简单
的解决方案，并直接使用视图模型中公开的 openRatio。还必须对它做一些调整，
因为 setAlpha 函数获取 0～255 之间的整数(见图 13-32)。

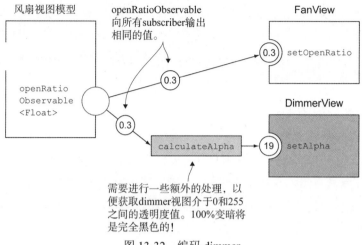

图 13-32　编码 dimmer

就代码而言，下面的 onCreate 活动中设置了所有操作。在在线代码示例中可以看到其余部分的代码。

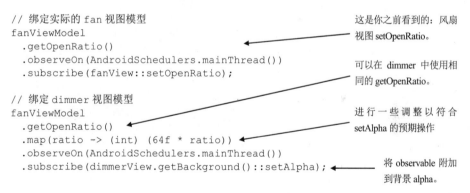

```
// 检索我们要使用的视图
FanView fanView = (FanView) findViewById(R.id.fan_view);
View dimmerView = findViewById(R.id.dimmer);

// 绑定实际的 fan 视图模型
fanViewModel
  .getOpenRatio()
  .observeOn(AndroidSchedulers.mainThread())
  .subscribe(fanView::setOpenRatio);

// 绑定 dimmer 视图模型
fanViewModel
  .getOpenRatio()
  .map(ratio -> (int) (64f * ratio))
  .observeOn(AndroidSchedulers.mainThread())
  .subscribe(dimmerView.getBackground()::setAlpha);
```

这是你之前看到的：风扇视图 setOpenRatio。

可以在 dimmer 中使用相同的 getOpenRatio。

进行一些调整以符合 setAlpha 的预期操作

将 observable 附加到背景 alpha。

13.15　本章小结

公平地说，本章更多地介绍了高级 UI 开发，而不是反应式编程。但是你可以看到，在处理 UI 中不断变化的状态时 observable 的作用。

13.15.1　动画和视图模型

尽管并不建议将所有动画逻辑都放入视图模型中，但当它们很长或者同时影响了 UI 中的多个位置时，应该考虑这样做：比如我们示例中的 dimmer 视图。视图中的任何状态处理总是更不稳定并且难以测试。

可以进一步研究这个示例,将创建的风扇项移入读取了视图模型的适配器中,甚至可以对每个风扇项分别进行动画处理。这样就提高了代码的可测试性和灵活性,在这个解决方案中,所有风扇项都必须同时移动。通常最好不要过多地使用视图模型,而要保持动画的简单。

13.15.2 接下来的内容

转换的参数化能够控制 UI 状态。只要让视图接收 0.0~1.0 之间的值,就可以使用 animateTo 操作符执行任何操作:下拉菜单示例的视图模型与此非常相似。

如果你有兴趣进一步调整 UI 转换,可以使用参数化和缓动函数。

第 14 章(即最后一章)不使用动画,但是你会看到在反应式编程中使用的其他有趣技术。

第14章 创建地图客户端

本章内容
- 探索反应式应用的真实示例
- 处理 Rx 事件流中的拖动状态
- 随着应用的增长而扩展 Rx 链

14.1 地图示例

地图在现代应用中变得越来越重要。尽管很少需要自己创建，但作为练习，我们将构建一个简单的地图客户端。读完本章后，你将会了解更多地图应用的内部工作原理，并能够实现自定义地图用例。

如果你不熟悉地图的工作方式，不必担心；在此过程中，你将学到所有必要的知识。这涉及一些数学知识，但与前面一样，更复杂的函数将作为实用工具来提供。如果你对涉及的其他部分感兴趣，可以在线找到有关地图计算的更多信息。

14.1.1 为什么使用地图

构建地图似乎很复杂，但是可以使用 Rx 创建地图。在本例中，我们将尽可能多地使用 Rx，可能会产生一些意外的结果。地图仍然和普通地图一样，但是在此过程中，你会知道如何真正分离数据，以及如何在左侧的频谱中延伸数据和呈现之间的界限(见图 14-1)。

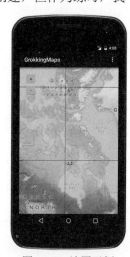

图 14-1　地图示例

14.1.2 地图绘制基础

对于我们来说，世界是一个正方形。这就是所谓的墨卡托投影：想象世界地图被拉伸到与正方形完全吻合。

不过，正如你在 Google Maps 中看到的那样，地图可以放大。这是通过增加缩放级别来实现的，可以理解为将整个世界划分为多个图块(见图 14-2)。

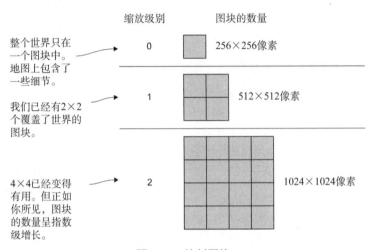

图 14-2　绘制图块

如果将图块看成大小不变的小正方形图像(通常为 256×256 像素)，则当缩放级别为 0 时，整个世界就是一个图块。在缩放级别 1 上，总共有 2×2 个图块。级别是 2 的幂次，通常最高为 18，这将产生 $2^{18} \times 2^{18}$ 个图块，即 262 144×262 144 个图块。根据地图图块提供程序的不同，可以访问不同级别的详细信息。

索引图块

从左上角开始索引图块，第一个是(0，0)，第二个是右边的(1，0)，以此类推(见图 14-3)。

0，0	1，0	2，0	3，0
0，1	1，1	2，1	3，1
0，2	1，2	2，2	3，2

图 14-3　索引图块

14.2　地图图块入门

和之前一样，从非反应式部分开始，然后查看静止状态下所产生的视图，之后添加逻辑。我们还不知道需要哪种数据流，当看到地图时就可以识别它！

14.2.1　通向世界的窗口

例如，在最详细的缩放级别 18 上，我们具有覆盖了整个世界的大量图块。移动设备不能同时将这些图块保存在内存中，因此必须限制需要下载和显示的图块。

一方面，我们会将潜在的巨大位图分成不同部分；另一方面，是用户在屏幕上看到的 UI 组件大小。

对于插图，使用的缩放级别为 2，它产生 2^2=4 的正方形。图块通常为 256×256 像素，请务必遵守这一点。因此，总大小为 1024×1024 像素的位图可以容纳缩放级别为 2 的整个世界。

现在想象一下，在 UI 中有一个大小为 700×700 像素的地图。在这种缩放级别下，地图无法容纳整个世界(见图 14-4)。

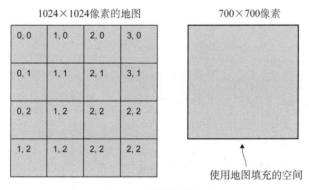

图 14-4　地图缩放级别

14.2.2　合并网格和窗口

当这两者叠加在一起时，你会看到屏幕上只能包含某些图块(见图 14-5)。

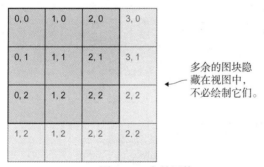

图 14-5　合并网格

目前，我们并不关心如何在图块上绘制地图。创建一个可以绘制空白图块的视图。此外还必须考虑视图所具有的功能，但是在本练习中，你将看到最低的限度。

是否需要详细了解地图图块的工作方式？

你对这一部分的了解更多的是出于好奇而不是先决条件。关键是要知道其中的原理，以便稍后确认是否可以在反应逻辑中使用它。所以，如果没有理解某些图块逻辑也没关系！

14.2.3 绘制空图块需要哪些数据

我们希望绘制带有数字的空白图块，然后进行数据处理，首先从视图模型和视图之间的接口开始(见图 14-6)。

视图模型
视图
处理流中
的数据
在视图中
绘制数据
通过函数调用
提供完整数据

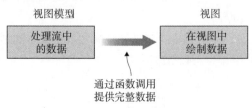

图 14-6 视图模型和视图接口

你可能还记得，当从反应逻辑切换到命令逻辑时，通常会订阅视图模型输出并将其连接到视图。视图有一个设置图块的接口，它会触发重新绘制。

```
class TileView extends View {
  void setTileData(...)
}
```

这里的单个参数包含了视图需要绘制的所有信息。你可能要问，setTitleData 函数中的 ...是什么？

在继续介绍之前，请考虑用哪种最简单的数据结构表示如图 14-7 所示的网格类型。这里的简单指的是一种数据格式，它为视图提供了所绘制图块的最少信息，但仍然能够进行绘制。现在，你忘记了自己正在绘制地图，而只想准确地绘制出我所描述的内容。

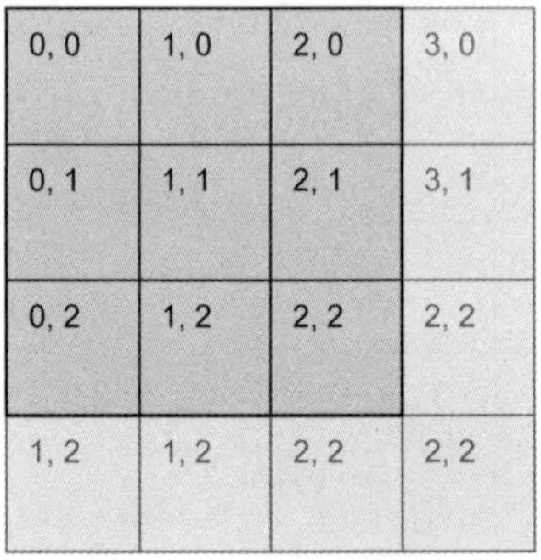

0, 0
1, 0
2, 0
3, 0
0, 1
1, 1
2, 1
3, 1
0, 2
1, 2
2, 2
2, 2
1, 2
1, 2
2, 2
2, 2

图 14-7 绘制空图块

绘图图块的数据格式

除了忘记我们正在绘制地图外，我们甚至忘记正在处理的是一个图块网格，让我们只画一个图块。

绘制时，图块具有 xy 位置、宽度和高度，在我们的示例中，这两个整数代表各自在大网格上的索引。

可以起草一个 tile 类，以伪代码形式保存此信息：

```
class Tile {
    int screenX, screenY
    int width, height
    int i, n
}
```

开始了！现在可以绘制第一个图块(稍后，我们将详细介绍绘图代码；在本例中，我们直接在画布上绘图，但是也可以使用单独的视图实例来绘图)，如图 14-8 所示。

好的，已经有了一个图块，那其他图块呢？这很简单，对吧？只需要向视图发送一个表示网格的二维图块数组。

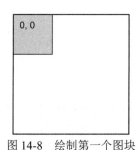

图 14-8　绘制第一个图块

这就是我们的惯性思维，实现与需求往往不一致。目标是让视图知道尽可能少的内容，同时仍然达到期望的结果。视图不需要知道这些图块表示了一个网格。你能够发送可迭代的图块集合，从视图的角度来看，这些图块"巧合地"构成了一个网格。

现在的最终接口如下所示：

```
class TileView {
    void setTileData(Collection<Tile> tiles)
}
```

14.3　创建初始视图模型

既然你已经弄清楚了视图模型和视图之间的接口，就可以创建类。一旦你知道了"容器"的概念，最好把它们放到合适的位置，这样一来，代码就不会堆积在一个类中，并且最好在代码混乱之前将其解耦(见图 14-9)。

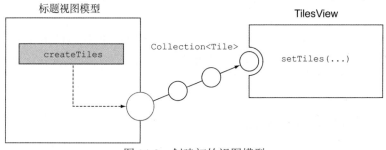

图 14-9　创建初始视图模型

通过提供一组来自视图模型的硬编码图块来测试配置。视图不知道它们是硬编码的；只有在显示了真实的地图图像时才需要更改视图。

尝试使用具有固定输出的视图模型

```
class TilesViewModel {
  private static final TEST_TILES = Arrays.asList(
    ...
  );

  private BehaviorSubject<Collection<Tile>> tiles =
    BehaviorSubject.createDefault(TEST_TILES);

  public Observable<Collection<Tile>> getTiles() {
    return tiles.hide();
  }
}
```

创建一些图块的硬编码实例。它们甚至不需要形成网格。

使用硬编码图块初始化行为输出。以后可以使用同样方法更新它们。

将视图模型连接到视图

在反应逻辑的宿主中(在 Android 上，通常是一个活动)，我们创建了视图模型的一个实例，并连接到已经创建的视图。

```
TilesView view = ...;
TilesViewModel viewModel = new TilesViewModel();
viewModel.getTiles()
  .observeOn(AndroidSchedulers.mainThread())
  .subscribe(view::setTiles);
```

这几行代码完全定义了视图模型与视图的关系：函数签名定义了从视图模型传输到视图的数据类型。

以下是应用启动时的操作：

(1) 启动应用。

(2) 创建视图。

(3) Rx 初始化代码开始执行。

- 使用固定值创建视图模型。
- 视图模型通过订阅绑定到视图。
- 视图模型的 observable 行为对象输出立即发送硬编码的数据值。

(4) 应用已启动，正在等待输入。由于视图模型没有更新逻辑，因此不会向视图发送更多数据。

通常，在最后一步之后，应用会对来自用户或网络的输入做出反应，但是对于我们的小原型程序来说，不会做任何操作。因为视图模型和视图之间的连接已经建立，稍后可以添加这个反应位。

14.4　根据缩放级别计算图块

输入了图块列表的硬编码值之后，可以开始输入逻辑以动态创建它们。

首先是缩放级别，这是我们已经介绍的概念。可以再次创建具有硬编码值的缩放级别 observable，然后紧接着添加新步骤，稍后你会弄清楚如何更改缩放级别。通过 UI 中的控件来完成，但就目前而言，它并不重要。

计算图块

你需要一个函数来获取缩放级别并提供该特定缩放级别上的所有图块。稍后可能需要修改这一参数，因为我们知道还存在其他参数，但这只是一个起点。如果我们试图保持函数功能的纯粹性和简洁性，那么即使后来意识到遗漏了一些功能，也可以重用它们(见图 14-10)。

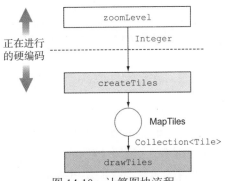

图 14-10 计算图块流程

何时在开发中使用编码值比较好？

在反应式编程中，我们通常从视图开始，然后逐步扩展逻辑。通过使用产生固定值的 observable(使用 Observable.just 或 Observable.from)，我们可以在保持应用编译和运行的同时"模拟"链的开头。

反应式编程中的解耦操作和步骤可以按照以下方式构造链：(1)在每次添加功能之后运行应用；(2)一旦准备就绪，应用就不再受代码更改的影响。

14.4.1 计算缩放级别的所有图块

如你先前所见，整个图块网格的尺寸由选定的缩放级别来定义。在我们的示例中，缩放级别为 2，生成 4×4 网格。现在需要随意生成任何缩放级别的图块(见图 14-11)。

0,0	1,0	2,0	3,0
0,1	1,1	2,1	3,1
0,2	1,2	2,2	3,2
0,3	1,3	2,3	3,3

每侧图块数量=$2^{缩放级别}$

在此示例中：
$2^2 = 2 \times 2 = 4$

图 14-11 生成任何缩放级别的图块

图块像素大小

如果再次查看图块中的信息，会发现缺少一个属性：如何计算屏幕坐标？

```
class Tile {
  int screenX, screenY
  int width, height
  int i, n
}
```

需要知道屏幕上网格图块的像素大小。在本例中，可以对另一个 observable 进行硬编码，但实际上在地图应用中，图块大小始终为 256×256 像素。尽管你可能是纯粹主义者并对其进行更改，但在本例中，可以走捷径，使用一个常量。

```
Collection<Tile> calculateTiles(int zoomLevel) {
  Collection<Tile> tiles = new ArrayList();
  int size = Math.pow(2, zoomLevel);
```

```
    // 遍历水平图块 0..size
     // 遍历垂直图块 0..size
      // 创建并添加图块

    return tiles;
}
```

14.4.2　移动地图图块

要获取拖动事件，我们将使用与以前不同的方法。直接插入视图的 setOnTouchListener，并使用一个小实用程序类在触摸事件之外创建符合需要的 observable。可以在线查看实现过程。

有趣的是，我们会得到一个 observable，每次位置变化时它都会输出一个 xy 值。请注意，该值实际上只代表了变化——它可能是(-5px，20px)，即向左 5 像素，向下 20 像素。

```
Observable<Point> xyMovementEvent
```

不过，我们仍然需要某种方式来更新表示了地图“移动”状态的图块。

裁剪图块

由于图块已经具有 xy 位置(视图不知道网格)，因此可以同时移动所有图块。我们还希望裁剪世界地图，只显示与“窗口”重叠的部分，即 UI 中可见的组件(见图 14-12)。

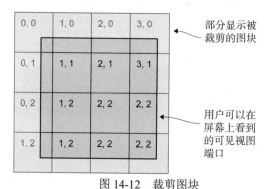

图 14-12　裁剪图块

14.4.3　地图偏移量

接下来，我们将在视图模型中添加此 xy 值，该值表示了图块从原点开始移动的距离。

缩放级别可以告诉我们整个地图图像所包含的图块数量，但是还需要知道地图与显示它的“窗口”或视图之间的偏移量。我们称其为偏移量(见图 14-13)。

偏移量回答了这样一个问题，“左上角地图图块的原点距离视图的原点有多少像素？"本例中的原点是指任何给定矩形的左上角或其自身坐标中的点(0，0)。

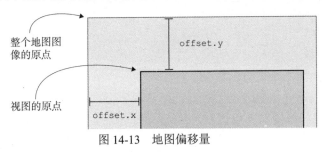

图 14-13　地图偏移量

14.5　使用偏移量移动图块

可以扩展函数 calculateTiles，但也可以创建一个新函数，从已有的步骤中获取图块(见图 14-14)。

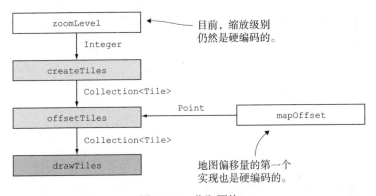

图 14-14　获取图块

请注意，calculateTiles 函数目前保持不变，只需要添加另一个处理步骤。在伪 RxJava 代码中，如下所示：

在 mapOffset 处也使用硬编码的 zoomLevel 值。稍后可以将它们替换为有效的 observable。

```
zoomLevel = Observable.just(2);
mapOffset = Observable.just(new Point(10f, -5f));

//使用了这些值的函数
Observable<Collection<Tile>> getTiles(
  zoomLevel, mapOffset) {
 return Observable.combineLatest(
  zoomLevel.map(this::calculateTiles),
  mapOffset,
  Pair:new
 )
 .flatMap(pair ->
  Observable::from(pair.first)
```

这是将被调用的函数，用于创建图块的 observable。

仅根据缩放级别计算初始图块。

```
        .map(tile -> this.offsetTile(tile, pair.second)
        .toList()    ◄─────────
    );
}
```
分别处理每个图块，然后
使用.toList()将结果收集
到单个集合中。

offset 函数

可以在 14.5 节中看到，我们正在尝试创建一个函数，它获取一组图块和一个 xy 值，然后返回一个包含所有图块的新图块集合。

有很多方法可以实现该函数，但是要保持简单，不要尝试做太多过早的优化。

请注意，由于我们不是专门处理网格，而是处理一组图块，因此可以简化 processing 函数。下面是 Java 中的 offsetTiles 函数(无须使用 Rx)：

```
Collection<Tile> offsetTile(
    Collection<Tile> tiles, Point offset) {
  return new Tile.Builder(tile)
        .screenX(tile.screenX + offset.x)
        .screenY(tile.screenY + offset.y)
        .build();    ◄─────────
}
```
在旧图块的基础上创建
新图块。只有 screenX 和
screenY 会受到影响。

使用函数时，首先必须将集合扩展到 observable 中进行处理，然后将其返回到列表中，如图 14-15 所示。

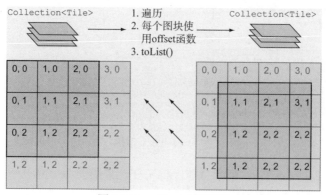

图 14-15　offset 函数功能

14.6　拖动地图

在茶歇之前，我们让应用处于用静态数据初始化的状态，并保持不变。在启动使用反应式编程的应用时，这是一种可行的方法，首先定义基本集合，然后计划动作的细节。

接下来要做的是确定应用必须响应哪些外部输入。这里的答案来自用户，或者来自地图的使用方式。用户可以通过拖动地图来查看地图的不同部分。

我们仍然没有地图图像或者将图块作为地图的任何概念，但是请相信我，我们会做到的。使用反应式编程技术，可以首先创建逻辑的"框架"，然后逐步添加功能，就像前面章节中对四子棋游戏的操作一样。因此，现在我们在绘制的简单图块上移动。

14.6.1　拖动和反应

从概念上讲，拖动包括两个方面：鼠标按钮或手指是否处于按下状态以及进行该操作时 xy 的移动状态(见图 14-16)。

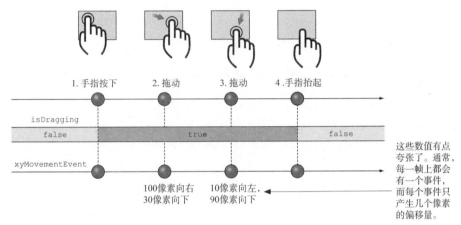

图 14-16　拖动地图

该信息可以表示为 observable：一种类型为 Observable<Boolean>；另一种为 Observable<Point>。这里可以随意使用点的概念，因为它代表一个向量，但是我们真正需要的只是 x 和 y 移动对应的数字。

请注意，只要用户正在进行拖动，就可以继续接收拖动事件。我们可能会收到一个、三个或者两百个这样的事件(见图 14-17)。

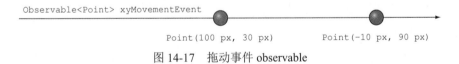

图 14-17　拖动事件 observable

在这个 observable 中，我们对拖动状态不感兴趣。换句话说，observable 不包含手指是否被按下的信息，只有当手指被按下时，才会产生拖动事件。它没有结束，并且在任何时候都不会中断。

实际上可能如图 14-18 所示。

图 14-18　拖动状态

当拖动停止时，这个 observable 事件不会给我们任何提示。事件只是暂时不再发生。

> **从拖动的起点开始计算移动，怎么样？**
>
> 拖动事件有两种处理方法：你所做的操作或者始终从拖动启动时计算拖动量。如果希望取消拖动并恢复到原始位置，则拖动启动方法非常有用。
>
> 在这里，可以选择单个事件，它们会告诉用户自上次拖动事件以来每次的拖动量。如果不需要使用拖动启动时的偏移量，就可以简化 observable，因为我们无须区分拖动。

14.6.2　使用 xyMovementEvents 更新偏移量

现在，有了一个 observable，它告诉我们需要增加多少偏移量。我们之前也遇到过类似的情况，在这些情况下，需要使用最后一个更新值。还必须创建一个操作符，它使用 mapOffset observable 的最后一个值以及传入的 xyMovementEvents(见图 14-19)。

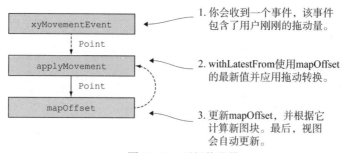

图 14-19　更新偏移量

其思想是将事件累积到 observable 的行为对象 mapOffset 中，它表示了相对于单个移动事件的"永久"偏移量。

用于转换的代码可以是以下代码行中的代码。此处使用了 subject，以便能够在计算中使用 mapOffset。将初始值赋给 subject。

```
Observable<PointD> calculateUpdates(
   Observable<PointD> mapOffset,
   Observable<PointD> xyMovementEvents) {
 xyMovementEvent
   .withLatestFrom(mapOffset, Pair::new)
   .map(pair ->
    new Point(
      pair.first.x + pair.second.x,
      pair.first.y + pair.second.y
    )
   );
}
```

14.7　到目前为止的代码

如果将所有代码放在一起,就会实现一个简单的可拖动的图块画布(无法更改缩放比例)。以下是视图模型:

```
class TilesViewModel {
  public TilesViewModel(
    Observable<PointD> xyMovementEvents) {

    // 创建拖动 subject
    mapOffset = BehaviorSubject
      .createDefault(new Point(0f, 0f));

    // 初始化拖动到偏移量的更新
    calculateUpdates(mapOffset, xyMovementEvents)
      .subscribe(mapOffset::onNext);

    zoomLevel = BehaviorSubject
      .createDefault(DEFAULT_ZOOM);
    tiles = getTiles(zoomLevel, mapOffset);
  }

  public Observable<Collection<Tile>> getTiles() {
    return tiles;
  }
}
```

下面是 Activity 中 onCreate 函数的绑定代码:

```
tilesViewModel =
  new TilesViewModel(xyMovementEvents);
tilesViewModel.getTiles
  .subscribe(tilesView::setTiles);
```

通过更改常量 DEFAULT_ZOOM 来手动更改缩放级别。请注意,无法在高缩放级别上使用这一操作,因为我们编写的算法会在整个地图图层上创建所有图块。对于 10 以上的缩放级别,会产生成千上万的图块。

14.8　Viewport 和隐藏图块

接下来的部分有点复杂。在开始绘制图块之前,需要以某种方式找出当前在视图端口中的图块。需要一种方法来计算水平和垂直覆盖的范围索引。

在这里,我们只能看到一部分图块。可见范围是从 43 到 46 的水平索引图块和从 21 到 24 的垂直索引图块。使用矩形数据结构表示它(见图 14-20)。

```
Rect {
  int left, top, right, bottom;
}
```

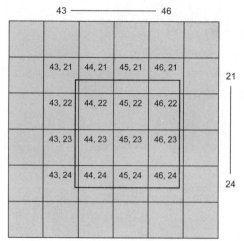

图 14-20   可见图块范围

在该示例中，我们分别使用左、右、顶部和底部的值创建一个 Rect：

```
new Rect(43, 21, 46, 24)
```

14.8.1   计算可见图块的矩形

要计算可见的图块，至少需要知道相对于整个地图图层和图块大小的地图偏移量。使用这两个值，可以获取图块左上角的索引。

1. 可见图块的左上角

这里的数学知识更加详细，因此我们不再赘述。左侧索引的计算方法如下：

```
left = Math.floor(-mapOffset.x / tileSize)
top = Math.floor(-mapOffset.y / tileSize)
```

这里有个负号，因为偏移量代表了地图图层相对于视图端口的移动，所以通常是负的。另一方面，指数为负是没有意义的。

这是相对简单的，如何得到右下角的索引呢？

2. 使用视图端口大小

操作系统布局引擎(在本例中为 Android)最终决定了屏幕上 UI 组件的大小。在创建 UI 组件时，我们不知道大小：它取决于屏幕大小，甚至可能会因为旋转而改变。

一个值可以随时间变化多次吗？听起来像是 observable 的行为对象。我们可以将值作为占位符添加，并创建一个新链来计算可见图块索引的矩形(见图 14-21)。

这样，我们就能够使用一个函数，它不仅可以计算左侧和顶部的索引，还可以计算右侧和底部的索引。

```
right = Math.ceil(viewSize.x - mapOffset.x / tileSize)
bottom = Math.ceil(viewSize.y - mapOffset.y / tileSize)
```

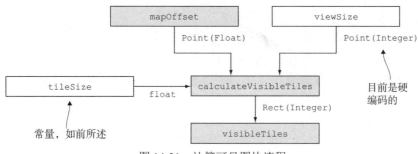

图 14-21　计算可见图块流程

14.8.2　插入可见的图块

因此，现在有了希望显示的图块范围。它可能类似于"垂直方向上从索引 308 到 312，水平方向上从索引 3 到 6"。这提供了覆盖可见视图所需的精确图块。

修改之前产生图块的图形，将其替换为新的简化图块。这里也可以不使用缩放级别，因为毕竟它不是必需的。缩放级别表明了图块的最大数量，但此时，它与我们无关。

但是请注意，offsetTiles 仍然存在。现在 visibleTiles 和 offsetTiles 使用相同的 mapOffset，这没有问题。从概念上讲，我们仍然有坚实的理论基础：地图图块隐藏优化并不"完美"，它隐藏在 observable 的 visibleTiles 中，因此链的其余部分不必为此担心，我们可以预测哪些图块将被显示，并只创建那些图块。

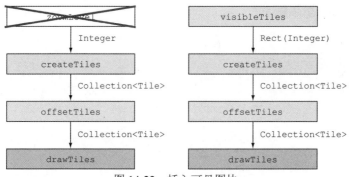

图 14-22　插入可见图块

缩放级别会发生什么变化

稍后，我们将使用缩放级别计算地图坐标，并确保只显示有效时间内的地图。

14.9　加载地图图块

现在我们进展很快，但如果你记住了应用已经存在的不同部分，就更容易跟上进度。

(1) 视图仍然需要呈现一组图块。

(2) 缩放级别是硬编码的，但没有被主动使用。

(3) 拖动会影响地图偏移量，可以使用它定位图块，并丢弃不可见的图块。

目前我们有一个可拖动的 UI，可以显示多个带有数字的图块。

每个图块代表了一个地图图块图片，而我们只能创建可见的图块图片。终于可以开始从互联网加载图像了(见图 14-23)！

43, 21	44, 21	45, 21	46, 21
43, 22	44, 22	45, 22	46, 22
43, 23	44, 23	45, 23	46, 23
43, 24	44, 24	45, 24	46, 24

图 14-23　加载地图图块

地图图块 API

那么从哪里得到图块呢？有一些可用的资源，但是 OpenStreetMaps 是最容易使用的，因为它开放数据。试试看。可以把它放在浏览器中，并用对应的值替换 URL 中的数字：

https://b.tile.openstreetmap.org/<**zoom level**>/<**x**>/<**y**>.png

例如，使用 10/3/4，我们将得到一个缩放级别为 10 的图块，该图块从左上角起是第四个，从顶部起是第五个(从零开始计数)。

所有的地图源都以类似的方式运行。只需要知道缩放级别以及水平和垂直索引就可以检索图块。

14.9.1　下载地图图像

现在，我们有了一个系统，在该系统中，视图模型处理输入，并生成视图所显示的图块列表(见图 14-24)。

图 14-24　生成图块列表

现在，我们希望让视图呈现图像而不是呈现空白图块；但是，视图模型是否应该加载图像并将其提供给视图，或者视图是否应该独立完成此操作？

这里的问题更实际。图像不是真正的“纯”数据，通常不需要使用 RxJava 来处理它们。但是视图模型具有生命周期，而视图通常没有生命周期，因此从视图模型释放资源更加容易。

在本例中，我们将把检索逻辑放入视图中，并创建一个处理下载和缓存的附加组件。没有必要告诉视图模型是否已加载了图像；它只是用来计算哪些图块应该是可见的(见图 14-25)。

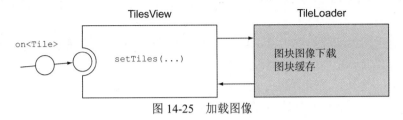

图 14-25　加载图像

如果视图模型使用依赖于图像加载状态的逻辑，最好将视图与图像加载程序分离。但是，只要连接是单向的，就不会存在概念上的问题。

14.9.2　地图图块加载程序

在视图中下载图块之前，还需要回答一个问题：视图如何知道缩放级别？目前，我们只向视图推送图块列表。

可以直接在视图模型中显示缩放级别，但是在本例中，可以通过扩展 Tile 类型来获得更大的灵活性：能够在每个图块中添加缩放级别。从理论上讲，能够在一个视图内部绘制具有不同缩放级别的图块，而实际上可能没有用处。

但是，通过将每个图块作为一个独立的呈现"单元"，我们确实避免了假设的错误场景，其中缩放级别发生了变化，但是仍然可以看到之前缩放级别的图块。

最后，视图可能需要知道所选的缩放级别，但目前似乎没有必要。

```
class Tile {
  int screenX, screenY
  int width, height
  int i, n
  int zoomLevel
}
```

TileLoader 按以下顺序与 TilesView 交互：

(1) 调用 TilesView setTiles，并绘制新图块。

(2) TilesView 告知 TileLoader 所需的新图块。

(3) TilesView 绘制每个图块。

- 如果图像在 TileLoader 中，则绘制实际的图块。

- 如果正在下载图像，则绘制占位符。

(4) TileLoader 在下载完成时刷新 TilesView，触发步骤(3)的重绘。

TileLoader 的实现是标准的网络检索和缓存。你可以在在线代码示例中看到它的详细信息。

14.10 添加缩放级别控件

我们将添加缩放级别控件,以允许用户更改地图的粒度。最终,它将取代到目前为止我们一直在使用的硬编码值。

你可以在原型设计中看到缩放级别的加号和减号按钮。我们将为每个事件附加一个事件监听器,并相应地更改缩放级别(见图 14-26)。

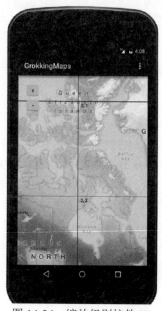

图 14-26 缩放级别控件 UI

14.10.1 图

前面的操作相对简单,但如果要在图形中正确地描述,最终会得到两条可以同时更新缩放级别的路径(见图 14-27)。

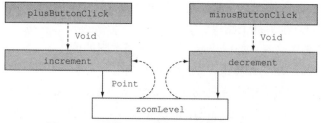

图 14-27 两条可以同时更新缩放级别的路径

再次使用 RxBindings 库获取 observable 的 click 事件。有了这些,通常还需要使用缩放级别的最后一个值来增加或减少缩放级别。

14.10.2　代码

定义了 observable 之后，最终可以编写创建和连接它们的代码。结果产生了稍后将用作 observable 的 zoomLevel subject。

```
BehaviorSubject<Integer> zoomLevel =
  BehaviorSubject
    .createDefault(DEFAULT_ZOOM_LEVEL);

Observable<Void> plusButtonClick =
  RxView.clicks(plusButtonView);

Observable<Integer> increment =
  plusButtonClick.withLatestFrom(
    zoomLevel, (event, lastZoomLevel) ->
      lastZoomLevel + 1
);

Observable<Void> minusButtonClick =
  RxView.clicks(minusButtonView);

Observable<Integer> decrement =
  minusButtonClick.withLatestFrom(
    zoomLevel, (event, lastZoomLevel) ->
      lastZoomLevel - 1
);

Observable.merge(increment, decrement)
  .subscribe(zoomLevel::onNext);
```

14.10.3　缩放级别地图偏移量限制

如果现在使用 observable 的 zoomLevel 而不是硬编码值，则可以看到地图的放大和缩小。图块提供程序通常限制了地图的精确性，如果从 0 开始缩放则没有太大意义。不过，这些都是用户体验的细节。

一个问题是，因为地图的偏移量保持不变，所以地图从视图的左上角开始缩放。这并不直观，因为作为用户，你希望视图的中间部分保持不动。

另一个问题是我们没有纬度或经度的概念，因此无法在地图上显示特定的位置。但是接下来我们将解决这两个问题。

14.11　添加对地图坐标的支持

现在我们有了一张显示地图图块的地图，并且可以拖动和缩放。差不多完成了(见图 14-28)!

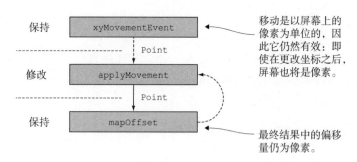

图 14-28　增加地图坐标

让我们回顾一下在屏幕上定位地图的方法。偏移量最终决定了地图的位置。

我们需要将视图中心定义为具有纬度和经度的特定地图坐标。这样，当我们放大和缩小时，地图会保持不动。

我们的目标是找到一种将地图中心定义为坐标的方法，并从这些坐标中得出 mapOffset 值(见图 14-29)。

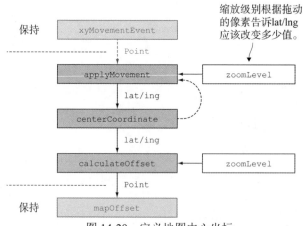

图 14-29　定义地图中心坐标

14.11.1　数学知识

添加对 lat/lng 坐标的支持可能看起来很复杂，但你也可以在网上找到相关资源。我们将在这里省略部分内容，并假定使用一些有用的函数。

基于 lat/lng 坐标获取地图平面上的像素位置(见图 14-30)：

```
public PointD fromLatLngToPoint(
    double lat, double lng, int zoom, int tileSize);
```

获取地图平面上像素坐标的 lat/lng 位置：

```
public PointD fromPointToLatLng(
    double lat, double lng, int zoom, int tileSize);
```

1. 地图不动

2. 用户拖动

3. 计算新中心

4. 新中心设置

图 14-30　获取像素位置

14.11.2　构建 lat/lng 地图中心的代码

如何更改代码以实现新链？首先，必须确定计算的"根"，然后从那里开始计算。我们已经有了 observable 的像素移动对象，这是一个出发点。不过，这次我们将使用地图坐标来更新中心 lat/lng，而不是直接使用偏移量。因此，从中心lat/lng 开始。创建一个自定义结构来保存坐标：

```
class LatLng {
  double lat, lng
}
```

这样，就可以创建一个 observable 的行为对象，它总是包含视图中心的最新坐标(例如纽约的坐标)。因为需要更新中心坐标，所以对于初学者来说，把它作为一个 subject。给定的值将是地图打开的位置。

```
BehaviorSubject<LatLng> centerCoordinate =
  BehaviorSubject.createDefault(DEFAULT_LATLNG);
```

1. 基于 lat/lng 中心计算 mapOffset
现在已经可以计算偏移量，稍后再考虑移动。在本例中，我们有一个硬编码的 latlng 位置，并将地图的左上角固定在该位置上。

```
Observable<PointD> topLeftOffset =
  Observable.combineLatest(
    centerCoordinate, zoomLevel,
      (latlng, zoomLevelValue) ->
```

```
    fromLatLngToPoint(
      latlng, zoomLevelValue, TILE_SIZE
    )
);
```

此代码将在地图的左上角显示选定的 DEFAULT_LATLNG。我们希望在中心显示它，因此再次应用基于视图维度的转换。

```
Observable<PointD> mapOffset =
  topLeftOffset
    .withLatestFrom(
      viewSize,
      (lastViewSize, topLeftOffsetValue) ->
       new PointD(
         topLeftOffsetValue.x + lastViewSize.x / 2,
         topLeftOffsetValue.y + lastViewSize.y / 2
       )
     )
   );
```

2. 使用 lat/lng 中心进行拖动处理

现在我们有了一个可以将 lat/lng 位置转换为合理偏移量的系统。用该值替换链中之前的 mapOffset，并提供给可以呈现它的视图。

现在只需要根据拖动事件值来更新 centerCoordinate。请注意，mapOffset 现在是一个封闭的 observable，无法从外部进行更改：centerCoordinate 是更新 mapOffset 的唯一方法。

```
xyMovementEvent
  .map(event -> {
    int lastZoomLevel = zoomLevel.getValue();
    PointD pixelCenter = fromLatLngToPoint(
      centerCoordinate, lastZoomLevel, TILE_SIZE);
    PointD newPixelCenter = new PointD(
      pixelCenter.x + event.x, pixelCenter.y + event.y
    );
    return fromPixelToLatLng(
      newPixelCenter, lastZoomLevel, TILE_SIZE
    ),
  })
  .subscribe(centerCoordinate::onNext);
```

14.12   本章小结

具有讽刺意味的是，在最后一章中，我们使用了最少的架构组件。我们重构了很多代码，但是每个文件中的代码行数不会引起警报，因此可以使用普通的 Rx 代码。

地图客户端的复杂性

在最终实现之前，我们似乎做了一些额外的工作，但是最终并不容易创建地图应用。反应式方法的一个优点是通常不需要丢弃代码，而是编写更多的"模块"。在这个地图应用中，即使更改了所有值，地图偏移量值仍然保持不变。

在一个大函数中进行所有计算是否更有效？

我们增加了许多小步骤来创建看似简单的程序。这样做的原因在于可以更好地跟踪正在创建的部件，而不必经常查看已经完成(经过测试)的部件。

在函数式编程中，可以通过复制数组并取消其他不变性限制来减少应用的内存占用。如果程序的性能出现问题，我们稍后甚至可以选择合并某些步骤。合并总是比不合并容易！

这种基于网格的图块方法可以用于创建其他程序，例如高分辨率照片查看器。想象一幅月球的图片，其细节令人难以置信，以至于数据无法存入客户端设备的内存中。如果将这个巨大的图像以图块形式显示在本地图像存储库或服务器 API 中，则可以使用完全相同的代码来实现，而不使用 lat/lng，但我们需要另一种方式来浏览这些图块。在反应式编程中很容易进行更改，只需要在拖动之后和计算偏移量之前更改一个操作。

附录 A ┃ Android 开发教程

A.1 在 Android 上开发

Android 是一种传统的移动原生平台。它以 Java 和 XML 为核心,在.apk 文件中部署和发布。IDE 过去是基于 Eclipse 的,但现在是基于 IntelliJ IDEA 上的 Android Studio(见图 A-1)。

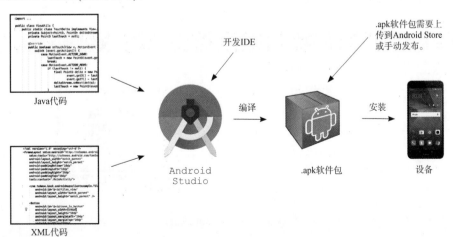

图 A-1　Android 开发流程

用于编译的 Gradle

使用名为 Gradle(https://gradle.org/)的工具执行 Android 编译，它有自己的配置文件(见图 A-2)。

不过，我们的示例项目已经配置好了，因此通常不需要为此担心。Android SDK 是完成复杂功能的共享组件。

图 A-2   Gradle 工具

A.2   Android 开发环境

Android 在 Windows 和 Mac 上都可以使用。这里介绍了基本的安装过程，以帮助你入门，我们将使用 Mac 的屏幕截图，Windows 中的步骤也是相同的。

如果你已经安装并运行了 Android Studio,那么仍然需要阅读本附录的后面部分，以了解 Android 开发过程。

安装 Android Studio

尽管 Android 具有命令行工具，但 Android Studio 是 IDE 目前最流行的选择。它是免费的，既可以在 Windows 上使用，也可以在 Mac 上使用。请访问 https://developer.android.com/studio/下载安装程序(见图 A-3)。

图 A-3   安装 Android Studio

该安装程序是标准的安装程序，下载后，请按照步骤进行设置。

你需要哪个版本的 Android Studio?

在撰写本文时，最新的 Android Studio 版本是 2.3.2，但也可以使用最新版本。如果使用旧版本的 Android Studio 来开发项目，可能需要进行迁移，这是自动完成的。

A.3　安装 SDK 组件

Android Studio 汇集了开发 Android 应用所需的所有组件。但其中的某些部分是系统范围的：它们可以作为库提供给系统上安装的任何应用。

Google 已经创建了一个单独的 SDK 管理器来更新组件。它支持不同版本的 Android 以及可能需要的不同工具(见图 A-4)。

图 A-4　SDK 组件

在 Android Studio 的安装过程中，或者最迟在启动它时，系统会要求你安装 Android SDK 组件。默认设置是有效的(见图 A-5)。

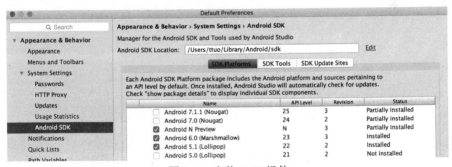

图 A-5　安装 SDK 组件

你需要哪个版本的 Android

在 Android 4 之后，API 变得非常稳定，并且版本之间没有太大差异。如果需要获取一些较新的功能，则需要使用较高的版本，但通常可以在版本 4 或者更高的版本上运行应用。

A.4　下载示例项目

可以在 GitHub 上找到代码示例，网址为 https://github.com/tehmou/Grokking-Reactive-User-Interfaces。可以下载本章中的所有项目。

通常，你会看到项目开始和结束示例的链接。使用后者将自己的进度与参考实现进行比较(见图 A-6)。

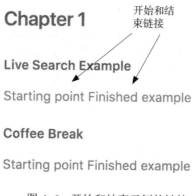

图 A-6　开始和结束示例的链接

git 标签下载

在本例中，我们使用 git 标签来标记项目的开始和结束。幸运的是，你可以下载项目，而无须了解详细信息，只是通过它来"标记"项目开发过程中的特定时间(见图 A-7)。

图 A-7　下载 git 标签

A.5 使用 git 签出项目

我们不会在这里介绍如何使用 git，但它是一个功能强大的版本控制工具。如果你不熟悉它，可以继续下载。接下来，我们将简单了解如何使用 git。

git 克隆

在 git 中，签出被称为克隆。可以克隆存储库，为自己创建一个本地副本。为此，需要导航到项目的首页并找到 Clone 或 Download 按钮。该按钮显示了克隆 URL(见图 A-8)。

图 A-8 git 克隆

使用克隆 URL 克隆存储库

找到 URL 后，可以使用 git 命令克隆它。无须登录，因为存储库是公共的。在 UNIX 系统上，签出过程如下所示。

```
cd <directory>
git clone <clone url>
```

如果运行的是 Windows 10，则可以安装 Ubuntu shell 以获取 UNIX 命令。

A.6 运行项目

下载或签出项目后，可以在 Android Studio 中打开它。它可能会询问你是否要更新 Gradle 版本或其他部分，但你可以拒绝，并首先查看它是否按原样运行。若要运行项目，请在打开项目后单击 Play 按钮(见图 A-9)。

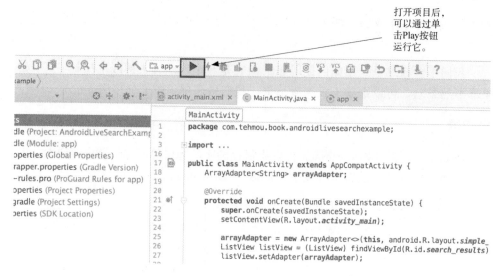

图 A-9 运行项目

A.6.1 创建模拟器实例

除非连接了开发设备，否则将出现空白屏幕，提示你选择目标设备。此时还没有任何目标，请单击 Create New Virtual Device 按钮(见图 A-10)。

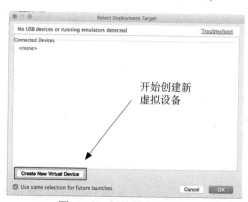

图 A-10 创建模拟器实例

什么是虚拟设备?

虚拟设备是存储在计算机上的模拟器。它们具有虚拟磁盘和内存，非常类似于真实设备。

A.6.2 使用 AVD Manager 配置虚拟设备

用于配置虚拟设备的工具是 AVD Manager。这里的列表看起来有些吓人，但是可用的虚拟设备具有不同的屏幕尺寸。有些设备具有特殊的属性，但你可以使用默认属性。在这里可以看到选中了 Google 的 Nexus 5X。选择它并单击 Next 按钮继续(见图 A-11)。

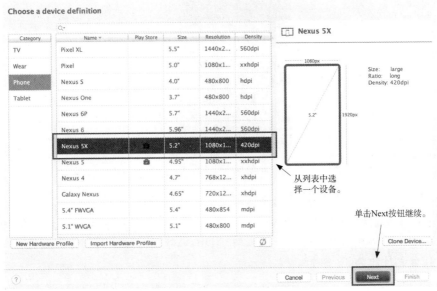

图 A-11　配置虚拟设备

完成配置

要完成虚拟设备的配置和安装，需要跳过下载额外组件或单击 Next 默认值的几个环节。

不过，这里的选择并不困难，因此只需要遵循 AVD Manager，直到模拟器开始运行为止。

A.7　在虚拟设备中运行应用

应用在内部部署了一个名为 ADB 的工具，用于 Android Device Bridge。它检测所有模拟器以及连接到计算机的物理设备，并可以进行部署。

Android 模拟器

Android 虚拟设备看起来像一部普通手机，并且运行与普通 Android 手机相同的软件。大多数制造商都会对基本的 Android 操作系统进行调整。

额外的控制按钮

在右侧，有几个按钮可供操作，例如模拟设备的旋转。在测试应用以各种方式响应不同的情况时，它们非常有用(见图 A-12)。

图 A-12   控制按钮

如果设备没有显示，怎么办？

有时可能会遇到问题：即使你知道自己的设备已连接，ADB 也找不到该设备。在这些情况下，可以尝试终止系统上的 ADB 进程，然后重新部署。这将重新启动在后台运行的 ADB 守护进程。

A.8   Android 项目结构

让我们从文件系统的角度了解一下 Android 项目中有趣的部分。

A.8.1   源文件夹

默认情况下，实际的代码文件位于 src 文件夹中：/app/src/main/java。

在 Java 项目中，文件是按包排列的。通常，在 MainActivity.java 行中命名起始点，你将在下一节中看到这些内容。

A.8.2   资源文件夹

在 Android 上，有一些应用经常使用的资源。它们位于 res 文件夹中：/app/src/main/res。

可以放入此文件夹的资源包括：

- XML 布局文件
- 图片文件
- 字符串和颜色定义

A.8.3　Gradle 配置

该项目有两个构建文件：一个用于项目；另一个用于应用。一个项目可以包含多个应用，但在我们的示例中，它始终只包含一个应用。如果有必要的话，我们通常会使用应用的构建文件。

项目构建配置

/build/build.gradle

应用构建配置

/app/build.gradle

A.8.4　Android 清单

最后要列出的文件是应用的主要定义。它针对应用而存在，因为一个项目可能包含多个应用。

/app/src/main/AndroidManifest.xml

这是一个重要的文件，让我们看看其中包含的内容。

```xml
<?xml version="1.0" encoding="utf-8"?>
<manifest
  xmlns:android="http://schemas.android.com/apk/res/android"
  package="com.tehmou.book.androidchatclient">

  <uses-permission
    android:name="android.permission.INTERNET" />
```

表明应用可以执行哪些操作的权限。安装时将要求用户允许这些权限。

```xml
  <application

    android:allowBackup="true"
    android:icon="@mipmap/ic_launcher"
    android:label="@string/app_name"
    android:supportsRtl="true"
    android:theme="@style/AppTheme">
```

应用图标、名称等资源的定义。

定义将作为应用起始点的活动。

```xml
    <activity android:name=".MainActivity">
      <intent-filter>

        <action android:name="android.intent.action.MAIN" />
        <category android:name="android.intent.category.LAUNCHER" />

      </intent-filter>
    </activity>
```

本部分仅告诉系统在启动时要使用的活动。

```xml
  </application>

</manifest>
```

A.9   Android 平台组件

就 UI 而言,Android 是分层构建的。我们将从底层开始,逐步地研究它们。

A.9.1   视图

Android 上最小的功能性 UI 元素称为视图。所有可见组件都扩展了 View 类,其中包括按钮、文本输入和图像。

一个视图可以包含多个嵌套视图。按钮将背景作为一个视图,将文本作为另一个视图(见图 A-13)。

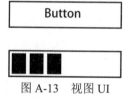

图 A-13   视图 UI

A.9.2   活动

应用由用户执行的不同任务组成。例如,这些任务可能是选择发送消息的联系人或者搜索地图上的位置。

活动可以通过上下文来访问网络、磁盘等(见图 A-14)。

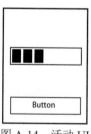

图 A-14   活动 UI

A.9.3   应用

运行应用时实例化的第一个类是 Application 的子类。它更像一个容器:它管理一个或多个活动,不过这些活动能够独立地调用其他活动。Application 类本身通常很小,因为活动中存在逻辑(见图 A-15)。

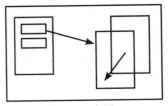

图 A-15 应用 UI

那片段呢？

一个或多个平台组件位于视图和活动之间。片段是一个特殊的独立模块，类似于带有上下文的视图。不过，这里不需要使用片段，因此在本书中没有过多地介绍它们。

A.10 总结

在本附录中，我们了解了如何设置 Android 开发环境以及如何开发示例项目。这里只是从开发人员的角度来快速了解 Android 平台。要想学习基本的 Android 编程，还可以参考其他书籍和资源。

你需要对 Android 平台有多少了解

本书的各章涵盖了大多数必要的信息，即使你不熟悉 Android 编程，也能够跟上进度。但是，你需要运行 Android Studio 才能完成本书中的示例。